高职高专电子信息类"十三五"规划教材

电机与电气控制

主编　齐文庆　方维奇

参编　高文华　高少伟　郭　变

西安电子科技大学出版社

内 容 简 介

本书主要包括三部分内容：第一部分包括第 1～5 章，主要介绍电机(包括变压器)的结构、工作原理、特性及交/直流电动机启动、反转、调速、制动的基本原理；第二部分包括第 6～7 章，主要介绍常用低压电器和基于继电器-接触器的基本控制电路；第三部分为第 8 章，主要介绍典型机床的电气控制。

本书可作为高职高专电气自动化技术及其相近专业的主干课程教材，也可供相关专业师生和有关工程技术人员参考。

图书在版编目(CIP)数据

电机与电气控制/齐文庆，方维奇主编. —西安：西安电子科技大学出版社，2018.2
ISBN 978 - 7 - 5606 - 4825 - 5

Ⅰ. ① 电…　Ⅱ. ① 齐…　② 方…　Ⅲ. ① 电机学　② 电气控制
Ⅳ. ① TM3　② TM921.5

中国版本图书馆 CIP 数据核字(2018)第 009946 号

策划编辑　毛红兵
责任编辑　武翠琴
出版发行　西安电子科技大学出版社(西安市太白南路 2 号)
电　　话　(029)88242885　88201467　　邮　编　710071
网　　址　www. xduph. com　　　　　　电子邮箱　xdupfxb001@163. com
经　　销　新华书店
印刷单位　陕西华沐印刷科技有限责任公司
版　　次　2018 年 2 月第 1 版　2018 年 2 月第 1 次印刷
开　　本　787 毫米×1092 毫米　1/16　印张 14.5
字　　数　341 千字
印　　数　1～3000 册
定　　价　33.00 元

ISBN 978 - 7 - 5606 - 4825 - 5/TM

XDUP　5127001 - 1

前言

QIANYAN

本书是基于作者多年的教学经验而编写的一本针对高等职业教育的教材。

本书遵从我国职业教育教学的特点，从实际应用的角度介绍电机结构、原理及其应用的相关知识，主要内容包括三部分：电机（包括变压器）的结构、工作原理、特性及交/直流电动机启动、反转、调速、制动的基本原理；常用低压电器和基于继电器-接触器的基本控制电路；典型机床的电气控制。书中内容力求简明，并与实际应用紧密结合，突出实用性，以便为学生掌握好电气控制专业的基础知识创造有利条件。

参与本书编写的有陕西工业职业技术学院的高文华（第1章、第3章的3.1～3.6节）、高少伟（第2章）、齐文庆（第3章的3.7～3.12节、第4章、第5章）、郭变（第6章）、方维奇（第7章、第8章）。全书由齐文庆策划，齐文庆和方维奇统稿。陕西工业职业技术学院的邵庆畅为本书的图形编辑和文字校对做了许多工作，在此表示感谢。

本书在编写过程中，得到了陕西工业职业技术学院电气自动化教研室领导及老师们的大力支持，在此表示感谢。

本书建议学时如下：

章　节	授课课时
第1章　变压器	6
第2章　直流电机	14
第3章　异步电动机	16
第4章　同步电动机	4
第5章　控制电机	8
第6章　低压电器	8
第7章　电动机基本电气控制电路	20
第8章　典型机床的电气控制	16
机　动	4
小　计	96

由于编者水平有限，书中不妥之处在所难免，恳请读者批评指正。

编　者
2017 年 10 月

目 录
MULU

第1章　变压器

变压器是通过电磁感应原理，或是利用互感作用，将一种等级（电压、电流、相数）的交流电，变换为同频率的另一种等级的交流电，其主要用途是变换电压，故称之为变压器。

在电力系统中，变压器起着重要的作用。要将大功率的电能从发电厂（站）输送到远距离的用电区，需要升压变压器把发电机发出的电压升高，再经过高压线路进行传输，以降低线路损耗；然后再用降压变压器逐步将输电电压降到配电电压，供用户使用。另外，变压器在其他如电子技术、测试技术、焊接技术等领域也得到了广泛的应用。

本章主要介绍一般用途电力变压器的基本结构、工作原理及工作特性，最后概略地介绍自耦变压器、互感器和多绕组变压器等的结构特点与工作原理。

1.1　变压器的基本结构、分类、用途和铭牌数据

1.1.1　变压器的基本结构

变压器作为一种静止的电气设备，其基本结构主要由两部分组成：铁芯和绕组。对于不同种类的变压器，还装有其他附件，结构也各不相同。下面着重介绍变压器铁芯和绕组的基本结构。

1. 铁芯

铁芯是变压器的磁路部分，同时作为变压器的结构骨架。铁芯由铁芯柱和铁轭两部分组成，铁芯柱上套装变压器绕组线圈，铁轭起连接铁芯柱使磁路闭合的作用。对铁芯的要求是导磁性能要好，磁滞损耗及涡流损耗要尽量小，因此一般采用 0.35 mm 厚的硅钢片制作。目前国产硅钢片有热轧硅钢片、冷轧无取向硅钢片、冷轧晶粒取向硅钢片等。

根据铁芯的结构形式，变压器可分为壳式变压器和心式变压器两大类。壳式变压器是铁轭包围绕组的顶面、底面和侧面，在中间的铁芯柱上放置线圈，形成铁芯包围绕组的形状，如图 1-1 所示。图 1-1(a)为单相壳式变压器，图 1-1(b)为三相壳式变压器。

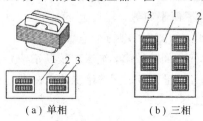

(a) 单相　　　　　　(b) 三相

1—铁芯柱；2—铁轭；3—绕组

图 1-1　壳式变压器

心式变压器是在铁芯的铁芯柱上放置线圈，形成线圈包围铁芯的形状，而铁轭只靠着线圈的顶面和底面，如图1-2所示。图1-2(a)为单相心式变压器，图1-2(b)为三相心式变压器。

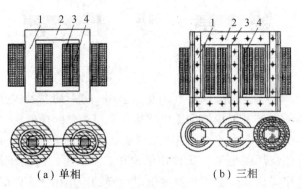

（a）单相　　　　　　　　　（b）三相

1—铁芯柱；2—铁轭；3—高压绕组；4—低压绕组

图1-2　心式变压器

壳式结构的铁芯机械强度较高，但制造工艺复杂，用材较多，通常用于低压、大电流的变压器或小容量的电信变压器中。心式结构比较简单，线圈的装配及绝缘也较容易，国产电力变压器均采用心式结构。

2. 绕组

绕组是变压器的电路部分，它一般是用具有绝缘的漆包圆铜线、扁铜线或扁铝线绕制而成的。接于高压电网的绕组称为高压绕组；接于低压电网的绕组称为低压绕组。根据高、低压绕组的相对位置，绕组可分为同心式和交叠式两种类型。

同心式绕组的高、低压绕组同心地套在铁芯柱上，如图1-2所示。为便于绝缘，一般低压绕组套在里面，但对大容量的低压大电流变压器，由于低压绕组引出线的工艺困难，往往把低压绕组套在高压绕组外面。高、低压绕组与铁芯柱之间都留有一定的绝缘间隙，并以绝缘纸筒隔开。同心式绕组结构简单，制造方便，国产电力变压器均采用这种结构。在中小型电力变压器中，常见的同心式绕组形式有圆筒式、多层分段式、连续式和螺旋式等。

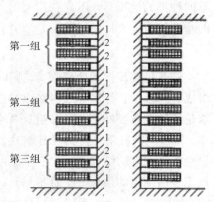

交叠式绕组是将高压绕组及低压绕组分成若干个线饼，交替地套在铁芯柱上，为了便于绝缘，靠近上下铁轭的两端一般都放置低压绕组，如图1-3所示，它又称

1—低压绕组；2—高压绕组

图1-3　交叠式绕组

为饼式绕组。高、低压绕组之间的间隙较多，绝缘比较复杂，主要用于特种变压器中。这种绕组漏抗小，机械强度高，但高、低压绕组之间的绝缘比较复杂，一般用于低电压大电流的变压器中，如电炉变压器、电焊变压器等。

1.1.2　变压器的分类

变压器种类很多，通常可按其用途、绕组数目、铁芯结构、相数和冷却方式等进行分类。

按用途分类，有用于电力系统升、降压的电力变压器；还有以大电流和恒流为特征的变压器，如电焊变压器、电炉变压器和整流变压器等；供传递信息和测量用的变压器，如电磁传感器、电压互感器和电流互感器等；在自控系统中还有脉冲变压器、音频和高频变压器等多种特殊变压器。

按绕组数目分类，可分为双绕组变压器、三绕组变压器、多绕组变压器和自耦变压器等。

按铁芯结构分类，可分为心式变压器和壳式变压器。

按相数分类，可分为单相变压器、三相变压器和多相变压器等。

按冷却方式分类，可分为干式变压器、油浸自冷变压器、油浸风冷变压器、充气式变压器和强迫油循环变压器等。

1.1.3　变压器的用途

在电力系统中，变压器是一种非常重要的电气设备。发电机由于本身结构及所用绝缘材料的限制，不可能直接发出高电压，但发电厂发出的电能在向用户输送过程中，通常需用很长的输电线，如果输电线路上的电压越高，则流过输电线路中的电流就越小。因此在输电时必须首先通过升压变电站，利用变压器将电压升高，再进行输送，这不仅可以减小输电线路的截面积，节约导体材料，同时还可减小输电线路上的功率损耗。所以，目前世界各国在电能的输送与分配方面都朝建立高电压、大功率的电力网系统方向发展，以便集中输送、统一调度与分配电能。这就促使输电线路的电压由高压（110～220 kV）向超高压（330～750 kV）和特高压（750 kV 以上）不断升级。目前我国高压输电的电压等级有110 kV、220 kV、330 kV 及 500 kV 等多种。

高压电能输送到用电区后，为了保证用电安全和符合用电设备的电压等级要求，还必须经过各级降压变电站，通过变压器进行降压。例如工厂输、配电线路上，高压有 35 kV 及10 kV 等电压等级，低压有 380 V、220 V、110 V 等电压等级。

综上所述，变压器在输、配电系统中起着非常重要的作用。在其他需要特种电源的工业企业中，变压器的应用也很广泛，如供电给整流设备、电炉等；此外在试验设备、测量设备和控制设备中也应用着各种类型的变压器。

1.1.4　变压器的铭牌数据

为保证变压器的正确使用，保证其正常工作，在每台变压器的外壳上都附有铭牌，标志其型号和主要参数。变压器的铭牌数据主要有以下几种。

1. 额定容量 S_N

在铭牌上所规定的额定状态下变压器输出能力（视在功率）的保证值，称为变压器的额定容量，单位以 V·A、kV·A 或 MV·A 表示。对三相变压器，额定容量是指三相容量之和。

2. 额定电压 U_N

标志在铭牌上的各绕组在空载、额定分接下端电压的保证值，称为额定电压，单位以V 或 kV 表示。对三相变压器，额定电压是指线电压。

3. 额定电流 I_N

根据额定容量和额定电压计算出的线电流,称为额定电流,单位以 A 表示。

对单相变压器,一、二次绕组的额定电流分别为

$$I_{N1}=\frac{S_N}{U_{N1}}, \quad I_{N2}=\frac{S_N}{U_{N2}}$$

对三相变压器,一、二次绕组的额定电流分别为

$$I_{N1}=\frac{S_N}{\sqrt{3}\,U_{N1}}, \quad I_{N2}=\frac{S_N}{\sqrt{3}\,U_{N2}}$$

4. 额定频率 f_N

我国规定标准工业用电的额定频率为 50 Hz。

此外,额定运行时变压器的效率、温升等数据均为额定值。除额定值外,铭牌上还标有变压器的相数、连接方式与组别、运行方式(长期运行或短时运行)及冷却方式等。

1.2 单相变压器的工作原理和性质

单相变压器是指接在单相交流电源上用来改变单相交流电压的变压器,其容量一般都比较小,主要用作控制及照明。它是利用电磁感应原理,将能量从一个绕组传输到另一个绕组而进行工作的。

1.2.1 单相变压器的工作原理

1. 变压器的空载运行

变压器的一次绕组接在额定电压的交流电源上,而二次绕组开路时的运行状态称为变压器的空载运行。图 1-4 是单相变压器空载运行的示意图。图中 u_1 为一次绕组电压,u_{02} 为二次绕组空载电压,N_1 和 N_2 分别为一、二次绕组的匝数。

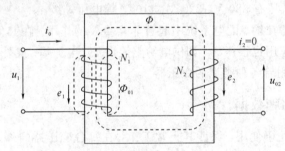

图 1-4　单相变压器空载运行示意图

1) 变压器空载运行时各物理量的关系式

当变压器的一次绕组加上交流电压 u_1 时,一次绕组内便有一个交变电流 i_0 流过。由于二次绕组是开路的,故二次绕组中没有电流。此时一次绕组中的电流 i_0 称为空载电流。同时在铁芯中产生交变磁通 Φ,其同时穿过变压器的一、二次绕组,因此又称之为交变主磁通。设

$$\Phi=\Phi_m\sin\omega t \tag{1-1}$$

则变压器一次绕组的感应电动势为

$$e_1 = -N_1 \frac{\mathrm{d}\Phi}{\mathrm{d}t} = N_1 \Phi_\mathrm{m} \omega \sin\left(\omega t - \frac{\pi}{2}\right) = 2\pi f \Phi_\mathrm{m} N_1 \sin\left(\omega t - \frac{\pi}{2}\right) \tag{1-2}$$

式中，Φ_m 为铁芯中的磁通，f 为频率，ω 为角频率。

式(1-2)表明，e_1 滞后于主磁通 $\pi/2$ 电角。式中 $2\pi f \Phi_\mathrm{m} N_1$ 为感应电动势的最大值，用 $E_{1\mathrm{m}}$ 表示。把 $E_{1\mathrm{m}}$ 除以 $\sqrt{2}$，则可求出变压器一次绕组感应电动势的有效值为

$$E_1 = 4.44 f \Phi_\mathrm{m} N_1 \tag{1-3}$$

同理，变压器二次绕组感应电动势的有效值为

$$E_2 = 4.44 f \Phi_\mathrm{m} N_2 \tag{1-4}$$

若不计一次绕组中的阻抗，则外加电压几乎全部用来平衡反电动势，即

$$\dot{U}_1 \approx -\dot{E}_1 \tag{1-5}$$

在数值上，则有

$$U_1 \approx E_1 \tag{1-6}$$

变压器空载时，其二次绕组是开路的，没有电流流过，二次绕组的端电压 U_{02} 与感应电动势 E_2 相等，则空载运行时二次侧电路电压平衡方程为

$$\dot{U}_{02} = \dot{E}_2 \tag{1-7}$$

在数值上，则有

$$U_{02} = E_2 \tag{1-8}$$

2）变压器的电压变换

由式(1-3)和式(1-4)可见，由于变压器一、二次绕组的匝数 N_1 和 N_2 不相等，因而 E_1 和 E_2 的大小是不相等的，变压器输入电压 U_1 和变压器二次侧电压 U_{02} 的大小也不相等。

变压器一、二次绕组电压之比为

$$\frac{U_1}{U_{02}} = \frac{E_1}{E_2} = \frac{N_1}{N_2} = K_u = K \tag{1-9}$$

式中，K_u 称为变压器的电压比，也可用 K 来表示，这是变压器中最重要的参数之一。

由式(1-9)可见，变压器一、二次绕组的电压与一、二次绕组的匝数成正比，也即变压器有变换电压的作用。

由式(1-3)和式(1-6)可知，对某台变压器而言，f 及 N_1 均为常数，因此当加在变压器上的交流电压有效值 U_1 恒定时，变压器铁芯中的磁通 Φ_m 基本保持不变。

2. 变压器的负载运行

当变压器的二次绕组接上负载阻抗 Z_L 时，则变压器投入负载运行，如图 1-5 所示。这时二次绕组中就有电流 I_2 流过，I_2 随负载的大小而变化，同时一次电流 I_1 也随之改变。变压器负载运行时的工作情况与空载运行时的工作情况明显不同。

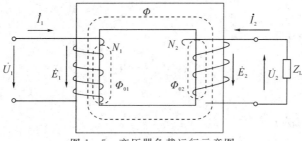

图 1-5　变压器负载运行示意图

1）变压器负载运行时的磁动势平衡方程

二次绕组接上负载后，电动势 E_2 将在二次绕组中产生电流 I_2，同时一次绕组的电流从空载电流 I_0 相应地增大为电流 I_1。I_2 越大，I_1 也越大。

从能量转换角度来看，二次绕组接上负载后，产生电流 I_2，二次绕组向负载输出电能。这些电能只能由一次绕组从电源吸取，通过主磁通 Φ_1 传递给二次绕组。二次绕组输出的电能越多，一次绕组吸取的电能也就越多。因此，二次电流变化时，一次电流也会相应地变化。

从电磁关系的角度来看，二次绕组产生电流 I_2，二次磁动势 $N_2 I_2$ 也要在铁芯中产生磁通，即这时铁芯中的主磁通是由一次、二次绕组共同产生的。$N_2 I_2$ 的出现，将有改变铁芯中原有主磁通的趋势。但是，在一次绕组的外加电压 U_1 及频率 f 不变的情况下，由式 (1-3) 和式 (1-6) 可知，主磁通基本上保持不变，因而一次绕组的电流由 I_0 变到 I_1，使一次绕组磁动势由 $N_1 I_0$ 变成 $N_1 I_1$，以抵消 $N_2 I_2$。由此可知变压器负载运行时的总磁动势应与空载运行时的总磁动势基本相等，都为 $N_1 I_0$，即

$$N_1 \dot{I}_1 + N_2 \dot{I}_2 = N_1 \dot{I}_0 \quad 或 \quad N_1 \dot{I}_1 = N_1 \dot{I}_0 - N_2 \dot{I}_2 \qquad (1-10)$$

上式称为变压器负载运行时的磁动势平衡方程。它说明有载时一次绕组建立的 $N_1 \dot{I}_1$ 分为两部分：其一是 $N_1 \dot{I}_0$，用来产生主磁通 Φ；其二是 $N_2 \dot{I}_2$，用来抵偿二次绕组磁动势 $N_2 \dot{I}_2$，从而保持磁通 Φ 基本不变。

2）变压器的电流变换

由于变压器的空载电流 $\dot{I}_0$ 很小，特别是在变压器接近满载时，$N_1 \dot{I}_0$ 相对于 $N_1 \dot{I}_1$ 或 $N_2 \dot{I}_2$ 而言基本上可以忽略不计，于是可得变压器一、二次绕组磁动势的有效值关系为 $N_1 I_1 \approx N_2 I_2$，即

$$\frac{I_1}{I_2} \approx \frac{N_2}{N_1} = \frac{1}{K_u} = K_i \qquad (1-11)$$

式中，K_i 称为变压器的电流比。

式 (1-11) 表明，变压器一、二次绕组中的电流与一、二次绕组的匝数成反比，即变压器也有变换电流的作用，且电流的大小与匝数成反比。因此，变压器的高压绕组匝数多，而通过的电流小，绕组所用的导线较细；反之，变压器的低压绕组匝数少，通过的电流大，绕组所用的导线较粗。

1.2.2 单相变压器的性质

由以上分析可以得出变压器有电压变换和电流变换的性质。

1. 电压变换

电压变换可以描述为

$$\frac{U_1}{U_{02}} = \frac{N_1}{N_2} = K_u \qquad (1-12)$$

2. 电流变换

电流变换可以描述为

$$\frac{I_1}{I_2} \approx \frac{N_2}{N_1} = \frac{1}{K_u} \qquad (1-13)$$

此外，变压器还有阻抗变换的性质。

3. 阻抗变换

阻抗变换如图 1-6 所示。

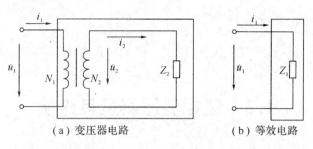

(a) 变压器电路　　　　　　(b) 等效电路

图 1-6　变压器的阻抗变换

变压器的阻抗变换是通过改变变压器的电压比 K_u 来实现的。当变压器二次绕组接上阻抗为 Z 的负载后，根据图 1-6 所示，阻抗 Z_1 为

$$Z_1 = \frac{U_1}{I_1} \qquad (1-14)$$

从变压器的二次绕组来看，阻抗 Z_2 为

$$Z_2 = \frac{U_2}{I_2} \qquad (1-15)$$

由此可得变压器一次、二次绕组的阻抗比为

$$\frac{Z_1}{Z_2} = \frac{U_1}{I_1} \frac{I_2}{U_2} = \frac{U_1}{U_2} \frac{I_2}{I_1} = \left(\frac{N_1}{N_2}\right)^2 = K_u^2 \qquad (1-16)$$

由式(1-16)可知：

(1) 只要改变变压器一次、二次绕组的匝数比，就可以改变变压器一次、二次绕组的阻抗比，从而获得所需的阻抗匹配。

(2) 接在变压器二次侧的负载阻抗 Z_2 对变压器一次侧的影响，可以用一个接在变压器一次侧的等效阻抗 $Z_1 = K_u^2 Z_2$ 来代替，代替后变压器一次电流 I_1 不变。

在电子电路中，为了获得较大的功率输出，往往对输出电路的输出阻抗与所接的负载阻抗有一定的要求。例如对音响设备来讲，为了能在扬声器中获得最好的音响效果(获得最大的功率输出)，要求音响设备输出的阻抗与扬声器的阻抗尽量相等。但在实际中扬声器的阻抗往往只有几欧姆到十几欧姆，而音响设备等信号的输出阻抗往往很大，达到几百欧姆，甚至几千欧姆以上，因此通常在两者之间加接一个变压器(称为输出变压器、线间变压器)来达到阻抗匹配的目的。

例 1-1　已知某音响设备输出电路的输出阻抗为 320 Ω，所接的扬声器阻抗为 5 Ω，现在需要接一输出变压器使两者实现阻抗匹配，试求：

(1) 该变压器的电压比 K_u；

(2) 若该变压器一次绕组匝数为 480 匝，二次绕组匝数为多少？

解　(1) 根据已知条件，输出变压器一次绕组的阻抗 $Z_1 = 320$ Ω，二次绕组的阻抗

$Z_2 = 5 \ \Omega$，由式(1-16)得变压器的电压比为

$$K_u = \sqrt{\frac{Z_1}{Z_2}} = \sqrt{\frac{320}{5}} = 8$$

(2) 由式(1-9)知

$$K_u = \frac{N_1}{N_2}$$

则变压器二次绕组匝数为

$$N_2 = \frac{N_1}{K_u} = \frac{480}{8} = 60 \ \text{匝}$$

1.3 三相变压器及其连接

在电力系统中，普遍采用三相制供电方式，因而三相变压器获得了最广泛的应用。三相变压器在对称负载下运行时，各相电压、电流大小相等，相位彼此相差120°，各相参数也相等。因此，单相变压器的分析方法完全适用于三相变压器，在此不再赘述。本节主要讨论三相变压器的组成、三相变压器的绕组连接及绕组的极性与测量等问题。

1.3.1 三相变压器的组成

三相变压器按照其磁路系统的不同可以由三台同容量的单相变压器组成，称为三相变压器组；也可由三个单相变压器合成一个三铁芯柱的三相心式变压器。

1. 三相变压器组

三相变压器组是指根据需要，把三个同容量的变压器的一次、二次绕组分别接成星形或三角形。一般三相变压器组的一次、二次绕组均采用星形连接，如图1-7所示。

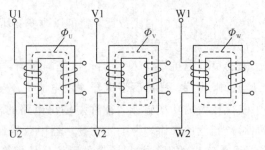

图1-7 三相变压器组

由于三相变压器组是由三台变压器按一定方式连接而成的，故三台变压器之间只有电的联系，而各自的磁路相互独立，互不关联。当三相变压器组一次侧施以对称三相电压时，三相的主磁通也一定是对称的，三相空载电流也对称。

2. 三相心式变压器

三相心式变压器是由三相变压器组演变而来的。把三个单相心式变压器合并成如图1-8(a)所示的结构，通过中间芯柱的磁通为三相磁通的相量和。当三相电压对称时，三相磁通总和 $\dot{\Phi}_U + \dot{\Phi}_V + \dot{\Phi}_W = 0$，即中间芯柱中无磁通通过，可以省略，如图1-8(b)所示。为了

制造方便和节省硅钢片,将三相铁芯柱布置在同一平面内,演变成为如图1-8(c)所示的结构,这就是目前广泛采用的三相心式变压器的铁芯。

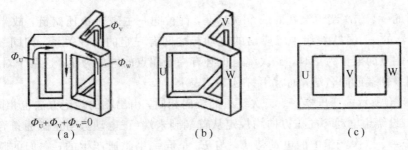

图1-8　三相心式变压器

由图1-8可见,三相心式变压器的磁路特点为:三相磁路有共同的磁轭,它们彼此关联,各相磁通要借另外两相的磁通闭合,即磁路系统是不对称的。但由于空载电流很小,它的不对称对变压器的负载运行的影响极小,可忽略不计。

3. 两类变压器的比较

比较上述两种类型磁路系统的三相变压器可以看出,在相同的额定容量下,三相心式变压器较之三相变压器组具有节省材料、效率高、价格便宜、维护方便、安装占地少等优点,因而得到广泛应用。但是对于大容量变压器来说,三相心式变压器就暴露出它的缺点。因为三相变压器组是由三个独立的单相变压器组成的,所以在起重、运输、安装时可以分开处理,困难就大为减小,同时还可以降低备用容量,每组只要一台单相变压器作为备用就可以了。所以对一些超高压、特大容量的三相变压器,当制造及运输有困难时,有时就采用三相变压器组。

1.3.2　三相变压器的绕组连接

三相变压器高、低压绕组的首端常用 U1、V1、W1 和 u1、v1、w1 标记,而其末端常用 U2、V2、W2 和 u2、v2、w2 标记。单相变压器的高、低压绕组的首端则用 U1、u1 标记,其末端则用 U2、u2 标记,见表1-1。

表1-1　绕组的首端和末端的标记

绕组名称	单相变压器		三相变压器		中性点
	首端	末端	首端	末端	
高压绕组	U1	U2	U1、V1、W1	U2、V2、W2	N
低压绕组	u1	u2	u1、v1、w1	u2、v2、w2	n
中压绕组	U1m	U2m	U1m、V1m、W1m	U2m、V2m、W2m	Nm

为了说明三相绕组的连接问题,首先要研究每相中一、二次绕组感应电动势的相位关系问题,或者称为极性问题。

1. 变压器绕组的极性及其测量

1）变压器绕组的极性

变压器的一、二次绕组绕在同一个铁芯上，都被同一主磁通 Φ 所交链，故当磁通 Φ 交变时，变压器的一、二次绕组中感应出的电动势之间有一定的极性关系，即同一瞬间当一次绕组某一端点的电位为正时，二次绕组也必有一个端点的电位为正，这两个对应的端点，我们称为同极性端或同名端，通常用符号"·"表示。

图1-9(a)所示的变压器一、二次绕组的绕向相同，引出端的标记方法也相同（同名端均在首端）。设绕组电动势的正方向均规定从首端到末端(正电动势与正磁通符合左手螺旋定则)，由于一、二次绕组中的电动势 E_U 与 E_u 是同一主磁通产生的，它们的瞬时方向相同，因此一、二次绕组电动势 E_U 与 E_u（或电压）是相同的，其相位关系可以用相量 $\dot{E}_U$ 与 $\dot{E}_u$ 表示。

如果一、二次绕组的绕向相反，如图1-9(b)所示，但出线标记仍不变，由图可见在同一瞬时，一次绕组感应电动势的方向从 U1 到 U2，二次绕组感应电动势的方向则是从 u2 到 u1，即 E_U 与 E_u 反相，其相位关系同样可以用相量 $\dot{E}_U$ 与 $\dot{E}_u$ 表示。

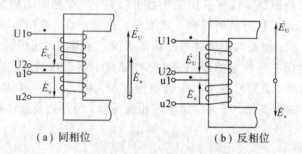

（a）同相位　　　　　　　　　　（b）反相位

图1-9　变压器的两种不同标记法

2）变压器同名端的判定

对一台变压器，由于其绕组已经过浸漆处理，并且安装在封闭的铁壳内，因此无法辨认其同名端。变压器同名端的判定可用实验的方法进行测定，测定的方法主要有直流法和交流法两种。

2. 三相变压器绕组的连接方法

在三相电力变压器中，不论是高压绕组还是低压绕组，我国均采用星形连接与三角形连接两种方法。

三相电力变压器的星形连接是把三相绕组的末端 U2、V2、W2（或 u2、v2、w2)连接在一起，而把它们的首端 U1、V1、W1(或 u1、v1、w1)分别用导线引出接三相电源，构成星形连接，用字母"Y"或"y"表示，如图1-10(a)所示。带有中性线的星形连接用字母"YN"或"yn"表示。

三相电力变压器的三角形连接是把一相绕组的首端和另外一相绕组的末端连接在一起，顺次连接成为一闭合回路，然后从首端 U1、V1、W1(或 u1、v1、w1)分别用导线引出接三相电源，如图1-10(b)、(c)所示。图1-10(b)的三相绕组按 U2W1、W2V1、V2U1 的次序连接，称为逆序(逆时针)三角形连接。而图1-10(c)的三相绕组按 U2V1、V2W1、

W2U1 的次序连接，称为顺序(顺时针)三角形连接。三角形连接用字母"D"或"d"表示。

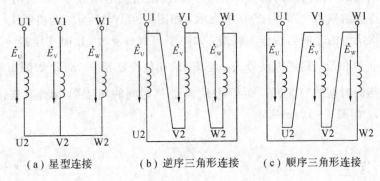

（a）星型连接　　　（b）逆序三角形连接　　　（c）顺序三角形连接

图 1 - 10　三相绕组连接方法

三相变压器一、二次绕组不同接法的组合有 Yy、YNd、Yd、Yyn、Dy、Dd 等，其中最常用的组合形式有三种，即 Yyn、YNd 和 Yd。不同形式的组合各有优缺点。对于高压绕组来说，星形连接最为有利，因为它的相电压只有线电压的 $1/\sqrt{3}$，当中性点引出接地时，绕组对地的绝缘要求降低了。

大电流的低压绕组，采用三角形连接可以使导线截面积比星形连接小 $1/\sqrt{3}$，方便于绕制，所以大容量的变压器通常采用 Yd 或 YNd 连接。而对于容量不太大且需要中性线的变压器，广泛采用 Yyn 连接，以适应照明与动力混合负载所需要的两种电压。

3. 三相变压器的连接组别

在三相电力变压器不同的接法中，一次绕组的线电压与二次绕组的线电压之间的相位关系是不同的，这就是所谓的三相变压器的连接组别。其不仅与绕组的同名端和首末端的标记有关，而且还与三相绕组的连接方式有关。在标志三相变压器的一、二次绕组线电动势的相位关系时，用时钟表示法进行表示，即规定一次绕组线电动势 $\dot{E}_{UV}$ 为长针，永远指向时间"12 点"，二次绕组线电动势 $\dot{E}_{uv}$ 为短针，它指向时间上的几点，则该数字为三相变压器连接组别的标号。

1）Yy 连接组

如图 1 - 11(a)所示为三相变压器 Yy 连接时的接线图。图中变压器一、二次绕组均采用星形连接，并且一、二次绕组的首端都为同名端，故一、二次侧相互对应的相电动势之间的相位相同，因此一、二次的线电动势之间的相位也相同，如图 1 - 11(b)所示。

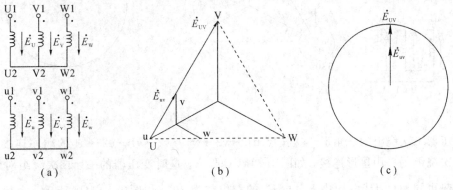

（a）　　　　　　　（b）　　　　　　　（c）

图 1 - 11　Yy0 连接组

这时，如果把 $\dot{E}_{UV}$ 指向时间的"12点"，则二次绕组线电动势 $\dot{E}_{uv}$ 也指向"12点"，视为零点，因此其连接组别为"0"，用 Yy0 来表示，如图 1-11(c)所示。若将图 1-11 连接组中变压器一、二次绕组的非同名端作为首端，如图 1-12(a)所示。这时变压器一、二次侧对应相的相电动势正好相反，则线电动势 $\dot{E}_{UV}$ 与 $\dot{E}_{uv}$ 的相位正好相差 180°，如图 1-12(b)所示。这时相量 $\dot{E}_{UV}$ 指向时间的"12点"，而相量 $\dot{E}_{uv}$ 则指向时间的"6点"，因此其连接组别为"6"，用 Yy6 来表示，如图 1-12(c)所示。

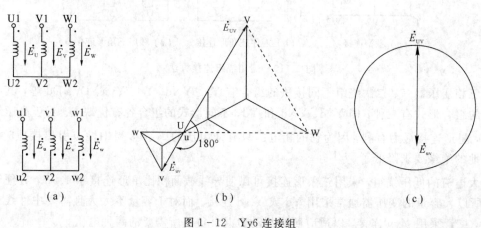

图 1-12　Yy6 连接组

2) Yd 连接组

如图 1-13(a)所示，三相变压器一次绕组为星形连接，二次绕组为三角形连接，且一、二次绕组的同名端标为首端。二次绕组按照 u1→v2→v1→w2→w1→u2→u1 的逆序依次连接成为三角形。这时变压器一、二次侧对应相的相电动势也同相位，但线电动势 $\dot{E}_{UV}$ 与 $\dot{E}_{uv}$ 的相位差为 330°，如图 1-13(b)所示。当 $\dot{E}_{UV}$ 指向时间的"12点"时，$\dot{E}_{uv}$ 指向时间的"11点"，即 $\dot{E}_{uv}$ 超前 $\dot{E}_{UV}$ 30°，因此其连接组别为"11"，用 Yd11 表示，如图 1-13(c)所示。

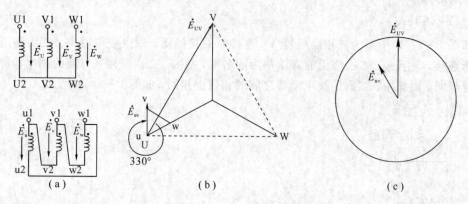

图 1-13　Yd11 连接组

变压器二次绕组的三角形连接按照 u1→w2→w1→v2→v1→u2→u1 的顺序连接，变压器的一次绕组仍采用星形连接，如图 1-14(a)所示。这时变压器的一、二次绕组对应相的相电动势也同相，但线电动势 $\dot{E}_{UV}$ 与 $\dot{E}_{uv}$ 的相位差为 30°，如图 1-14(b)所示。当相量 $\dot{E}_{UV}$

指向时间的"12 点"时，相量 $\dot{E}_{uv}$ 指向时间的"1 点"，即 $\dot{E}_{uv}$ 滞后 $\dot{E}_{UV}$ 30°，因此其连接组别为 "1"，用 Yd1 表示，如图 1-14(c)所示。

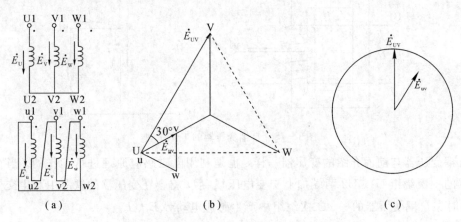

图 1-14　Yd1 连接组

不论是 Yy 连接组还是 Yd 连接组，如果一次绕组的三相标记不变，把二次绕组的三相标记 u、v、w 顺序改为 w、u、v(相序不变)，则二次侧的各线电动势相量将分别转过 120°，相当于转过 4 个钟点；若改标记为 v、w、u，则相当于转过 8 个钟点。因而对 Yy 连接而言，可得 0、4、8、6、10、2 等 6 个偶数连接组别；对 Yd 连接而言，可得 1l、3、7、5、9、1 等 6 个奇数连接组别。读者可根据相量法自行分析。

三相电力变压器连接组的种类很多，为了制造和运行方便的需要，我国规定了 Yyn0、Yd11、YNd11、YNy0 和 Yy0 等五种作为三相电力变压器的标准连接组。其中前三种应用最为广泛，Yyn0 用于容量不大的三相配电变压器，其低压侧电压为 230～400 V，可兼供动力和照明的混合负载；Yd11 连接组别主要用于变压器二次侧电压超过 400 V 的线路，其二次侧成为三角形连接，主要是对变压器的运行有利；YNd11 的变压器连接组别主要用于高压输电线路。

1.4　其他常用变压器

在电力系统中，还有其他多种特殊用途的变压器，且涉及面广，种类繁多。本节主要简单介绍较常用的自耦变压器、电压互感器、电流互感器、隔离变压器、脉冲变压器等的工作原理及特点。

1.4.1　自耦变压器

1. 自耦变压器的工作原理

前面介绍的普通双绕组变压器的一、二次绕组之间互相绝缘，各绕组之间只有磁的耦合而没有电的直接联系。

自耦变压器是将一、二次绕组合成一个绕组，其中一次绕组的一部分兼做二次绕组，它的一、二次绕组之间不仅有磁的耦合，而且还有电的直接联系，如图 1-15 所示。图中 N_1 为自耦变压器一次绕组的匝数，N_2 为自耦变压器二次绕组的匝数。

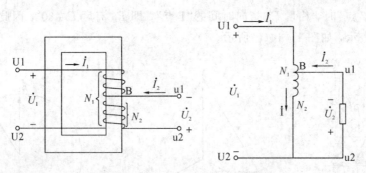

图 1-15　自耦变压器的工作原理

自耦变压器与前面介绍的变压器一样，也是利用电磁感应原理进行工作的。当在自耦变压器的一次绕组 U1、U2 两端加上交变电压 U_1 后，将会在变压器的铁芯中产生交变的磁通，同时在自耦变压器的一、二次绕组中产生感应电动势 E_1、E_2。

$$u_1 \approx E_1 = 4.44 f N_1 \Phi_m \tag{1-17}$$

$$u_2 \approx E_2 = 4.44 f N_2 \Phi_m \tag{1-18}$$

由此可得自耦变压器的电压比 K_u 为

$$K_u = \frac{E_1}{E_2} = \frac{N_1}{N_2} \approx \frac{U_1}{U_2} \tag{1-19}$$

由上式可知，只要改变自耦变压器的匝数 N_2，即可调节其输出电压的大小。

2. 自耦变压器的特点

自耦变压器具有结构简单、节省用铜量、效率比一般变压器高等优点。其缺点是一次侧、二次侧电路中有电的联系，可能发生把高电压引入低压绕组的危险事故，很不安全，因此要求自耦变压器在使用时必须正确接线，且外壳必须接地，并规定安全照明变压器不允许采用自耦变压器结构形式。变压器的电压比一般不能选择过大，在实际应用中，要求自耦变压器的电压比一般在 1.5～2.0 之间。在电力系统中，可用自耦变压器把 110 kV、150 kV、220 kV 和 330 kV 的高压电力系统连接成大规模的动力系统。大容量的异步电动机减压启动，也可用自耦变压器降压，以减小启动电流。

低压小容量的自耦变压器，其二次绕组的接头 C 常做成沿线圈自由滑动的触头，它可以平滑地调节自耦变压器的二次绕组电压，这种自耦变压器称为自耦调压器。为了使滑动接触可靠，这种自耦变压器的铁芯做成圆环形，在铁芯上绕组均匀分布，其滑动触头由炭刷构成。调节滑动触头的位置即可改变输出电压的大小。自耦调压器的外形图和电路原理图如图 1-16 所示。

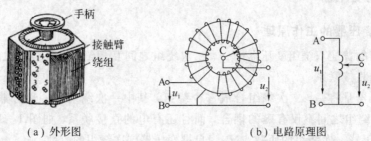

（a）外形图　　　　　　　　　　（b）电路原理图

图 1-16　自耦变压器

1.4.2 电压互感器

电压互感器属于仪器用互感器的范畴，主要用来与仪表和继电器等低压电器组成二次回路，对一次回路进行测量、控制、调节和保护，在电工测量中主要用来按比例变换交流电压。电压互感器的结构形式与工作原理和单相降压变压器基本相同，如图 1-17 所示。

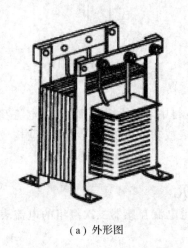
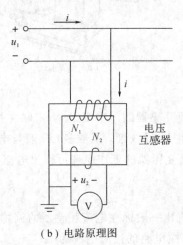

（a）外形图 （b）电路原理图

图 1-17　电压互感器

电压互感器的一次绕组与被测电路进行并联，其绕组匝数较多，匝数为 N_1；电压互感器的二次绕组与电压表进行并联，其绕组匝数较少，匝数为 N_2。其电压比为

$$K_u = \frac{U_1}{U_2} = \frac{N_1}{N_2} \tag{1-20}$$

电压比一般标在电压互感器的铭牌上，只要读出电压互感器二次侧电压表的读数 U_2，即可得出被测电压为

$$U_1 = K_u U_2 \tag{1-21}$$

通常电压互感器二次绕组的额定电压均选用为 100 V。为读数方便起见，仪表按一次绕组额定值刻度，这样可直接读出被测电压值。电压互感器的额定电压等级有 6000 V/100 V、10000 V/100 V 等。

使用电压互感器时必须注意以下事项：

（1）电压互感器的二次绕组在使用时绝不允许短路。如二次绕组短路，将产生很大的短路电流，导致电压互感器烧坏。

（2）为保证操作人员的安全，电压互感器的铁芯和二次绕组的一端必须可靠接地。

（3）电压互感器具有一定的额定容量，在使用时，二次侧不宜接入过多的仪表，否则有可能超过电压互感器的定额，使电压互感器内部阻抗压降增大，影响测量的精确度。

1.4.3 电流互感器

电流互感器也属于仪器用互感器的范畴，同样用来与仪表和继电器等低压电器组成二次回路，对一次回路进行测量、控制、调节和保护，在电工测量中主要用来按比例变换交流电流。电流互感器的基本结构与工作原理和单相变压器相类似，如图 1-18 所示。

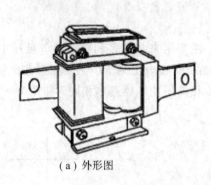
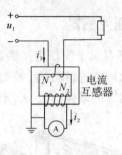

（a）外形图　　　　　　　　（b）电路原理图

图 1-18　电流互感器

电流互感器的一次绕组 N_1 串联在被测的交流电路中，导线粗，匝数少；电流互感器的二次绕组 N_2 导线细，匝数多，一般与电流表、电能表或功率表的电流线圈串联构成闭合回路。根据变压器的工作原理可得出电流比为

$$K_i = \frac{I_1}{I_2} = \frac{N_2}{N_1} = \frac{1}{K_u} \qquad (1-22)$$

电流比一般标在电流互感器的铭牌上，如果测得电流互感器二次绕组的电流表读数为 I_2，则一次电路的被测电流为

$$I_1 = K_i I_2 \qquad (1-23)$$

通常电流互感器二次绕组的额定电流均选用为 5 A。当与测量仪表配套使用时，电流表按一次侧的电流值标出，即从电流表上直接读出被测电流值。电流互感器额定电流等级有 100 A/5 A、500 A/5 A、2000 A/5 A 等，读作"一百比五"或读作"一百过五"等。

使用电流互感器时，需注意以下事项：

（1）电流互感器的二次侧绝不允许开路。因为如果二次侧开路，则电流互感器处于空载运行状态，这时电流互感器一次绕组通过的电流就成为励磁电流，使铁芯中的磁通和铁耗猛增，导致铁芯发热烧坏绕组；另外电流互感器产生的很大的磁通将在二次绕组中感应出很高的电压，危及人身安全或破坏绕组绝缘。因此在二次绕组中装卸仪表时，必须先将二次绕组短路。

（2）电流互感器的二次侧必须可靠接地，以保证工作人员及设备的安全。

1.4.4　钳形电流表

钳形电流表是变压器与交流电流表的组合，是电流互感器的另一种形式。它由一只电流表与二次绕组组成的闭合回路和一只铁芯所构成，如图 1-19 所示。

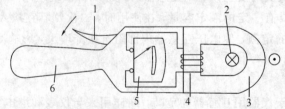

1—手柄；2—被测电流的导线；3—铁芯；4—二次绕组；5—电流表头；6—固定手柄

图 1-19　钳形电流表

使用时压动手柄，便可张开铁芯，将被测电流的导线放入 U 形钳内，然后把铁芯闭合。这样，载流导线便成为电流互感器的一次绕组，经过变换后，即可从电流表上直接读出被测电流的大小。

例 1 - 2 设与电流表相连接的二次绕组的匝数为 1000，若表头指出被测电流为 5 A，一次绕组即被测电流的导线的匝数算作 0.5。试求通过二次绕组的实际电流是多少。

解 由 $\dfrac{N_1}{N_2} = \dfrac{I_2}{I_1}$ 得

$$I_2 = \frac{N_1}{N_2} I_1 = \frac{0.5}{1000} \times 5 = 0.0025 \text{ A} = 2.5 \text{ mA}$$

1.4.5 隔离变压器

由于变压器的一次、二次绕组通过磁通交链，没有电的联系，这就对一次侧、二次侧电路有着隔离的作用。在某些场合需要将两个电路加以隔离，但又不想改变其电压，为此可制成一种特殊的变压器——隔离变压器，它的一次、二次绕组的匝数相等，即 $N_1 = N_2$，它的电压比 $K_u = 1$。

1.4.6 脉冲变压器

脉冲变压器是用来变换脉冲的幅值的，同时可将各个脉冲电路加以隔离。例如在晶闸管装置中，触发电路的触发脉冲通常是通过脉冲变压器加到晶闸管的控制极上的。

脉冲变压器的结构与一般变压器相似，但是一般变压器一次绕组加的是正弦交流电压，而脉冲变压器一次绕组加的却是周期性前沿陡峭的单方向的脉冲电压。为使传递的脉冲信号不失真，就要对变压器的铁芯材料与制造工艺有特殊的要求。脉冲变压器的铁芯要选用高磁导率的材料，线圈的匝数也不宜太多。

1.4.7 多绕组变压器

在某些用电设备中往往需要多种电压，于是就在变压器的铁芯上绕制多个二次绕组，每个二次绕组提供一种电压，这种变压器称为多绕组变压器。例如电源变压器(或控制变压器)就有两个二次绕组，将 380 V(或 220 V)变换为 36 V(作为照明灯电源)和 6.3 V(作为指示灯电源)。如图 1 - 20 所示为有两个二次绕组的多绕组变压器。

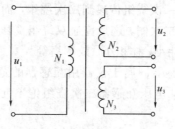

图 1 - 20 多绕组变压器

U_1 为一次绕组电压，U_2、U_3 为两个二次绕组电压。二次绕组与一次绕组的电压关系仍符合电压比的关系，即

$$\frac{U_1}{U_2} = \frac{N_1}{N_2}, \quad \frac{U_1}{U_3} = \frac{N_1}{N_3}$$

多绕组变压器的一次绕组电流 I_1，可以由功率关系计算。设通过绕组 N_2 的电流为 I_2，功率为 P_2；通过绕组 N_3 的电流为 I_3，功率为 P_3，则变压器一次绕组的功率 P_1 和电流 I_1 分别为

$$P_1 = \frac{P_2 + P_3}{\eta} \tag{1-24}$$

$$I_1 = \frac{P_1}{U_1 \cos\varphi_1} \tag{1-25}$$

多绕组变压器的一次绕组电流与各二次绕组电流之间的关系仍符合电流比的关系，即

$$\frac{I_1}{I_2} = \frac{N_2}{N_1}, \quad \frac{I_1}{I_3} = \frac{N_3}{N_1}$$

本 章 小 结

(1) 变压器作为一种静止的电气设备，主要由铁芯和绕组两部分组成。铁芯构成变压器的磁路部分，绕组构成变压器的电路部分。铁芯主要由铁芯柱和铁轭两部分组成，要求导磁性能要好，损耗要尽量小。根据高、低压绕组的相对位置，绕组可分为同心式和交叠式两种类型。要求变压器绝缘性能要好，漏抗小，机械强度高。

(2) 变压器的铭牌数据是安全、正确使用变压器的主要依据。铭牌数据主要有额定容量、额定电压、额定电流、额定频率、使用条件、允许温升、绕组连接方式等。

(3) 变压器空载运行时，一次绕组流过的电流为空载电流，一般都很小，仅为其额定电流的 3%～8%。负载运行时，二次绕组产生电流，同时一次绕组的电流在空载电流基础上相应增大。二次绕组电流增大，则一次绕组电流随之增大。

(4) 变压器的性质体现在运行时可实现电压变换、电流变换和阻抗变换。

(5) 三相变压器可分为三相变压器组和三相心式变压器两大类。三相心式变压器用料省，效率高，价格便宜，维护方便。三相变压器组可降低备用容量，运输方便。

(6) 三相变压器的绕组连接主要有星形和三角形两种方法。根据变压器一、二次绕组线电压的相位关系，常用的三相电力变压器的连接组别主要有 Yyn0、Yd11、YNd11、YNy0 和 Yy0 等五种。

(7) 自耦变压器一、二次绕组之间不仅有磁的耦合，而且还有电的直接联系，其输出功率一部分通过电磁感应原理从一次绕组传递到二次绕组，而另一部分功率则通过电路直接从一次侧传递到自耦变压器的二次侧，这是普通双绕组变压器所不具备的。自耦变压器具有一系列优点，如用料省、损耗小、体积小、效率高等。

(8) 电压互感器和电流互感器同属于仪器用互感器的范畴。在电工测量中，它们分别用来测量电压和电流。使用时，电压互感器二次绕组绝不允许短路，而电流互感器二次侧绝不允许开路。

习 题 1

1-1 试叙述变压器的主要用途，它可分为哪些类别？

1-2 变压器主要由哪几部分组成？各部分的作用是什么？

1-3 变压器的铁芯能否制成一整块？为什么？

1-4 为什么要标志变压器的铭牌数据？其主要参数有哪些？

1-5 变压器一次绕组的电阻一般很小，为什么在一次绕组上加上额定的交流电压，线圈不会烧坏？若在一次绕组上加上与交流电压数值相同的直流电压，会产生什么后果？这时二次绕组有无电压输出？

1-6 单相变压器空载运行与负载运行的主要区别是什么？

1-7 额定电压为 380 V/220 V 的单相变压器，如果不慎将低压端接到 380 V 的交流电压上，会产生什么后果？

1-8 有一台单相变压器的 $U_1 = 380$ V，$I_1 = 0.368$ A，$N_1 = 1000$ 匝，$N_2 = 100$ 匝，试求变压器二次绕组的输出电压 U_2、输出电流 I_2、电压比 K_u 和电流比 K_i。

1-9 有一台单相降压变压器，其一次电压 $U_1 = 3000$ V，二次电压 $U_2 = 220$ V。如果二次侧接用一台 $P = 25$ kW 的电阻炉，试求变压器一次绕组电流 I_1 和二次绕组电流 I_2。

1-10 有一降压变压器 380 V/36 V，在接有电阻性负载时，测得 $I_2 = 3$ A。若变压器效率为 85%，试求该变压器的损耗、二次侧功率和一次绕组中的电流 I_1。

1-11 某晶体管收音机的输出变压器的一次绕组匝数 $N_1 = 240$ 匝，二次绕组匝数 $N_2 = 60$ 匝，原配接有音圈阻抗为 4 Ω 的电动式扬声器。现要改接为 16 Ω 的扬声器，二次绕组匝数如何变化？

1-12 单相变压器的 $U_1 = 220$ V，二次绕组有两个，电压分别是 110 V 和 44 V。如一次绕组为 440 匝。

(1) 求两个二次绕组的匝数；

(2) 若在 110 V 的二次绕组电路中接有 100 W、110 V 的电灯 11 盏，求一次、二次线圈的电流。

1-13 试叙述三相变压器组和三相心式变压器的组成，其各自具有哪些基本特征？

1-14 什么是变压器绕组的同名端？变压器同名端的测定方法有哪些？

1-15 自耦变压器为什么能改变电压？有何优缺点？使用时应注意什么事项？

1-16 采用电压互感器和电流互感器有什么优点？使用时应注意什么事项？

第 2 章 直流电机

本章主要介绍直流电机的分类、优缺点，直流电机的结构与工作原理，直流电动机转速与转矩之间关系的机械特性，直流电动机启动、反转、调速及制动的基本原理和基本方法、适用场所及正确使用的方法。

2.1 直流电机概述

2.1.1 电机的分类

应用电磁原理实现电能与机械能互相转换的旋转机械，统称为电机。按照产生或取用电能种类的不同，电机分为直流电机与交流电机。把机械能转换为电能的电机，称为发电机；把电能转换为机械能的电机，称为电动机。

电动机分为交流电动机和直流电动机两大类。交流电动机又分为单相的和三相的，异步的和同步的。直流电动机按照励磁方式的不同分为他励、并励、串励和复励四种。

电动机除了较多地用作原动机拖动生产机械外，随着生产自动化的需要，在自动控制系统和计算装置中还常用到一些控制电机和特殊用途的电机，例如测速发电机、伺服电动机、步进电动机等。

2.1.2 直流电动机的优缺点

在电动机的发展史上，直流电动机发明得最早，其电源为电池，后来才出现了交流电动机。交流电动机应用较为普遍，特别是异步电动机，因为它的结构简单、坚固耐用、维护方便、价格便宜和工作可靠等使其应用广泛。但是，迄今为止工业领域里仍有许多场所使用直流电动机。这是由于直流电动机具有以下突出的优点：

(1) 调速范围广，调速平滑性、经济性较好；

(2) 启动、制动和过载转矩大；

(3) 易于控制，可靠性较高。

直流电动机的主要优点是启动和调速性能好，过载能力强，因此多应用于对启动和调速要求较高的生产机械，如轧钢机、电力机车、造纸机及纺织机械等。直流发电机作为直流电源时，其电势波形好，抗干扰能力强，主要应用在电镀、电解行业中。

直流电动机也有它显著的缺点：

(1) 制造工艺复杂，生产成本高；

(2) 运行时由于电刷与换向器之间容易产生火花，可靠性较差，维护较麻烦。

人们虽做过很多研究工作来改善交流电动机的性能，但还不能全部用交流拖动来代替直流拖动。因而在某些机械的拖动中，仍需用直流电动机。从理论上讲，电机既可作为发电机又可作为电动机，即具有可逆性。但在实际应用中大多情况下电机是专用的。

2.1.3　直流电动机的系列

为了满足各行各业对产品的不同要求，生产厂家常将产品制成不同型号系列。所谓系列，就是指产品的结构和形状基本相似，而某种性能参数（例如容量）按一定等级递增的一系列产品。对于电动机来说，系列产品的电压、速度、机座号和铁芯长度等都有一定的等级。直流电动机主要有以下几种系列：

（1）Z2 系列：一般用途的中小型直流电动机。

（2）Z 系列：一般用途的中小型直流电动机，Z 表示直流电动机。

（3）ZT 系列：用于恒功率且调速范围较宽的直流电动机。

（4）ZJ 系列：精密机床用直流电动机。

（5）ZTD 系列：电梯用直流电动机。

（6）ZZJ 系列：冶金起重用直流电动机，它启动快，过载能力很强。

（7）ZQ 系列：电力机车、工矿电机车和电车用直流牵引电动机。

（8）Z－H 系列：船用直流电动机。

（9）ZA 系列：防爆安全用直流电动机。

2.2　直流电机的结构与工作原理

我们讨论电机及其他电器的结构，目的在于了解它们的各主要部件的名称、作用、相互组装及动作关系，以便正确选用和使用。直流电机有直流发电机和直流电动机两种类型。将机械能转化为电能的是直流发电机，将电能转化为机械能的是直流电动机。不管是直流发电机还是直流电动机，其结构基本是相同的。

2.2.1　直流电机的结构

电机的结构是由以下几方面的要求来确定的。

（1）首先是电磁方面的要求：使电机产生足够的磁场，感应出一定的电动势，通过一定的电流，产生一定的电磁转矩，要有一定的绝缘强度。

（2）其次是机械方面的要求：电机能传递一定的转矩，保持机械上的坚固稳定。此外，还要满足冷却的要求，温升不能过高；

（3）还要考虑便于检修，运行可靠等。

如图 2-1 所示为直流电机的结构图。图 2-2 为直流电机的径向剖面图，由图可见，直流电动机由定子与转子构成，通常把产生磁场的部分做成静止的，称为定子；把产生感应电动势或电磁转矩的部分做成旋转的，称为转子（又叫电枢）。定子与转子间因有相对运动，故有一定的空气隙。

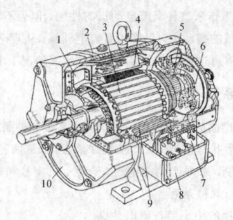

1—风扇；2—机座；3—电枢；4—主磁极；5—刷架
6—换向器；7—接线板；8—出线盒；9—换向磁极；10—端盖

图 2-1　直流电机结构图

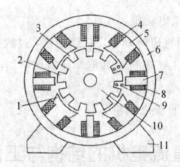

1—极靴；2—电枢齿；3—电枢槽；4—励磁绕组；5—主磁极
6—磁轭；7—换向极；8—换向极绕组；9—电枢绕组；10—电枢铁芯；11—底座

图 2-2　直流电机径向剖面图

1. 定子

定子的作用是产生磁场和作为电机机械支撑。它由主磁极、换向磁极、电刷装置、机座、端盖和轴承等组成。图 2-3 为直流电机的定子。

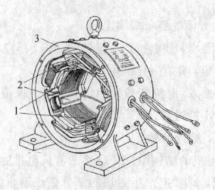

1—主磁极；2—换向磁极；3—机座

图 2-3　直流电机的定子

1）主磁极

主磁极的作用是产生主磁通。主磁极由铁芯和励磁绕组组成，如图 2-4 所示。铁芯包括极身和极靴两部分，其中极靴的作用是支撑励磁绕组和改善气隙磁通密度的波形。铁芯通常由 0.5～1.5 mm 厚的硅钢片或低碳钢板叠装而成，以减少电机旋转时由于极靴表面磁通密度变化而产生的涡流损耗。励磁绕组用绝缘的圆铜或扁铜线绕制而成，并励绕组多用圆铜线绕制，串励绕组多用扁铜线绕制。各主磁板的励磁绕组串联相接，但要使其产生的磁场沿圆周交替呈现 N 极和 S 极。绕组和铁芯之间用绝缘材料制成的框架相隔，铁芯通过螺栓固定在磁轭上。

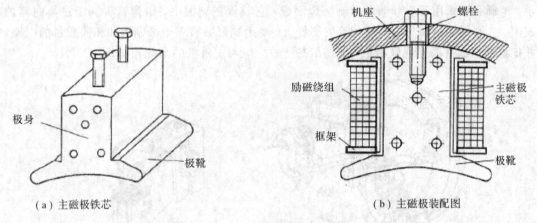

（a）主磁极铁芯　　　　　　　　　　　　　（b）主磁极装配图

图 2-4　直流电机主磁极

2）换向磁极

换向磁极又称为附加磁极，用于改善直流电机的换向，位于相邻主磁极间的几何中心线上，其几何尺寸明显比主磁极小。换向磁极由铁芯和套在铁芯上的换向磁极绕组组成，如图 2-5 所示。

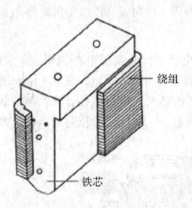

图 2-5　直流电机换向磁极

铁芯常用整块铜或厚钢板制成，其绕组一般用扁铜线绕成。为防止磁路饱和，换向磁极与转子间的气隙都较大。换向磁极绕组匝数不多，与电枢绕组串联。换向磁极的极数一般与主磁极的极数相同。换向磁极与电枢之间的气隙可以调整。

3）机座和端盖

机座的作用是支撑电机、构成相邻磁极间磁的通路，故机座又称磁轭。机座一般用铸钢或厚钢板焊成。

机座的两端各有一个端盖，用于保护电机和防止触电。在中小型电机中，端盖还通过轴承担负支持电枢的作用。对于大型电机，考虑到端盖的强度，一般采用单独的轴承座。

4）电刷装置

电刷装置的作用是使转动部分的电枢绕组与外电路连通，将直流电压、电流引出或引入电枢绕组。电刷装置由电刷、刷握、刷杆、刷杆座和弹簧压板等零件组成，如图2-6所示。电刷一般采用石墨和铜粉压制焙烧而成，它放置在刷握中，由弹簧将其压在换向器的表面上，刷握固定在与刷杆座相连的刷杆上，每个刷杆装有若干个刷握和相同数目的电刷，并把这些电刷并联形成电刷组，电刷组的个数一般与主磁极的个数相同。

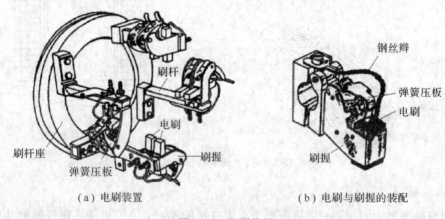

（a）电刷装置　　　　　　　　　　（b）电刷与刷握的装配

图2-6　电刷装置

2. 转子

转子由电枢铁芯、电枢绕组、换向器、转轴和风扇等组成。

1）电枢铁芯

电枢铁芯的作用是构成电机磁路和安放电枢绕组。通过电枢铁芯的磁通是交变的，为减少磁滞和涡流损耗，电枢铁芯常用0.35 mm或0.5 mm厚冲有齿和槽的硅钢片叠压而成，为加强散热能力，在铁芯的轴向留有通风孔，较大容量的电机沿轴向将铁芯分成长4～10 cm的若干段，相邻段间留有8～10 mm的径向通风沟，如图2-7所示。

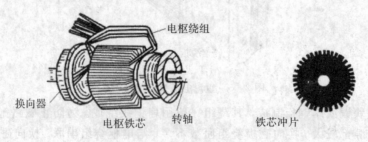

图2-7　电枢铁芯

2）电枢绕组

电枢绕组的作用是产生感应电动势和电磁转矩，从而实现机电能量的转换。电枢绕组是用绝缘铜线在专用的模具上制成一个个单独元件，然后嵌入铁芯槽中，每一个元件的端头按一定规律分别焊接到换向片上。元件在槽内部分的上下层之间及与铁芯之间垫以绝缘，并用绝缘的槽楔把元件压紧在槽中。元件的槽外部分用绝缘带绑扎和固定。

3）换向器

换向器又称整流子。发电机将电枢元件中的交流电变为电刷间的直流电输出，电动机将电刷间的直流电变为电枢元件中的交流电输入。换向器的结构如图 2-8(a)所示。换向器由换向片组合而成，是直流电机的关键部件，也是最薄弱的部分。

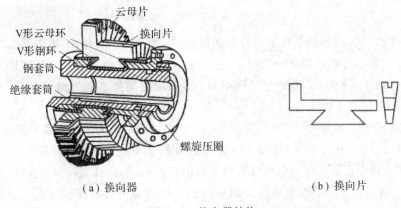

（a）换向器　　　　　　　　　　　　　　　　（b）换向片

图 2-8　换向器结构

换向片采用导电性能好、硬度大、耐磨性能好的紫铜或铜合金制成。如图 2-8(b)所示，换向片凸起的一端称为升高片，用来与电枢绕组端头相连；换向片的底部做成燕尾形状，各换向片拼成圆筒形套入钢套筒上，相邻换向片间垫以 0.6～1.2 mm 厚的云母片绝缘，换向片下部的燕尾嵌在两端的 V 形钢环内，换向片与 V 形钢环之间用 V 形云母片绝缘，最后用螺旋压圈压紧。换向器固定在转轴的一端。

3. 气隙

气隙是电动机磁路的重要部分，气隙磁阻远大于铁芯磁阻。一般小型电机的气隙为 0.7～5 mm，大型电机的气隙为 5～10 mm。

2.2.2　直流电机的工作原理

1. 直流发电机的基本工作原理

直流发电机是根据导体在磁场中做切割磁力线运动，从而在导体中产生感应电动势的电磁感应原理制成的。

图 2-9 是一台直流发电机工作原理图，N 和 S 为一对固定的磁极，磁极之间有一个可以旋转的铁质圆柱体，称为电枢铁芯。电枢铁芯表面固定一个涂有绝缘层的线圈 abcd，线圈的两端分别接到两个相互绝缘的弧形铜片上，弧形铜片称为换向片，换向片组合在一起称为换向器。在换向器上放置固定不动而与换向片滑动接触的电刷 A 和 B，线圈 abcd 通过换向器和电刷接通外电路。电枢铁芯、电枢线圈和换向器组合在一起称为电枢。

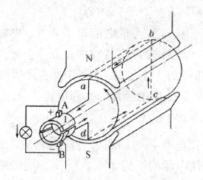
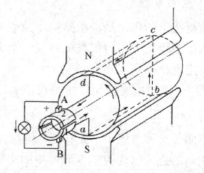

（a）导体ab处在N极下、cd处在S极下时　　（b）导体cd处在N极下、ab处在S极下时

图2-9　直流发电机工作原理

当转子在原动机的拖动下按逆时针方向旋转时，线圈ab边和cd边中将有感应电动势产生。在图2-9(a)所示的时刻，线圈ab边处在N极下面，根据右手定则判断其感应电动势方向为由b到a；线圈cd边处在S极下面，其感应电动势方向为由d到c。所以电刷A为正极性，电刷B为负极性。

当转子旋转180°后到图2-9(b)所示的时刻时，线圈cd边处在N极下面，根据右手定则判断其感应电动势方向为由c到d，电刷A这时与d所连接的换向片接触，仍为正极性；线圈ab处在S极下面，其感应电动势方向变为由a到b，电刷B与a所连接的换向片接触，仍为负极性。可见，直流发电机电枢线圈中的感应电动势的方向是交变的，而通过换向器和电刷的作用，在电刷A和电刷B两端输出的电动势是方向不变的直流电动势。若在电刷A、B之间接上负载，发电机就能向负载供给直流电能，这就是直流发电机的基本工作原理。

一个线圈产生的电势波形如图2-10(a)所示，这是一个脉动的直流电势，不适合于做直流电源使用。实际应用的直流发电机是由很多个元件和相同个数的换向片组成的电枢绕组，这样可以在很大程度上减少其脉动幅值，从而得到稳恒直流电势，其电势波形如图2-10(b)所示。

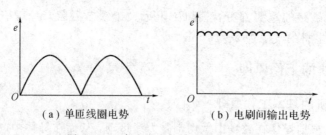

（a）单匝线圈电势　　　　　　（b）电刷间输出电势

图2-10　直流发电机输出的电势波形

直流发电机的基本工作原理可概括为：

（1）原动机拖动转子（即电枢）以 n r/min 转动；

（2）电机的固定主磁极建立磁场；

（3）转子导体在磁场中运动，切割磁力线而感应交流电动势，经电刷和换向器整流作用输出直流电势。

2. 直流电动机的基本工作原理

直流电动机根据通电导体在磁场中会受到磁场力作用的原理制成。直流电动机的模型与直流发电机相同，不同的是不用原动机拖动电枢朝某一方向旋转，而是在电刷 A 和 B 之间加上一个直流电压，如图 2-11 所示。线圈中会有电流流过，若起始时线圈处在图 2-11 (a) 所示位置，则电流由电刷 A 经线圈按 $a \rightarrow b \rightarrow c \rightarrow d$ 的方向从电刷 B 流出。根据左手定则可判定，处在 N 极下的导体 ab 受到一个向左的电磁力；处在 S 极下的导体 cd 受到一个向右的电磁力。两个电磁力形成一个使转子按逆对针方向旋转的电磁转矩。当这一电磁转矩足够大时，电机就按逆时针方向开始旋转。当转子转过 $180°$ 到达如图 2-11(b) 所示位置时，电流由电刷 A 经线圈按 $d \rightarrow c \rightarrow b \rightarrow a$ 的方向从电刷 B 流出，此时元件中电流的方向改变了，但是导体 ab 处在 S 极下受到一个向右的电磁力，导体 cd 处在 N 极下受到一个向左的电磁力，两个电磁力矩仍形成一个使转子按逆时针方向旋转的电磁转矩。

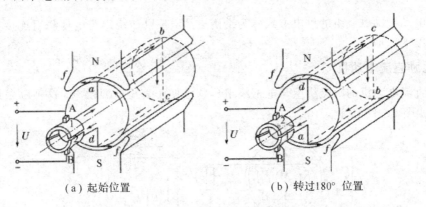

（a）起始位置　　　　　　　　　　（b）转过180°位置

图 2-11　直流电动机的工作原理

可以看出，转子在旋转过程中，线圈中电流方向是交变的，由于受换向器的作用，处在同一磁极下面的导体中的电流方向是恒定的，使得直流电动机的电磁转矩方向不变。

为使直流电动机产生一个恒定的电磁转矩，同直流发电机一样，电枢上安放若干个元件和换向片。

直流电动机基本工作原理可概括如下：

（1）将直流电源通过电刷接通电枢绕组，使电枢导体有电流流过；

（2）电机主磁极建立磁场；

（3）载流的转子（即电枢）导体在磁场中受到电磁力的作用；

（4）所有导体产生的电磁力作用于转子，形成电磁转矩，驱使转子旋转，以拖动机械负载。

在直流电动机中，外加直流电压并非直接加于线圈，而是通过电刷和换向器加到线圈上。通过电刷和换向器的作用，导体中的电流成为交变电流，从而使电磁转矩的方向始终保持不变，以确保直流电动机旋转方向一定。

3. 直流电机的可逆原理

由直流发电机和直流电动机的基本工作原理可以看出，直流电机原则上既可以作电动机运行，又可以作发电机运行。如将直流电源加于电刷，向电枢内输入电能，电机将电能转换为机械能，拖动生产机械旋转，则电机作电动机运行；如用原动机拖动直流电机的电枢旋转，输入机械能，电机将机械能转换为直流电能，从电刷上引出直流电动势，则电机作发电机运行。同一台电机，既能作电动机运行，又能作发电机运行，这个原理称为电机的可逆原理。

2.3 直流电动机的励磁方式及直流电机的铭牌数据

前几节我们讨论了直流电机的基本工作原理和结构问题，从本节起将对直流电机做进一步的讨论，重点是直流电动机的能量关系、特性、运行状态及其控制原理等相关知识。

2.3.1 直流电动机的励磁方式

直流电动机励磁绕组的供电方式称为励磁方式，按励磁绕组与电枢绕组连接方式的不同可分为以下四种。

1. 他励直流电动机

他励直流电动机的励磁绕组与电枢绕组分别由两个直流电源供电，这种励磁绕组称他励绕组，如图 2-12 所示。

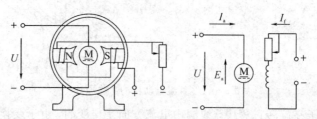

图 2-12　他励直流电动机

图 2-12 中变阻器用来调节励磁电流的大小，励磁电流 I_f 仅取决于他励电源的电动势和励磁电路的总电阻，而不受电枢端电压的影响。

2. 并励直流电动机

并励直流电动机的励磁绕组与电枢绕组并联，由同一直流电源供电，这种励磁绕组称并励绕组，如图 2-13 所示。

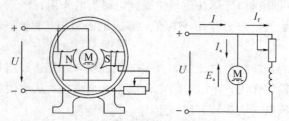

图 2-13　并励直流电动机

由图 2-13 可见，励磁电流不仅与励磁回路的电阻有关，而且还受电枢两端电压的影响。为了减小励磁电流及损耗，接有变阻器调节励磁电流 I_f，所以一般励磁绕组的匝数较多，且用较细的导线绕制。由于匝数较多，励磁绕组仍能使磁极产生一定的磁通。

并励电动机的电流关系为

$$I = I_a + I_f$$

3. 串励直流电动机

串励直流电动机的励磁绕组与电枢绕组串联，这种励磁绕组称串励绕组，如图 2-14 所示。

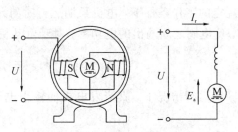

图 2-14　串励直流电动机

由于串励绕组电流较大，因此要求串励绕组应具有较小的电阻。所以励磁绕组所用导线粗且匝数较少，但由于流过的电流较大，故磁极仍能产生一定的磁通。

4. 复励直流电动机

电动机的主磁极上有两个励磁绕组同电枢绕组并联，另一个同电枢绕组串联，故名复励电动机，如图 2-15 所示。复励直流电动机的主磁通是两个励磁绕组分别产生的磁通的叠加。

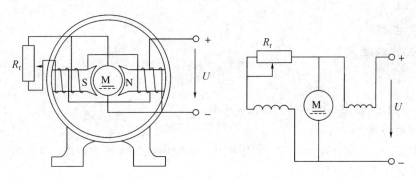

图 2-15　复励直流电动机

2.3.2　直流电机的铭牌数据

直流电机机座的外表面上都有一个铭牌，上面标有电机的型号和各种数据等，供使用者参考。铭牌数据主要包括：电机型号、额定功率、额定电压、额定电流、额定转速和励磁方式、额定励磁电流、额定励磁电压、工作方式、绝缘等级等。此外，还有电机的出厂数据，如出厂编号、出厂日期等。

1. 直流电机的型号

国产电机的型号一般用大写的汉语拼音字母和阿拉伯数字来表示，其格式为：第一个字符是大写的汉语拼音，表示产品系列代号；第二个字符用阿拉伯数字（下标）表示设计序号；第三个字符是阿拉伯数字，表示机座中心高；第四个字符是阿拉伯数字，表示电枢铁芯长度代号；第五个字符是阿拉伯数字，表示端盖的代号。例如，型号是 Z_4 - 200 - 21 的直流电机，Z 是系列（即一般用途直流电动机）代号，4 是设计序号，200 是机座中心高（mm），21 中的 2 是电枢铁芯长度的代号，1 是端盖的代号。

2. 直流电机的额定值

（1）额定功率 P_N。

额定功率 P_N 是指在规定的工作条件下，电机长期运行时的允许输出功率，单位为 W。对于发电机来说，是指正、负电刷之间输出的电功率；对于电动机来说，则是指轴上输出的机械功率。

（2）额定电压 U_N。

额定电压 U_N 是指在额定运行情况下，直流发电机的输出电压或直流电动机的输入电压，单位为 V。

（3）额定电流 I_N。

额定电流 I_N 是指在额定情况下，直流发电机输出的电流或直流电动机输入的电流，单位为 A。

直流发电机的额定电流为

$$I_N = \frac{P_N}{U_N} \tag{2-1}$$

直流电动机的额定电流为

$$I_N = \frac{P_N}{U_N \eta_N} \tag{2-2}$$

（4）额定效率 η_N。

额定效率 η_N 定义为

$$\eta_N = \frac{P_N}{P_1} \times 100\% \tag{2-3}$$

式中，P_N 为额定（输出）功率，P_1 为输入功率。

（5）额定转速 n_N。

额定转速 n_N 是指在额定功率、额定电压、额定电流时电机的转速，单位为 r/min。

（6）额定励磁电压 U_f。

额定励磁电压 U_f 是指在额定情况下，励磁绕组所加的电压，单位为 V。

（7）额定励磁电流 I_f。

额定励磁电流 I_f 是指在额定情况下，通过励磁绕组的电流，单位为 A。

若电机运行时，各物理量都与额定值一样，则称此时为额定运行状态。电机在实际运行时，由于负载的变化，经常不在额定状态下运行。电机在接近额定的状态下运行，才是经济的。

3. 直流电机的出线端标志

直流电机每个绕组的出线端都有明确的标志，用字母标注在接线柱旁或标注在引出导线的金属牌上，如表 2-1 所示。

表 2 - 1　直流电机出线端标志

绕组名称	出线端标志	
	新国家标准	旧国家标准
电枢绕组	$A_1 A_2$	$S_1 S_2$
换相绕组	$B_1 B_2$	$H_1 H_2$
补偿绕组	$C_1 C_2$	$BC_1 BC_2$
串励绕组	$D_1 D_2$	$C_1 C_2$
并励绕组	$E_1 E_2$	$B_1 B_2$
他励绕组	$F_1 F_2$	$T_1 T_2$

2.4　直流电机的基本方程

2.4.1　电枢电动势和电磁转矩

当电枢旋转时，在气隙磁场作用下电枢绕组将产生感应电动势 E_a，在发电机运行状态下 E_a 为电源电动势，促进电流 I_a 向用电负载输出电功率；而在电动机运行状态下 E_a 为反电动势，阻碍电流 I_a 从电源吸收电功率。我们所讨论的电动势是指两电刷间的电动势，即电枢绕组每一条支路的感应电动势。从电刷两端看，每条支路在任何瞬间所串联的元件数都是相等的，而且每条支路里的元件边分布在同一磁极下的不同位置，所以每个元件内感应电动势的瞬时值是不同的，但任何瞬时值构成支路的情况基本相同，因此每条支路中各元件电动势瞬时值的总和可以认为是不变的。要计算支路电动势，只要先求出一根导体的平均感应电动势，再乘以一条支路的总导体数，就可以求出电枢感应电动势 E_a，两电刷间电动势 E_a 的大小与电动机电枢转速 n 和磁极磁通 Φ 的乘积成正比，即

$$E_a = C_e \Phi n \tag{2-4}$$

式中，C_e 为电动势常数，与电机结构参数有关；Φ 的单位是 Wb；n 的单位是 r/min；E_a 的单位是 V。

当电枢绕组有电流通过时，电枢电流 I_a 与磁场相互作用而产生的电磁力形成了电磁转矩 T，电磁转矩 T 的大小与电枢电流 I_a 和磁极磁通 Φ 的乘积成正比，即

$$T = C_T \Phi I_a \tag{2-5}$$

式中，C_T 是与电机结构有关的常数；Φ 的单位是 Wb；I_a 的单位是 A；T 的单位是 N·m。

发电机和电动机两者的电磁转矩 T 的作用是不同的。发电机的电磁转矩是阻转矩，它与原动机的驱动转矩的方向相反。电动机的电磁转矩是驱动转矩，它使电枢转动，从而带动负载旋转。

2.4.2　直流电机的损耗

直流电机的损耗按其性质可分为机械损耗、铁损耗、铜损耗和附加损耗四种。

1. 机械损耗 P_m

不论是发电机还是电动机，当电机转动时，必须先克服摩擦阻力，因此产生机械损耗。

机械损耗包括轴与轴承的摩擦损耗，电刷与换向器的摩擦损耗，以及电枢旋转部分与空气的摩擦损耗等，这些损耗与转速高低有关。

2. 铁损耗 P_{Fe}

当直流电机旋转时，电枢铁芯中因磁场反复变化而产生的磁滞损耗和涡流损耗称为铁损耗。

机械损耗 P_m 和铁损耗 P_{Fe} 合起来又称为空载损耗 P_0。因为这两种损耗在直流电动机转动起来还没有带负载时就已经存在了，所以有

$$P_0 = P_m + P_{Fe} \tag{2-6}$$

由于机械损耗和铁损耗都会引起与旋转方向相反的制动转矩，而且是空载时就有的，因此这个转矩称为空载转矩 T_0，它与 P_0 的关系为

$$P_0 = T_0 \omega \tag{2-7}$$

式中，ω 为机械角速度。

3. 铜损耗 P_{Cu}

当直流电机运行时，在电枢回路和励磁回路中都有电流流过，因此在绕组电阻上产生的损耗称为铜损耗。

1）电枢回路的铜损耗 P_{Cu2}

电枢回路的铜损耗 P_{Cu2} 包括电枢绕组的铜损耗，与电枢绕组串联的串励绕组、换向极绕组及补偿绕组的铜损耗，电刷与换向器的接触电阻上的铜损耗，且有

$$P_{Cu2} = I_a^2 R_a \tag{2-8}$$

式中，I_a 为电枢电流，R_a 为电枢回路总电阻。

2）励磁回路的铜损耗 P_{Cuf}

由于励磁回路的铜损耗 P_{Cuf} 很小，而且几乎是一个不变的值，一般把它归入不变损耗范畴。其表达式为

$$P_{Cuf} = I_f^2 R_f \tag{2-9}$$

式中，I_f 为励磁电流，R_f 为励磁回路总电阻。

不论是直流发电机还是直流电动机，电枢电流都随负载的变化而变化，因而直流电机中的电枢铜损耗又称为可变损耗。直流电机的机械损耗和励磁一定时的铁损耗只与转速有关，当电机的转速变化不大时，由机械损耗和铁损耗合成的空载损耗是基本不变的，故空载损耗又称为不变损耗。

4. 附加损耗 P_{ad}

附加损耗又称杂散损耗，对于直流电机，这种损耗是由于电枢铁芯表面有齿槽存在，使气隙磁通大小脉振和左右摇摆造成的，如在铁芯中引起的铁损耗和换向电流产生的铜损耗等。这些损耗是难以精确计算的，一般占额定功率的 $0.5\% \sim 1.0\%$。

2.4.3 直流发电机的基本方程

直流发电机是将机械能转换为电能的电磁装置。在将机械能转换为电能的过程中，和一切能量转换一样，也要遵循能量守恒定律，即发电机输入的机械能与输出的电能及在能

量转换过程中产生的能量损耗之间要保持平衡关系。当发电机带负载时，向外电路输出电功率，电枢绕组中流过电流。绕组中的电流与磁场作用产生电磁转矩 T，T 的方向与旋转方向相反，起制动作用。电磁转矩吸收机械功率，为使发电机的转速保持恒定，原动机须向发电机轴上不断地输入机械功率。

电磁转矩吸收机械功率转换成等量的电功率，可用下式说明

$$P_{em} = T\omega = E_a I_a \tag{2-10}$$

同理，直流电动机在机电能量转换过程中，为了连续转动而输出机械能，电源电压 U 也必须大于 E_a，以不断向电动机输入电能，将电功率属性的电磁功率 $E_a I_a$ 转换为机械功率属性的电磁功率 $T\omega$，反电动势 E_a 在这里起着关键作用。

直流发电机稳态运行的基本方程，包括电动势平衡方程、功率平衡方程和转矩平衡方程。下面以并励直流发电机为例加以讨论。

1. 电动势平衡方程

根据发电机的工作原理，在图 2-16 中将有关各物理量按惯例标出正方向。

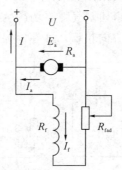

图 2-16 并励发电机电路

根据电路基尔霍夫定律，可得电枢回路的电动势平衡方程

$$E_a = U + I_a R_a \tag{2-11}$$

式中，$I_a = I + I_f$，I 是发电机输出电流。

2. 功率平衡方程

当直流发电机接上负载后，原动机输送给发电机的机械功率为 P_1，在发电机的内部，小部分能量被机械摩擦和铁芯的磁滞、涡流所消耗，绝大部分能量转换为电磁功率 P_m，即

$$P_1 = P_{em} + P_m + P_{Fe} + P_{ad} = P_{em} + P_0 \tag{2-12}$$

$$P_{em} = E_a I_a = (U + I_a R_a) I_a = U I_a + I_a^2 R_a = U I + U I_f + I_a^2 R_a$$

$$= P_2 + P_{Cuf} + P_{Cua} \tag{2-13}$$

式中，P_2 是发电机的输出功率。图 2-17 所示是并励直流发电机的功率流程。

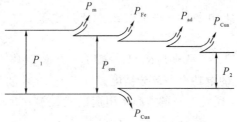

图 2-17 并励直流发电机的功率流程

3. 转矩平衡方程

原动机输入的转矩 T_1 拖动发电机旋转。空载运行时，要克服由空载损耗所对应的空载转矩 T_0，T_0 是个制动转矩，它的方向总与电机的旋转方向相反。带负载时，电枢中有电流，与磁场作用产生电磁转矩 T，T 与 T_1 的方向相反，也是个制动转矩。在带负载运行时，只有当原动机的驱动转矩与电磁转矩 T 和空载转矩 T_0 之和相等时，发电机才能以恒定转速旋转。此时的转矩平衡方程为

$$T_1 = T + T_0 \tag{2-14}$$

2.4.4 直流电动机的基本方程

直流电动机的基本方程是指直流电动机稳定运行时电路系统的电压平衡方程、机械系统的转矩平衡方程以及能量转换过程中的功率平衡方程。这些方程既反映了直流电动机内部的电磁过程，又表达了电动机的机电能量转换，说明了直流电动机的运行原理。

1. 电压平衡方程

当直流电动机运行时，电枢绕组切割气隙磁场产生感应电动势 E_a。由右手定则可判定电动势 E_a 的方向与电枢电流 I_a 的方向相反，如图 2-18 所示。

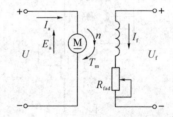

图 2-18　他励直流电动机的电路

如果以图 2-18 中各物理量的方向为参考正方向，就可以写出他励直流电动机的电压平衡方程，即

$$U = E_a + I_a R_a \tag{2-15}$$

式中，R_a 为电枢回路的总电阻，I_a 为电枢电流。式(2-15)表明，直流电动机在电动运行状态下，电枢电动势 E_a 小于电枢端电压 U。

2. 转矩平衡方程

直流电动机的电磁转矩可以直接根据公式 $T = C_T \Phi I_a$ 计算。对直流电动机来说，其电磁转矩应等于反抗转矩之和。当它以恒定转速运行时，电磁转矩 T 并不只是电动机轴上的输出转矩，而应与电动机轴上的负载转矩 T_L 和电动机本身的空载转矩 T_0 之和相平衡，即

$$T = T_L + T_0 \tag{2-16}$$

3. 功率平衡方程

当他励直流电动机接上电源时，电枢绕组中流过电流 I_a，电网向电动机输入的电功率为

$$P_1 = U I_a = (E_a + I_a R_a) I_a = E_a I_a + I_a^2 R_a = P_{em} + P_{Cua} \tag{2-17}$$

式(2-17)说明，输入的电功率一部分被电枢绕组消耗，一部分作为电磁功率转换成了机械功率。当电机转动后，还要克服各类摩擦引起的机械损耗 P_m、电枢铁芯产生的铁损耗

P_{Fe} 以及附加损耗 P_{ad}，所以电动机转换出来的机械功率，一部分消耗在机械损耗和铁损耗上，大部分从电动机轴上输出，故输出的机械功率为

$$P_2 = P_{em} - P_{Fe} - P_m - P_{ad}$$

若忽略附加损耗，则

$$P_2 = P_{em} - P_{Fe} - P_m = P_{em} - P_0 = P_1 - \sum P \tag{2-18}$$

他励直流电动机的励磁铜损耗由其他电源供给，并励直流电动机的励磁铜损耗由电动机电源供给，所以并励直流电动机的功率平衡方程中还应包括励磁铜损耗。

直流电动机的效率为

$$\eta = \frac{P_2}{P_1} \times 100\% \tag{2-19}$$

一般中小型直流电动机的效率为 $75\% \sim 85\%$，大型直流电动机的效率为 $85\% \sim 94\%$。如图 2-19 所示是他励直流电动机的功率流程。

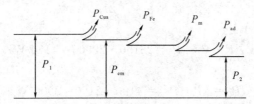

图 2-19　他励直流电动机的功率流程

例 2-1　一台他励直流电动机的额定数据为 $P_N = 17$ kW，$U_N = 220$ V，$n_N = 3000$ r/min，$I_N = 87.7$ A，电枢回路总电阻 $R_a = 0.114$ Ω，忽略电枢反应影响。求：

（1）电动机额定负载时的输出转矩；

（2）额定电磁转矩；

（3）额定效率。

解　（1）额定输出转矩：

$$T_{2N} = 9.55 \times \frac{P_N}{n_N} = 9.55 \times \frac{17 \times 10^3}{3000} = 54.1 \text{ N·m}$$

（2）额定电磁转矩：

$$C_e \Phi = \frac{U_N - I_N R_a}{n_N} = \frac{220 - 87.7 \times 0.114}{3000} = 0.07$$

$$T_N = 9.55 C_e \Phi I_N = 9.55 \times 0.07 \times 87.7 = 58.63 \text{ N·m}$$

（3）额定效率：

$$\eta_N = \frac{P_2}{P_1} \times 100\% = \frac{P_N}{U_N I_N} \times 100\% = \frac{17 \times 10^3}{220 \times 87.0} = 88.1\%$$

例 2-2　有一并励直流电动机，其额定值如下：$P_N = 22$ kW，$U_N = 110$ V，$n_N = 1000$ r/min，$\eta = 0.84$，$R_a = 0.04$ Ω，$R_f = 27.5$ Ω，试求：

（1）额定电流 I_N、额定电枢电流 I_a 及额定励磁电流 I_f；

（2）铜耗 P_{Cu}、空载损耗 P_0；

（3）额定输出转矩 T_{2N}；

（4）反电动势 E_a。

解 （1）额定输入功率为

$$P_1 = \frac{P_N}{\eta} = \frac{22}{0.84} = 26.19 \text{ kW}$$

额定电流为

$$I_N = \frac{P_1}{U_N} = \frac{26.19 \times 1000}{110} = 238 \text{ A}$$

额定励磁电流为

$$I_f = \frac{U_N}{R_f} = \frac{110}{27.5} = 4 \text{ A}$$

额定电枢电流为

$$I_a = I_N - I_f = 238 - 4 = 234 \text{ A}$$

（2）铜耗 P_{Cu} 包含电枢电路铜耗和励磁回路铜耗，即

$$P_{Cua} = I_a^2 R_a = 234^2 \times 0.04 = 2190 \text{ W}$$

$$P_{Cuf} = I_f^2 R_f = 4^2 \times 27.5 = 440 \text{ W}$$

总损耗功率为

$$\Delta P = P_1 - P_2 = 26190 - 22000 = 4190 \text{ W}$$

空载损耗功率为

$$P_0 = \Delta P - P_{Cua} = 4190 - 2190 = 2000 \text{ W}$$

（3）额定输出转矩为

$$T_{2N} = 9.55 \times \frac{P_N}{n_N} = 9.55 \times \frac{22 \times 1000}{1000} = 210 \text{ N·m}$$

（4）反电动势为

$$E_a = U_N - I_a R_a = 110 - 234 \times 0.04 = 100.6 \text{ V}$$

2.5　电动机的电力拖动

2.5.1　电力拖动系统的运动方程式

用电动机作为原动机，拖动生产机械完成一定生产任务的系统，称为电力拖动系统。电力拖动系统一般由电动机、生产机械、传动机构、控制设备及电源组成。

拖动系统的组成如图 2-20 所示。其中，电动机把电能转换为机械能，用来拖动生产机械工作；生产机械是执行某一生产任务的机械设备；控制设备由各种控制电机、电器、自动化元件或工业控制计算机、可编程控制器等组成，用以控制电动机的运动，从而实现对生产机械运行的控制；电源对电动机和控制设备供电。最简单的电力拖动系统如电风扇、洗衣机等，复杂的电力拖动系统如轧钢机、电梯等。

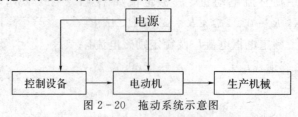

图 2-20　拖动系统示意图

1. 运动方程式

图 2-21 为直线运动系统,由物理学中牛顿运动第二定律可知,当物体做加速运动时,其运动方程式为

$$F - F_Z = m\frac{dv}{dt} = ma \tag{2-20}$$

式中,F 为驱动力,F_Z 为阻力,m 为物体的质量,a 为直线运动加速度。

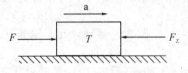

图 2-21 直线运动系统

图 2-22 所示为一个单轴电力拖动系统的旋转运动,以转矩表示的运动方程式为

$$T - T_Z = J\frac{d\omega}{dt} \tag{2-21}$$

式中,T 为电动机的电磁转矩,单位为 N·m;T_Z 为系统的静阻转矩,单位为 N·m,静阻转矩为负载转矩 T_L 与电动机空载转矩 T_0 之和;J 为运动系统的转动惯量,单位为 kg·m^2;$\frac{d\omega}{dt}$ 为系统的角加速度,单位为 rad/s^2。

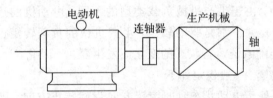

图 2-22 单轴电力拖动系统

式(2-21)实质上是旋转运动系统的牛顿第二定律。在实际工程计算中,经常用转速 n 代替角速度表示系统的转动速度,用飞轮矩 GD^2 代替转动惯量 J 表示系统的机械惯性。ω 与 n、J 与 GD^2 的关系分别为

$$\omega = \frac{2n\pi}{60} \tag{2-22}$$

$$J = m\rho^2 = \frac{G}{g} \times \frac{D^2}{4} = \frac{GD^2}{4g} \tag{2-23}$$

式中,n 为转速,单位为 r/min;m 为旋转体的质量,单位为 kg;G 为旋转体的重量,单位为 N;ρ 为旋转部件的惯性半径,单位为 m;D 为旋转部件的惯性直径,单位为 m;g 为重力加速度,$g = 9.81$ m/s^2。

把式(2-22)、式(2-23)代入式(2-21),并忽略电动机的空载转矩(空载转矩占额定负载转矩的百分之几,在工程计算中是允许的),即认为 $T_Z \approx T_L$,经整理,可得出单轴电力拖动系统运动方程的实用表达式为

$$T - T_L = \frac{GD^2}{375}\frac{dn}{dt} \tag{2-24}$$

式中,GD^2 为旋转体的飞轮矩,单位为 N·m^2。

式(2-24)中的 375 具有加速度的量纲；GD^2 是整个系统旋转惯性的整体物理量。电动机和生产机械的 GD^2 可从产品样本或有关设计资料中查得。式(2-24)反映了电力拖动系统机械运动的普遍规律，是研究电力拖动系统各种运行状态的基础。

2. 电力拖动系统运行状态分析

由式(2-24)可知，电力拖动系统运行可分为以下三种状态：

(1) 当 $T > T_L$ 时，$\dfrac{\mathrm{d}n}{\mathrm{d}t} > 0$，系统做加速运动，处于加速状态；

(2) 当 $T < T_L$ 时，$\dfrac{\mathrm{d}n}{\mathrm{d}t} < 0$，系统做减速运动，处于减速状态；

(3) 当 $T = T_L$ 时，$\dfrac{\mathrm{d}n}{\mathrm{d}t} = 0$，$n =$ 常数(或 $n = 0$)，系统处于恒转速运行(或静止)状态。

由此可见，只要 $\mathrm{d}n/\mathrm{d}t \neq 0$，系统就处于加速或减速状态，也可以说是处于动态过程，而将 $\mathrm{d}n/\mathrm{d}t = 0$ 的状态称为稳态运行状态。

当 $T - T_L =$ 常数时，系统处于匀加速或匀减速状态，其加速度或减速度 $\dfrac{\mathrm{d}n}{\mathrm{d}t}$ 与飞轮矩 GD^2 成反比。飞轮矩越大，系统惯性越大，转速变化越小，系统稳定性就越好，灵敏度越低；反之，飞轮矩越小，系统惯性越小，转速变化越大，系统稳定性就越差，灵敏度越高。

3. 运动方程式中转矩正、负号的规定

在电力拖动系统中，由于生产机械负载类型的不同，电动机的运行状态也不同。也就是说，电动机的电磁转矩并不都是驱动转矩，生产机械的负载转矩也并不都是阻转矩，它们的大小和方向都可能随系统运行状态的变化而发生变化。因此，运动方程式中的 T 和 T_L 是带有正、负号的代数量。一般规定如下：

(1) 若规定电动机处于电动状态时的旋转方向为旋转正方向，则电动机的电磁转矩 T 与转速的正方向相同时为正，相反时为负；

(2) 负载转矩 T_L 与转速的正方向相反时为正，相同时为负；

(3) $\dfrac{\mathrm{d}n}{\mathrm{d}t}$ 的正、负由 T 和 T_L 的代数和决定。

2.5.2 生产机械的负载特性

单轴电力拖动系统的运动方程定量地描述了电动机的电磁转矩 T 与生产机械的负载转矩 T_L 和系统转速 n 之间的关系。要对运动方程式求解，除了要知道电动机的机械特性 $n = f(T)$ 之外，还必须知道负载的机械特性 $n = f(T_L)$。

下面就讨论负载的机械特性。负载的机械特性就是生产机械的负载特性，表示同一转轴上转速与负载转矩之间的函数关系，即 $n = f(T_L)$。虽然生产机械的类型很多，但是大多数生产机械的负载特性可概括为三类，即恒转矩负载特性、恒功率负载特性和通风机类负载特性。

1. 恒转矩负载特性

这一类负载比较多，它的机械特性的特点是：负载转矩 T_L 的大小与转速 n 无关，即当转速变化时，负载转矩保持常数。根据负载转矩的方向是否与转向有关，恒转矩负载又分为反抗性恒转矩负载和位能性恒转矩负载。

1）反抗性恒转矩负载

反抗性恒转矩负载的转矩的大小恒定不变，而转矩的方向总是与转速的方向相反，即负载转矩始终是阻碍运动的。属于这一类的生产机械有起重机的行走机构、皮带运输机等。图 2-23（a）所示为桥式起重机行走机构的行走车轮，它在轨道上的摩擦力总是和运动方向相反的；图 2-23（b）所示为对应的机械特性曲线，显然反抗性恒转矩负载特性位于第Ⅰ和第Ⅲ象限内。

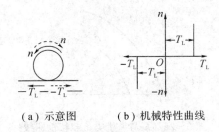

（a）示意图　　（b）机械特性曲线

图 2-23　反抗性负载转矩与旋转方向关系

2）位能性恒转矩负载

位能性恒转矩负载的转矩的大小恒定不变，而且负载转矩的方向也不变。属于这一类的负载有起重机的提升机构，如图 2-24（a）所示，其负载转矩由重力作用产生，无论起重机是提升还是放下重物，重力的方向始终不变；图 2-24（b）所示为对应的机械特性曲线，显然位能性恒转矩负载特性位于第Ⅰ和第Ⅳ象限内。

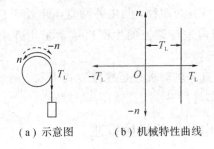

（a）示意图　　（b）机械特性曲线

图 2-24　位能性负载转矩与旋转方向关系

2. 恒功率负载特性

恒功率负载的转矩与转速的乘积为一常数，即负载功率 $P_L = T_L \omega = T_L \dfrac{2\pi}{60} n =$ 常数，也就是负载转矩 T_L 与转速 n 成反比。它的机械特性曲线是一条双曲线，如图 2-25 所示。

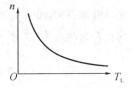

图 2-25　恒功率负载特性曲线

在机械加工工业中，车床在粗加工时，切削量比较大，切削阻力也大，宜采用低速运行；而在精加工时，切削量比较小，切削阻力也小，宜采用高速运行。这就使得在不同情况下，负载功率基本保持不变。

3. 通风机类负载特性

通风机类负载的转矩与转速的平方成正比，即 $T_L \propto kn^2$，其中 k 是比例常数。通风机类负载有通风机、水泵、油泵等。这类机械的负载特性曲线是一条抛物线，如图 2-26 中曲线 1 所示。

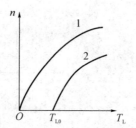

图 2-26　泵与风机类负载特性曲线

以上介绍的是三种典型的负载转矩特性，而实际的负载转矩特性往往是几种典型特性的综合。如实际的鼓风机除了通风机负载特性外，由于轴上还有一定的摩擦转矩，实际通风机的负载特性应为 $T_L = T_{L0} + kn^2$，如图 2-26 中曲线 2 所示。

2.6　并励(他励)直流电动机的机械特性

直流电动机按励磁方式可分为四种，其中并励直流电动机应用得比较广泛。转速需要保持恒定或需要在较大范围内进行调速的生产机械常采用并励直流电动机，例如大型车床、磨床、刨床和某些冶金机械等。

他励直流电动机和并励直流电动机只是连接方式不同，两者的特性是一样的。下面我们以并励(他励)直流电动机为例，来讨论它们的机械特性。

2.6.1　并励(他励)直流电动机的机械特性

1. 机械特性

表征电动机运行状态的两个主要物理量是电动机的电磁转矩 T 和转速 n，直流电动机的机械特性是指在电动机的端电压 U 等于额定值、励磁电路的电流 I_f 和电枢电路的电阻 R_a 不变的条件下，电动机的转速 n 与电磁转矩 T 之间的关系，即 $n = f(T)$。

机械特性是电动机最重要的工作特性，它是讨论电动机稳定运行、启动、调速和制动等的基础。机械特性可分为固有(自然)机械特性和人为机械特性。固有机械特性表示电动机在额定参数运行条件下的机械特性；人为机械特性表示改变电动机一种或几种参数，使之不等于其额定值时的机械特性。

2. 机械特性硬度

一般用机械特性硬度来评价电动机机械特性变化的程度。所谓机械特性硬度，就是在机械特性曲线的工作范围内某一点转矩对该点转速的微分，也就是在曲线上该点的斜

率，即

$$\beta=\frac{\mathrm{d}T}{\mathrm{d}n} \tag{2-25}$$

因此，按照机械特性硬度的概念将电动机的机械特性分为以下三类。

（1）绝对硬特性：转矩变化时，转速不变化，即 $\beta=\infty$。

（2）硬特性：转矩变化时，转速降落较小，$\beta=40\sim10$。

（3）软特性：转矩变化时，转速降落大，$\beta<10$。

这样分类主要是因为多数电动机的机械特性是转速随转矩的增加而下降，但不同的电动机下降程度不同。

3. 并励直流电动机机械特性方程及静差率

1）机械特性方程

图 2-27 是并励直流电动机接线图，其电压与电流的关系可用下列各式表示：

$$\begin{cases} U=E_{\mathrm{a}}+I_{\mathrm{a}}R_{\mathrm{a}} \\ I_{\mathrm{a}}=\dfrac{U-E_{\mathrm{a}}}{R_{\mathrm{a}}} \\ I_{\mathrm{f}}=\dfrac{U}{R_{\mathrm{f}}} \\ I=I_{\mathrm{a}}+I_{\mathrm{f}} \end{cases} \tag{2-26}$$

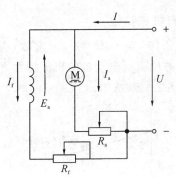

图 2-27　并励直流电动机接线图

由 $I_{\mathrm{f}}=U/R_{\mathrm{f}}$ 可知，当电源电压 U 和励磁电路电阻 R_{f}（它包括励磁绕组电阻及励磁电流调节电阻）保持不变时，励磁电流 I_{f} 及由它产生的磁通也保持不变，且有

$$T=C_{\mathrm{T}}\varPhi I_{\mathrm{a}}=KI_{\mathrm{a}} \tag{2-27}$$

这是并励直流电动机的特点之一，它的磁通 $\varPhi$ 等于常数，电磁转矩 T 与电枢电流 I_{a} 成正比。由 $E_{\mathrm{a}}=C_{\mathrm{e}}\varPhi n$ 可得

$$n=\frac{E_{\mathrm{a}}}{C_{\mathrm{e}}\varPhi}=\frac{U-I_{\mathrm{a}}R_{\mathrm{a}}}{C_{\mathrm{e}}\varPhi}=\frac{U}{C_{\mathrm{e}}\varPhi}-\frac{I_{\mathrm{a}}R_{\mathrm{a}}}{C_{\mathrm{e}}\varPhi} \tag{2-28}$$

将 $I_{\mathrm{a}}=\dfrac{T}{C_{\mathrm{e}}\varPhi}$ 代入式（2-28），可得

$$n=\frac{U}{C_{\mathrm{e}}\varPhi}-\frac{R_{\mathrm{a}}}{C_{\mathrm{e}}C_{\mathrm{T}}\varPhi^{2}}T=n_{0}-\Delta n \tag{2-29}$$

式（2-29）是并励（他励）直流电动机的机械特性方程，其中

$$n_0 = \frac{U}{C_e \Phi} \qquad (2-30)$$

式中，n_0 称为理想空载转速，是 $T=0 (I_a=0)$ 时的转速。实际上由于有空载损耗，即使没有机械负载，还是要有一定的 I_a 产生电磁转矩以平衡空载转矩。这样在电枢电路就有了电压降 $I_a R_a$，因而实际的空载转速要比理想空载转速小些，且有

$$\Delta n = \frac{R_a}{C_e C_T \Phi^2} T \qquad (2-31)$$

式中，Δn 称为转速降落，它表示当负载增加时转速下降的多少。因为当负载转矩增加时，电磁转矩 $T = T_L + T_0$ 也要增加，而 $T = C_T \Phi I_a$，I_a 随着增大，于是 $I_a R_a$ 增加。由于电源电压 U 未变，因此反电动势 $E_a = U - I_a R_a$ 减小，$n = \frac{E_a}{C_e \Phi}$ 也就下降了。

2）静差率

当负载变化时，电动机的转速随之变化。静差率 s 是用来衡量转速随负载变化程度的，它表示在额定负载下的转速降落 Δn_N 与理想空载转速 n_0 之比，即

$$s = \frac{\Delta n_N}{n_0} = \frac{n_0 - n_N}{n_0} \times 100\% \qquad (2-32)$$

式中，n_N 为额定负载下对应的转速，Δn_N 为额定负载下的转速降落。

由式(2-32)可以看出，当 n_0 相同时，若 Δn_N 越小，则 s 越小，表明电动机转速的相对稳定性越高，亦表明机械特性越硬。

4. 并励直流电动机的固有机械特性

按固有机械特性所给定的条件，应有 $U = U_N =$ 常数，励磁电流 I_f 调节至磁通 $\Phi = \Phi_N$ 并保持不变。由于 R_a 很小，从并励直流电动机的机械特性方程式(2-29)可知，$n = f(T)$ 将是一条倾斜度很小的直线，如图 2-28 所示。

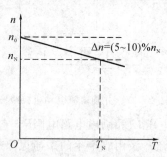

图 2-28 并励直流电动机机械特性曲线

在负载从空载到满载时，转速降落 Δn 仅为额定转速的 $5\% \sim 10\%$，因此并励直流电动机的机械特性是硬特性。

并励直流电动机在运行时，切不可断开励磁电流。若 $I_f \to 0$，则主磁极上仅有很小的剩磁通，反电动势会很小。在空载时，将导致转速急剧上升；在有一定负载时，将导致电动机停转并使电枢电流急剧增加，会引起严重事故。

2.6.2 并励(他励)直流电动机的人为机械持性

如果人为地改变电动机机械特性中磁通、电源电压和电枢回路串联电阻任意一个或两

个，甚至三个参数，这样得到的机械特性称为人为机械特性。

1. 电枢回路串接电阻时的人为机械特性

当电源电压和磁通都是额定值时，电枢回路串接电阻，这时的人为机械特性方程为

$$n = \frac{U_N}{C_e \Phi_N} - \frac{R_a + R_{ad}}{C_e C_T \Phi_N^2} T \qquad (2-33)$$

与固有机械特性相比，电枢回路串接电阻时的人为机械特性的特点是：

(1) 理想空载转速保持不变；

(2) 硬度 β 随附加阻值 R_{ad} 的增大而减小，转速降增大，特性曲线变软。

如图 2-29 所示是 R_{ad} 不同时的一组人为机械特性曲线。改变电阻 R_{ad} 的大小，可使电动机的转速发生变化。

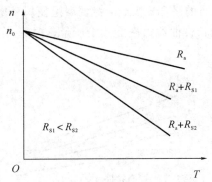

图 2-29　电枢串接电阻时的人为机械特性曲线

2. 改变电枢电压时的人为机械特性

当他励直流电动机由电压可调的电源供电时，保持额定磁通不变，电枢回路也不串接电阻，改变电枢电压可得到另一种人为机械特性。由于电动机的外加电压不允许超过额定值，因此改变电枢电压只能在额定值以下进行。

改变电枢电压的人为机械特性方程为

$$n = \frac{U}{C_e \Phi_N} - \frac{R_a}{C_e C_T \Phi_N^2} T \qquad (2-34)$$

由式 (2-34) 可以看出，降低电枢电压后，理想空载转速 n_0 下降，特性曲线的硬度不变，因此降低电枢电压情况下的人为机械特性曲线是一组平行线，如图 2-30 所示。改变电枢电压可以调速。当负载转矩不变时，电压越低，转速也越低。

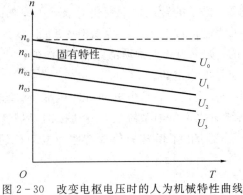

图 2-30　改变电枢电压时的人为机械特性曲线

3. 减弱磁通时的人为机械特性

保持电动机的电枢电压为额定值，电枢回路不串接电阻，改变他励直流电动机励磁绕组的串联电阻值，就可以改变励磁电流，从而改变磁通。由此得出减弱磁通时的人为机械特性方程为

$$n = \frac{U}{C_e\Phi} - \frac{R_a}{C_e C_T \Phi^2} T \tag{2-35}$$

由于电机设计时 Φ_N 处于磁化曲线的膝点，接近饱和值，因此，磁通一般从额定值 Φ_N 减弱。

与固有机械特性相比，减弱磁通时的人为机械特性的特点是：

(1) 理想空载转速与磁通成正比，比例系数为负，减弱磁通 Φ，n_0 升高；

(2) 特性曲线斜率与磁通的平方成反比，减弱磁通使斜率增大，硬度 β 减小。

减弱磁通时的人为机械特性曲线如图 2-31 所示，它是一组随 Φ 减弱、理想空载转速升高、硬度变软的直线。

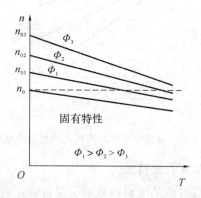

图 2-31　减弱磁通时的人为机械特性曲线

2.6.3　电力拖动系统的稳定运行条件

1. 电力拖动系统的稳定运行

一台电动机拖动生产机械，以多高的转速运行，取决于电动机的机械特性和生产机械的负载特性。如果知道了生产机械的负载转矩特性 $n = f(T_L)$ 和电动机的机械特性 $n = f(T)$，把这两种特性配合起来，就可以研究电力拖动系统的稳定运行问题。

设有一电力拖动系统，原来在某一转速下运行，由于受到外界某种扰动，如负载的突然变化或电网电压的波动等，系统的转速发生变化而离开了原来的平衡状态，如果系统能在新的条件下达到新的平衡状态，或者当外界扰动消失后能自动恢复到原来的转速下继续运行，则称该系统是稳定的；如果当外界扰动消失后，系统的转速或是无限制地上升，或是一直下降至零，则称该系统是不稳定的。

一个电力拖动系统能否稳定运行，是由电动机的机械特性和负载的转矩特性的配合情况决定的，当把实际系统简化为单轴系统后，电动机的机械特性和负载的转矩特性可画在同一坐标图中，图 2-32 给出了恒转矩负载特性和电动机的两种不同机械特性的配合情况。

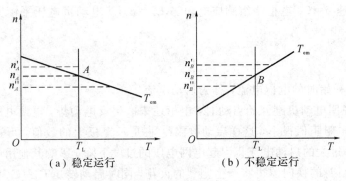

（a）稳定运行　　　　　　（b）不稳定运行

图 2 - 32　电力拖动系统稳定运行的条件

由运动方程可知，系统处于恒转速运行的条件是电磁转矩 T 与负载转矩 T_L 相等。所以图 2 - 32 中，电动机机械特性和负载转矩特性的交点 A 或 B 是系统运行的工作点。在 A 点或 B 点处，均满足 $T = T_L$，且均具有恒定的转速 n_A 或 n_B，但是当出现扰动时，它们的运行情况是有区别的。

当在 A 点运行时，若扰动使转速获得一个微小的增量 Δn，转速由 n_A 上升到 n'_A，此时电磁转矩小于负载转矩，所以当扰动消失后，系统将减速，直到回到 A 点运行。若扰动使转速由 n_A 下降到 n''_A，此时电磁转矩大于负载转矩，所以当扰动消失后，系统将加速，直到回到 A 点运行，可见 A 点是系统的稳定运行点。当在 B 点运行时，若扰动使转速获得一个微小的增量 Δn，转速由 n_B 上升到 n'_B，这时电磁转矩大于负载转矩，即使扰动消失了，系统也将一直加速，不可能回到 B 点运行。若扰动使转速由 n_B 下降到 n''_B，则电磁转矩小于负载转矩，扰动消失后，系统将一直减速，也不可能回到 B 点运行，因此 B 点是不稳定运行点。

2. 电力拖动系统的稳定运行条件

通过以上分析可知，电力拖动系统的工作点在电动机机械特性与负载转矩特性的交点上，但是并非所有的交点都是稳定工作点。也就是说，$T = T_L$ 仅仅是系统稳定运行的一个必要条件，而不是充分条件。要实现稳定运行，还需要电动机机械特性与负载转矩特性在交点处配合得好。因此，电力拖动系统稳定运行的充分必要条件是：

（1）必要条件：电动机的机械特性与负载的转矩特性必须有交点，即存在 $T = T_L$；

（2）充分条件：在交点 $T = T_L$ 处，满足 $\dfrac{dT}{dn} = \dfrac{dT_L}{dn}$，或者说，在交点的转速以上存在 $T < T_L$，而在交点的转速以下存在 $T > T_L$。

由于大多数负载转矩都随转速的升高而增大或者保持恒定，因此只要电动机具有下倾的机械特性，就能满足稳定运行的条件。

应当指出，上述电力拖动系统的稳定运行条件，无论对直流电动机还是对交流电动机都是适用的，具有普遍意义。

2.7　直流电动机的启动和反转

2.7.1　直流电动机的启动

直流电动机的启动是指电动机接通电源后，由静止状态到稳定运行状态的过程。启动初始，电动机转速 $n=0$，电枢绕组感应电动势 $E_a=0$，从电动机电压平衡方程式 $U=E_a+I_aR_a$ 可知，当 $n=0$ 时，有

$$I_Q=\frac{U_N}{R_a} \qquad\qquad (2-36)$$

式中，I_Q 为启动初始时的电枢电流，称为启动电流。

式 (2-36) 说明电动机刚开始启动时，电枢还未产生反电动势，电源电压全部加在电枢电阻上，而电枢电阻阻值很小，这样启动电流 I_Q 将是一个极大的数值，可达到额定电枢电流的 10~20 倍，过大的启动电流将引起电网电压的过度下降，影响其他用电设备的正常工作，而对电动机自身的换向器也将产生剧烈的火花，同时启动转矩 $T_Q=C_T\Phi I_Q$ 也是额定转矩的 10~20 倍，过大的启动转矩也会使轴上受到过度的机械冲击。因此，直流电动机启动时的启动电流必须受到限制，除个别容量很小的电动机外，一般的直流电动机不允许直接启动。

为了缩短启动过程所需的时间，启动转矩却需要尽可能增大一些。从 $T_Q=C_T\Phi I_Q$ 来看，在 I_Q 受限制的情况下，T_Q 要足够大时，必须尽可能地加大 Φ 值。因此启动前，首先必须调整励磁电阻至最小值，使 Φ 值最大。根据上述分析，对直流电动机的启动有下列要求：

（1）启动电流要限制；

（2）要有足够大的励磁电流，在启动电流受限制的情况下，也可以获得足够大的启动转矩；

（3）启动设备要操作方便，运行可靠，成本低廉。

限制启动电流的大小有两种常用方法，即电枢回路串电阻和降低电枢电压。

1. 电枢回路串电阻启动

电动机启动前，应使励磁回路调节电阻 $R_{Qf}=0$，这样励磁电流 I_f 最大，使磁通 Φ 最大。电枢回路串接启动电阻 R_Q，在额定电压下的启动电流为

$$I_Q=\frac{U_N}{R_a+R_Q} \qquad\qquad (2-37)$$

式中，R_Q 值应使 I_Q 不大于允许值。对于普通直流电动机，一般要求 $I_Q\leqslant(1.5\sim2)I_N$。

在启动电流产生的启动转矩作用下，电动机开始转动并逐渐加速。随着转速的升高，电枢反电动势增大，使电枢电流减小，电磁转矩也随之减小，这样转速的上升就缓慢下来。为了缩短启动时间，保持电动机在启动过程中的加速度不变，就要求在启动过程中电枢电流维持不变，因此随着电动机转速的上升，应将启动电阻平滑地切除，最后使电动机转速达到运行速度值。

实际上，平滑地切除电阻是不可能的，一般是在电阻回路中串入多级电阻，在启动过程中逐级切除。启动电阻的级数越多，启动过程就越快且平稳，但所需的控制设备也越多，投资也越大。

串电阻启动的缺点是启动过程很难做到完全平滑，并且要损耗电能。当电动机容量较大时，启动电阻十分笨重，尤其在频繁启动时，启动过程所消耗的能量相当可观，故在这种情况下，常采用降压启动。

2. 降压启动

降低电枢电源电压 U，启动电流为

$$I_Q = \frac{U}{R_a} \tag{2-38}$$

负载 T_L 已知，根据启动条件的要求，可以确定电压 U 的大小。有时为了保持启动过程中电磁转矩一直较大及电枢电流一直较小，可以逐渐升高电枢电压 U，直至最后升到 U_N，机械特性如图 2-33 所示，A 点为稳定运行。

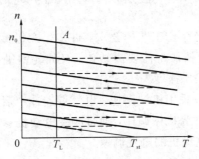

图 2-33　降压启动的机械特性

这种启动方法的优点是启动电流小，启动过程平滑，而且能量损耗小，缺点是设备复杂，初期投资大。因此，这种方法只用在需要经常启动的大容量直流电动机中。

例 2-3　他励直流电动机 $U_N = 110$ V，$I_{aN} = 81.6$ A，$R_a = 0.12$ Ω。试求：

(1) 如直接启动，则 I_Q 多大？

(2) 若使 $I_Q = 2I_{aN}$，应选多大的启动电阻 R_Q？

解　(1) 直接启动时，启动电流为

$$I_Q = \frac{U_N}{R_a} = \frac{110}{0.12} = 917 \text{ A}$$

(2) 限流启动时，启动电流为

$$I_Q = \frac{U_N}{R_a + R_Q} = 2I_{aN}$$

则

$$R_Q = \frac{U_N - 2I_{aN}R_a}{2I_{aN}} = \frac{110 - 2 \times 81.6 \times 0.12}{2 \times 81.6} = 0.554 \text{ Ω}$$

2.7.2　直流电动机的反转

在生产实际中，许多生产机械要求电动机做正、反转运行，如直流电动机拖动龙门刨床工作台的往复运动、矿井卷扬机的上下运动、起重机的升降等。

要改变直流电动机的旋转方向，就需要改变电动机的电磁转矩方向，而电磁转矩是由主极磁通和电枢电流相互作用产生的。由电动机电磁转矩的表达式 $T = C_T\Phi I_a$ 可知，改变电磁转矩方向的方法有两种：

(1) 改变电枢电流方向，即改变电枢电压极性；

(2) 改变励磁电流(主极磁场)方向。

若同时改变电枢电流和励磁电流的方向，则电动机的转向不变。

工程实践中，改变电动机转向中应用较多的是改变电枢电流的方向，即采用电枢反接法。原因是：一方面，并励(他励)直流电动机励磁绕组匝数多，电感较大，切换励磁绕组时

会产生较大的自感电压,危及励磁绕组的绝缘;另一方面,励磁电流的反向过程比电枢电流反向要慢得多,影响系统快速性。所以,改变励磁电流方向只用于正、反转不太频繁的大容量系统。

2.8　直流电动机的调速

为了提高生产效率或满足生产工艺的要求,许多生产机械都需要调速。例如车床切削工件时,粗加工需要低转速,精加工需要高转速;又如轧钢机在轧制不同品种和不同厚度的钢板时,也必须有不同的工作速度。

电力拖动系统的调速可以采用机械调速、电气调速或二者配合起来调速。通过改变传动机构速比进行调速的方法称为机械调速,通过改变电动机参数进行调速的方法称为电气调速。本节只介绍他励直流电动机的电气调速。

根据他励直流电动机的机械特性表达式

$$n = \frac{U}{C_e \Phi} - \frac{R_a}{C_e C_T \Phi^2} T$$

可知他励直流电动机调速方法有三种:

(1) 改变电枢电路电阻调速;

(2) 改变磁通调速;

(3) 改变电压调速。

为了评价各种调速方法的优缺点,提出了一定的技术经济指标,称为调速性能指标。下面先介绍调速性能指标。

2.8.1　调速性能指标

电动机速度调节性能的好坏,常用下列各项指标来衡量。

1. 调速范围

调速范围是指电动机拖动额定负载时,所能达到的最大转速与最小转速之比,通常用 D 表示,即

$$D = \frac{n_{\max}}{n_{\min}} \tag{2-39}$$

不同的生产机械对电动机的调速范围有不同的要求。要扩大调速范围,必须尽可能地提高电动机的最高转速和降低电动机的最低转速。电动机的最高转速受到电动机的机械强度、换向条件、电压等级等方面的限制,而电动机的最低转速则受到低速运行的相对稳定性等方面的限制。

2. 调速的平滑性

在一定的调速范围内,调速的级数越多,就认为调速越平滑。相邻两个调速级的转速 n_i 与 n_{i-1} 之比称为平滑系数,用 k 表示,即

$$k = \frac{n_i}{n_{i-1}} \tag{2-40}$$

k 值越接近于1,调速的平滑性越好。无级调速是指转速可以连续调节。调速不连续

时，级数有限，称为有级调速。

3. 调速的相对稳定性

调速的相对稳定性是指负载转矩发生变化时，电动机转速随之变化的程度，常用静差率来衡量调速的相对稳定性。静差率和机械特性的硬度有关，电动机的机械特性越硬，转速变化率越小，静差率越小，相对稳定性越高。但机械特性硬度相等，静差率可能不等，不同的生产机械，对静差率的要求不同。普通车床要求静差率 $s \leqslant 3\%$，而高精度的造纸机则要求静差率 $s \leqslant 1\%$。

4. 调速的经济性

调速的经济性主要指调速设备的初投资、运行效率及维修费用等。

5. 调速方向

调速方向有向上调速和向下调速两种。所采用的调速方法是使转速比额定转速（基本转速）高的称为向上调速；若是低的，则称为向下调速。

6. 调速时允许的负载

调速时，不同的生产机械需要的功率和转矩是不同的。有的要求电动机在各种转速下都能输出同样的机械功率，例如金属切削机床，要求在精加工小进刀量时工件转速高，粗加工大进刀量时转速低。由于机械功率是由转矩与转速的乘积决定的，因此要求电动机具有恒功率调速。另一类生产机械例如起重机，要求电动机在各种转速上都能输出同样的转矩，即为恒转矩调速。

2.8.2 调速方法

1. 电枢回路串接电阻调速

电枢回路串接电阻调速如图 2-34 所示，在调速时，必须保持电动机端电压为额定电压，磁通为额定磁通不变，并且假设电动机轴上负载转矩不变。

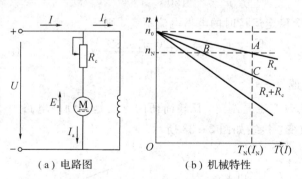

（a）电路图　　（b）机械特性

图 2-34　电枢回路串接电阻调速

调速前，电动机带额定负载，运行在 $T = T_L$ 的固有机械特性曲线 A 点上，如图 2-34（b）所示，这时电机的转速为 n_N，电枢电流为 I_N。当电枢串入调速电阻 R_c 时，电枢电流为

$$I_a = \frac{U_N - E_a}{R_a + R_c} \tag{2-41}$$

同一瞬间，电动机转速还没有变化，电枢电流将随电枢回路电阻增大而减小，电磁转

矩必然减小，这时运行点由 A 点变换到人为机械特性曲线的 B 点上。由于负载转矩 T_L 不变，在 B 点 $T < T_L$，电动机的转速便降低。在转速降低的同时，电动机的电动势与转速成正比地减小，使电枢电流和对应的电磁转矩又逐渐增大，一直恢复到与 T_L 相平衡的数值为止，电动机的转速便不再下降，稳定在 C 点上。如果负载转矩恒定，电枢电流将保持原值不变，即 $I_c = I_a = I_N$，新的稳定转速为

$$n = \frac{U}{C_e \Phi} - \frac{R_a + R_c}{C_e C_T \Phi^2} T \qquad (2-42)$$

这种调速方法的特点是：

(1) 调速的平滑性差；

(2) 低速时，特性较软，稳定性较差；

(3) 轻载时调速效果不大；

(4) 串入的电阻损耗大，效率低；

(5) 电动机的转速不宜调节得太低，因此调速范围小，一般 $D = 2 \sim 3$。

但这种调速方法具有设备简单、操作方便的优点，适宜做短时调速，在起重和运输牵引装置中得到广泛的应用。

例 2-4 一台他励直流电动机，其额定值如下：$P_N = 100$ kW，$I_N = 511$ A，$U_N = 220$ V，$n_N = 1500$ r/min，电枢电阻 $R_a = 0.04$ Ω，电动机带动恒转矩负载运行。现采用电枢串电阻方法将转速下调至 600 r/min，应串入的电阻 R_c 为多大？

解 额定情况下运行时

$$E_N = C_e \Phi n_N = U_N - I_N R_a = 220 - 511 \times 0.04 = 199.56 \text{ V}$$

串入电阻 R_c 后，稳定运行时的电动势 $E_a = C_e \Phi n_c$，则

$$\frac{E_a}{E_N} = \frac{C_e \Phi n_c}{C_e \Phi n_N}$$

所以有

$$E_a = \frac{n_c}{n_N} E_N = \frac{600}{1500} \times 199.56 = 79.82 \text{ V}$$

串入电阻 R_c 后，稳定运行时的电枢电流不变，则

$$R_c = \frac{U_N - E_a}{I_N} - R_a = \frac{220 - 79.82}{511} - 0.04 = 0.23 \text{ Ω}$$

2. 减弱磁通调速

他励直流电动机改变磁通调速，比较简便的方法是在励磁电路中串联调速电阻，改变励磁电流，使磁通改变，接线如图 2-35 所示。

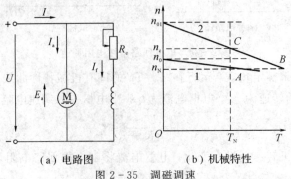

　　(a) 电路图　　　　　　　　　(b) 机械特性

图 2-35　调磁调速

在电枢电路不串接外电阻，端电压 $U=U_N$，负载转矩 $T_L=T_N$ 不变的条件下，电动机稳定运行在图 2-35(b)中的固有机械特性曲线 A 点上。改变磁通调速时，增大励磁调速电阻，使励磁电流和磁通减小，电动势随之减小。虽然电动势减小得不多，但由于电枢电阻很小，电枢电流将增大很多，电磁转矩也增大。在这一瞬间运行点由固有机械特性曲线上的 A 点，变换到人为机械特性曲线上的 B 点。此时，由于 $T>T_L$，电动机的转速开始上升，电动势随之增大，使电枢电流逐渐减小，电磁转矩和转速沿着人为机械特性曲线从 B 点变化到 C 点时，电磁转矩恢复到 $T=T_L$，这时转速便稳定在 n_c。

这种调速方法的优点是：

(1) 可以用小容量调节电阻，控制简单，调速平滑性较好；

(2) 投资少，能量损耗小，调速的经济性好。

这种调速方法的主要缺点是：因为正常工作时，磁路已趋饱和，所以只能采取弱磁调速方式，调速范围不广。普通电机 $D=1.2\sim2.0$，特殊设计时 D 可达到 $3\sim4$。

例 2-5 Z2 型并励直流电动机，其额定值如下：$U_N=220$ V，$I_N=68.6$ A，$P_N=15$ kW，$n_N=1500$ r/min，$R_a=0.225$ Ω，设负载转矩为额定值，在 U_N 下调磁调速。若磁通减至额定值的 $2/3$，试求稳定运行时的电枢电流 I_{a1} 和转速 n_1。

解 电动机调速前后负载不变，则

$$T_L=T=C_T\Phi_N I_N=C_T\frac{2}{3}\Phi_N I_{a1}$$

$$I_{a1}=\frac{3}{2}I_N=\frac{3}{2}\times68.6=103 \text{ A}$$

调速前感应电动势为
$$E_N=C_e\Phi_N n_N=U_N-I_N R_a=220-68.6\times0.225=205 \text{ V}$$

调速后反电动势为
$$E_a=\frac{2}{3}C_e\Phi_N n_1=U_N-I_{a1}R_a=220-103\times0.225=197 \text{ V}$$

所以

$$\frac{E_a}{E_N}=\frac{\frac{2}{3}C_e\Phi_N n_1}{C_e\Phi_N n_N}$$

调速后的稳定转速为
$$n_1=\frac{3}{2}\frac{E_a}{E_N}n_N=\frac{3}{2}\times\frac{197}{205}\times1500=3162 \text{ r/min}$$

3. 降低电枢电压调速

电动机的工作电压不允许超过额定电压，因此电枢电压只能在额定电压以下进行调节。降低电源电压调速的原理及调速过程可用图 2-36 说明。

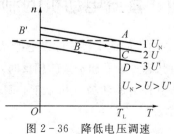

图 2-36 降低电压调速

设电动机拖动恒转矩负载在图 2-36 中固有机械特性曲线 1 上的 A 点运行,若电枢两端电压降低至 U,在此瞬间电动机的转速没有变化,电动势也没有变化,电枢电流将减小,这样必将导致电磁转矩减小,运行点由 A 点变换到人为机械特性曲线 2 上的 B 点,如图 2-36 所示。这时 $T < T_L$,转速开始下降,电动势 E_a 也随之减小,又使电磁转矩和电枢电流逐渐增大,工作点由 B 点向 C 点变化,当电磁转矩一直增大到 $T = T_L$ 时,电动机就稳定在人为机械特性曲线的 C 点上运行。同样道理,若电枢两端电压降至 U',运行点由 A 点变换到人为机械特性曲线 3 上的 B' 点,沿人为机械特性曲线 3 向 D 点变化,最后稳定运行在 D 点。

降压调速的特点是:

(1) 可以实现无级调速,平滑性很好;

(2) 由于机械特性斜率不变,故相对稳定性较好;

(3) 调速范围较广;

(4) 调速过程能量损耗较小;

(5) 需专用电源,设备投资较大。

电动机一般不允许超过额定电压运行,因此这种调速方法只能在额定电压以下进行调节。改变电枢电压调速,电动机电枢电路要由专门的直流调节电源供电。这种专门的调速装置有发电机-电动机系统(G-M 系统)和可控硅整流调整系统(V-M 系统)。

为了扩大调速范围,常常把降压和弱磁两种调速方法结合起来。在额定转速以下采用降压调速,在额定转速以上采用弱磁调速。

例 2-6 一台他励直流电动机的额定值:$U_N = 220$ V,$I_N = 68.6$ A,$n_N = 1500$ r/min,$R_a = 0.225$ Ω,磁通不变,若负载转矩为额定值,将电枢电压调至 151 V 进行调压调速,求它的稳定转速 n_1。

解 调速前:
$$E_N = C_e \Phi_N n_N = U_N - I_N R_a = 220 - 68.6 \times 0.225 = 205 \text{ V}$$

调速后:
$$E_a = C_e \Phi_N n_1 = U_1 - I_N R_a = 151 - 68.6 \times 0.225 = 135.56 \text{ V}$$

则
$$\frac{E_a}{E_N} = \frac{C_e \Phi_N n_1}{C_e \Phi_N n_N}$$

调速后的稳定转速:
$$n_1 = \frac{E_a}{E_N} n_N = \frac{135.56}{205} \times 1500 = 992 \text{ r/min}$$

2.9　直流电动机的制动

根据电磁转矩 T 和转速 n 方向之间的关系,可以把电动机的运行分为两种状态:当 T 和 n 方向相同时,称为电动运行状态;当 T 和 n 方向相反时,称为制动运行状态。电动运行时,电磁转矩为拖动转矩,电动机将电能转换成机械能;制动运行时,电磁转矩为制动转矩,电动机将机械能转换成电能。

在电力拖动系统中,电动机经常需要工作在制动状态。例如,许多生产机械工作时,往往需要快速停车或由高速运行迅速转为低速运行,起重机等位能性负载的工作机构,要求获得稳定的下放速度,这都要求电动机必须工作在制动状态。因此,电动机的制动运行也是十分重要的。

电动机的制动方式包括能耗制动、反接制动和回馈制动。下面我们以直流他励电动机为例来讨论这三种制动方式。

2.9.1　能耗制动

1. 能耗制动的实现条件

将电动机电枢从直流电源中断开,但励磁部分保持不变,同时将电枢两端通过制动电阻 R_B 连接成闭合回路,如图 2-37 所示。

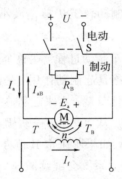

图 2-37　能耗制动接线图

实现能耗制动之初,由于转速 n 不能突变,磁通 $\Phi = \Phi_N$ 不变,电枢感应电动势 E_a 保持不变,即 $E_a > 0$,而此刻电压 $U = 0$。因此,电枢电流

$$I_{aB} = \frac{-E_a}{R_a + R_B} < 0, \qquad T_B = C_T \Phi_N I_{aB} < 0$$

由上式可知,I_{aB} 的方向与电动状态时电枢电流 I_a 的方向相反,由此产生的电磁转矩 T_B 也与电动状态时 T 的方向相反,变为制动转矩,于是电动机处于制动运行。制动运行时,电动机靠生产机械惯性力的拖动发电,将生产机械储存的动能转换成电能,并消耗在电阻上,直到电动机停转为止,所以这种制动方式称为能耗制动。

2. 能耗制动的机械特性

能耗制动时的机械特性,就是在 $U = 0$,$\Phi = \Phi_N$,$R = R_a + R_B$ 条件下的一条人为机械特性,即

$$n = -\frac{R_a + R_B}{C_e C_T \Phi_N^2} T \tag{2-43}$$

或

$$n = -\frac{R_a + R_B}{C_e \Phi_N} I_a \tag{2-44}$$

可见,能耗制动时的机械特性是一条过坐标原点的直线,其理想空载转速为零,特性的斜率与电动机电枢串电阻时的人为特性的斜率相同,如图 2-38 中直线 2 所示。

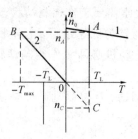

图 2-38 能耗制动时的机械特性

3. 能耗制动过程

制动前工作在固有特性曲线 1 上的 A 点，T 为拖动转矩。开始制动瞬间，由于转速 n 不能突变，电动机的运行点从 A→B，在 B 点电磁转矩 T_B 为制动转矩，使系统减速。在减速过程中，E_a 逐渐下降，I_a 及反向制动转矩 T 逐渐减小，电动机运行点沿着曲线 2 从 B→0 点，这时 $E_a=0$，$I_a=0$，$T=0$，$n=0$，即停在原点上。

上述过程是正转拖动系统的停车制动过程。在整个过程中，电动机电磁转矩 $T<0$，而转速 $n>0$，T 与 n 方向相反，T 始终是起制动作用，是制动运行状态的一种。

他励直流电动机如果拖动位能性负载，本来运行在正向电动状态，突然采用能耗制动，如图 2-39(a) 所示，电动机的运行点从点 A→B→0，B→0 是能耗制动过程，与拖动反抗性负载完全一样。但是到了 0 点以后，如果不采取其他办法(如抱闸抱住电动机轴)停车，则由于电磁转矩 $T=0$，小于负载转矩，系统会继续减速，也就是开始反转了。电动机运行点沿着能耗制动机械特性曲线 2 从 0→C，C 点处 $T=T_L$，系统稳定运行于工作点 C。该处电动机电磁转矩 $T>0$，转速 $n<0$，T 与 n 方向相反，T 为制动转矩。在这种稳态运行状态下，T_{L2} 方向与系统转速 n 同方向，T_{L2} 为拖动转矩。

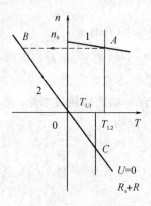

（a）制动时刻的运动特性

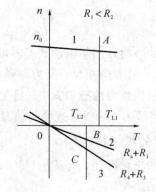

（b）串入不同制动电阻时的运动特性

图 2-39 能耗制动运行

能耗制动运行时，电动机电枢回路串入的制动电阻不同，运行转速也不同，制动电阻越大，转速绝对值越高，如图 2-39(b) 所示。减小制动电阻，可以增大制动转矩，缩短制动时间，提高工作效率，但制动电阻太小会造成制动电流过大，通常限制最大制动电流不超过 2～2.5 倍的额定电流。选择制动电阻的原则是满足

$$I_{aB} = \frac{E_a}{R_a + R_B} \leqslant I_{max} = (2 \sim 2.5)I_N$$

即

$$R_B \geqslant \frac{E_a}{(2 \sim 2.5)I_N} - R_a \qquad (2-45)$$

式中，E_a 为制动瞬间的电枢电动势。如果制动前电机处于额定运行，则 $E_a = U_N - R_a I_a$。

4. 能耗制动的功率关系分析

能耗制动过程中，电源输入的电功率 $P_1 = UI_a = 0$，电动机转速 $n > 0$，电磁转矩 $T < 0$，则电磁功率 $P_{em} < 0$，说明没有电源向电动机输入电功率，其机械能靠的是系统转速从高到低制动时所释放出来的动能；电功率没有输出，而是将机械能转换成电能，消耗在电枢回路的总电阻 $(R_a + R_B)$ 上。

2.9.2　反接制动

1. 反接制动的实现条件

将电源极性反接于电动机的电枢，同时电枢要串接调节电阻 R_B，如图 2-40 所示，电压反接制动时，$U = -U_N$，此时电枢回路内，U 与 E_a 顺向串联，共同产生很大的反向电流

$$I_{aB} = \frac{-U_N - E_a}{R_a + R_B} = -\frac{U_N + E_a}{R_a + R_B} < 0$$

$$T_B = C_T \Phi_N I_{aB} < 0$$

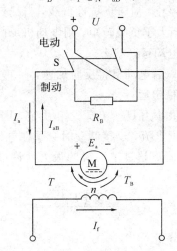

图 2-40　反接制动接线图

由反向的电枢电流 I_{aB} 产生很大的反向电磁转矩 T_B，从而产生很强的制动作用。

2. 反接制动的机械特性

电压反接制动的机械特性就是在 $U = -U_N$，$\Phi = \Phi_N$，$R = R_a + R_B$ 条件下的一条人为机械特件，即

$$n = -\frac{U_N}{C_e \Phi_N} - \frac{R_a + R_B}{C_e C_T \Phi_N^2} T \qquad (2-46)$$

或

$$n=-\frac{U_{\mathrm{N}}}{C_{\mathrm{e}}\,\Phi_{\mathrm{N}}}-\frac{R_{\mathrm{a}}+R_{\mathrm{B}}}{C_{\mathrm{e}}\,\Phi_{\mathrm{N}}}I_{\mathrm{a}} \qquad (2-47)$$

可见其特性曲线是一条通过 n_0 点、斜率为 $\dfrac{R_{\mathrm{a}}+R_{\mathrm{B}}}{C_{\mathrm{e}}\,C_{\mathrm{T}}\,\Phi_{\mathrm{N}}^2}$ 的直线，如图 2 - 41 中 BC 段所示。

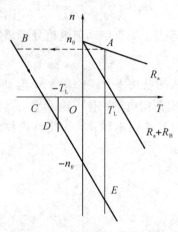

图 2 - 41　反接制动的机械特性

3. 反接制动过程

反接制动时，电动机工作点的变化情况可用图 2 - 41 说明如下。电动机原来工作在 A 点，反接制动时，由于转速 n 不突变，工作点水平移动到 B 点，在制动转矩作用下，转速减小，直到 C 点($n=0$)，电动机停止。对于反抗性负载，当减到零时，若电磁转矩小于负载转矩，则电动机停止；若电磁转矩大于负载转矩，则电动机反向启动并加速到 D 点稳定运行。在第Ⅲ象限，电动机处于反向电动运行状态。

对于位能性负载，过 C 点以后电动机将反向加速，一直到达 E 点，即电动机最终进入回馈制动(后面将介绍)状态下稳定运行。

反接制动时，电枢电流的大小由 U_{N} 与 E_{a} 之和决定，因此，反接制动时的电枢电流是非常大的。为了限制过大的电枢电流，反接制动时必须在电枢回路中串接制动电阻 R_{B}，R_{B} 的大小应使反接制动时电枢电流不超过电动机的最大允许电流 $I_{\max}=(2\sim2.5)I_{\mathrm{N}}$，因此应串入的制动电阻值为

$$R_{\mathrm{B}}\geqslant\frac{U_{\mathrm{N}}+E_{\mathrm{a}}}{(2\sim2.5)I_{\mathrm{N}}}-R_{\mathrm{a}}$$

4. 反接制动的功率关系分析

反接制动过程中(BC 段)，电源输入的电功率 $P_1>0$，轴上功率 $P_2<0$，即输入机械功率，而且机械功率扣除空载损耗后，即转变成了电功率，$P_{\mathrm{em}}<0$。由此可见，反接制动时，从电源输入的电功率和从轴上输入的机械功率转变成的电功率一起全部消耗在电枢回路的电阻($R_{\mathrm{a}}+R_{\mathrm{B}}$)上。

2.9.3　回馈制动

1. 回馈制动的实现条件

由于外界原因，电动机的转速大于理想空载转速，即 $n>n_0$，由电动机电压平衡方程式

$U = E_a + I_a R_a$，得出 $I_a = \dfrac{U - E_a}{R_a}$，而 $E_a = C_e \Phi n$，因此电动运行时 $n < n_0$，$E_a < U$，$I_a > 0$，$T > 0$。当 $n = n_0$ 时，$I_a = 0$，$T = 0$，$E_a = U$；当 $n > n_0$，$E_a > U$，$I_a < 0$，$T < 0$，电磁转矩由拖动转矩变成制动转矩。

2. 回馈制动的机械特性

由于回馈制动不改变电动机的接线，也不改变电动机的参数，机械特性与固有机械特性 $\Phi_n = \dfrac{U_N}{C_e \Phi_N} - \dfrac{R_a}{C_e C_T \Phi_N^2} T$ 一样，或表达成

$$n = \frac{U_N}{C_e \Phi_N} - \frac{R_a}{C_e \Phi_N} I_a \tag{2-48}$$

此时，I_a 和 T 为负值，回馈制动工作点位于第 Ⅱ 象限或者第 Ⅳ 象限。为限制重物下放速度，以不串电阻为宜。

3. 回馈制动过程

电力拖动系统在回馈制动状态下的稳定运行有以下两种情况。

(1) 如图 2-41 中电压反接制动时，若电动机拖动位能负载，则电动机经过制动减速、反向电动加速、最后在重物的重力作用下，工作点通过 $-n_0$ 点进入第 Ⅳ 象限，出现运行转速超过理想空载转速的反向回馈制动状态，当到达 E 点时，制动的电磁转矩与重物作用力相平衡，电力拖动系统便在回馈制动状态下稳定运行，即重物匀速下放。

(2) 当电车下坡时，运行转速也可能超过理想空载转速，而进入第 Ⅱ 象限运行，如图 2-42 中的 A 点，这时电动机处于正向回馈制动状态下稳定运行。

除以上两种回馈制动稳定运行外，还有一种发生在瞬态过程中的回馈制动过程，如降低电枢电压的调速过程和弱磁状态下的增磁调速过程都将会出现回馈制动过程，下面对这两种情况进行说明。

在图 2-43 中，A 点是电动状态运行工作点，对应电压为 U_1，转速为 n_A。当进行降压调速时，因转速不突变，工作点由 A 点平移到 B 点，此后工作点在降压人为特性 $B \sim n_{02}$ 段上的变化过程即为回馈制动过程。

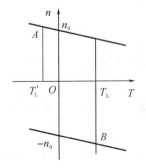

图 2-42　回馈制动的机械特性

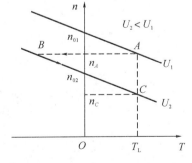

图 2-43　降压调速时产生回馈制动

在图 2-44 中，磁通由 Φ_1 增大到 Φ_2 时，工作点的变化情况与图 2-43 相同，其工作点在 $B \sim n_{02}$ 段上变化时也为回馈制动过程。

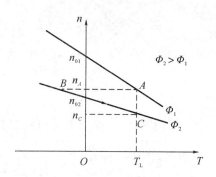

图 2-44 增磁调速时产生回馈制动

4. 回馈制动的功率关系分析

在第Ⅳ象限中，$T>0$，而 $n<0$，则电磁功率 $P_{em}<0$，说明电动机处于发电状态，将机械能转换为电能，一部分消耗在电枢回路电阻上，另一部分回馈到电网。因此，与能耗制动和反接制动相比，回馈制动是比较经济的。

到此为止，直流电动机的四个象限的运行状态逐个介绍过了。现在把四个象限运行的机械特性画在一起，如图 2-45 所示。第Ⅰ、Ⅲ象限内，T 和 n 同方向，是电动运行状态；第Ⅱ、Ⅳ象限内，T 和 n 反方向，是制动运行状态。

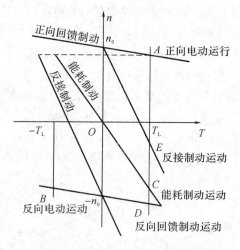

图 2-45 他励直流电动机的各种运行状态

本 章 小 结

(1) 直流电机包括直流电动机和直流发电机，把直流电能转变为机械能的电机称为直流电动机，把机械能转变为直流电能的电机称为直流发电机。

(2) 电动机和发电机在结构上没有什么差别，只是由于外部条件不同，得到了相反的能量转变过程。所以电机是一种双向的机电能量转换装置，即电机具有可逆性。

(3) 直流电机由定子和转子(又称电枢)两大部分组成。定子的作用是产生磁场和作为电机的支撑，转子是用来产生电动势和电磁转矩，实现能量的转换。

(4) 换向器是直流电机特有的装置。发电机中，换向器将电枢线圈内的交变电动势转换成电刷之间的极性不变的电动势；电动机中，换向器使两个有效边上受到的电磁力的方向不变，产生同一方向的转矩。

(5) 绕组中的感应电动势和电磁转矩是一切旋转电机最主要的电磁物理量，它们是同时存在的，对电机运行特性有着极其重要的影响。$E_a = C_e \Phi n$ 和 $T = C_T \Phi I_a$ 是两个重要的基本公式。

(6) 电动势、电磁转矩在电动机和发电机中的作用是相反的。在电动机中电动势是个反电动势，与电枢电流方向相反。在发电机中电磁转矩是个阻转矩，与电枢旋转方向相反。

(7) 转矩和转速是表征电动机运行状态的两个主要物理量。把转速与电磁转矩的关系称为机械特性 $n = f(T)$。机械特性是研究电动机稳定运行、启动、调速和制动等的基础。电动机的机械特性可分为固有(自然)机械特性和人为机械特性。

(8) 转差率 s 可用来衡量转速随负载变化的程度，也可以反映出机械特性的硬度。

(9) 他励直流电动机的调速性能有其独特的优点，能实现无级调速，调速后机械特性较硬，稳定性较好。通常采用调磁和调压两种方法，后者仅适用于他励直流电动机。调磁调速是恒功率调速，调压调速是恒转矩调速。

(10) 电动机一般不允许直接启动，启动时必须在电枢电路串联启动电阻或变阻器。直流电动机在启动或工作时，励磁电路一定要接通，不能断开。

(11) 使直流电动机反转，可将电枢绕组两端的接线对换，或将励磁绕组两端的接线对换。通常采用改变 I_a 的方向来改变电动机的转向。

(12) 直流电动机有能耗制动、再生制动和反接制动三种电磁制动方法，各有优缺点，应注意其适用场合。

习 题 2

2-1 说明直流发电机的工作原理。

2-2 说明直流电动机的工作原理。

2-3 直流电动机的主要额定值有哪些?

2-4 直流电动机的励磁方式有哪几种?

2-5 直流电动机有哪些主要部件? 各部件的作用是什么?

2-6 电动机的理想空载转速与实际空载转速有何区别?

2-7 什么是静差率? 它与哪些因素有关?

2-8 电动机产生的电磁转矩 $T = C_T \Phi I_a$ 对直流发电机和直流电动机来说，所起的作用有什么不同?

2-9 电动机产生的电动势 $E_a = C_e \Phi n$ 对于直流发电机和直流电动机来说，所起的作用有什么不同?

2-10 他励直流电动机的机械特性指的是什么?

2-11 什么是他励直流电动机的固有机械特性? 什么是人为机械特性?

2-12 直流电动机有几种启动方法? 比较它们的优、缺点。

2-13 直流电动机为什么不能直接启动? 如果直接启动会引起什么后果?

2-14 直流电动机有哪几种调速方法？各有何特点？

2-15 为什么直流电动机在一般规定的额定转速以上才进行弱磁调速？

2-16 怎样改变他励、并励直流电动机的转向？

2-17 电动机电动状态与制动状态的主要区别是什么？

2-18 他励直流电动机有哪几种电气制动的方法？说明它们各用于什么场合。

2-19 说明能耗制动状态、回馈制动状态及反接制动状态各有何特点。

2-20 常见的生产机械的负载特性有哪几种？位能性转矩负载与反抗性负载有何区别？

2-21 一台直流发电机，额定功率 $P_N = 55$ kW，额定电压 $U_N = 220$ V，额定转速 $n_N = 1500$ r/min，额定效率 $\eta_N = 0.9$。求额定状态下电机的输入功率 P_1 和额定电流 I_N。

2-22 一台他励直流电动机，额定功率 $P_N = 17$ kW，额定电压 $U_N = 220$ V，额定转速 $n_N = 1500$ r/min，额定效率 $\eta_N = 0.83$。求它的额定电流 I_N 及额定负载时的输入功率 P_1。

2-23 他励直流电动机的额定功率 $P_N = 17$ kW，额定电压 $U_N = 220$ V，电枢回路总电阻 $R_a = 0.114$ Ω，额定转速 $n_N = 3000$ r/min，额定电流 $I_N = 87.7$ A。试求：

(1) 电动机额定负载时的输出转矩；

(2) 额定效率；

(3) 理想空载转速。

2-24 一台他励直流电动机的额定值如下：$U_N = 220$ V，$I_N = 87.7$ A，$n_N = 1500$ r/min，$R_a = 0.7$ Ω，负载转矩不变。试求：

(1) 如把电枢电压降低到 110 V，稳定运行时的转速是多少？

(2) 如把转速降低到 1200 r/min，采用电枢回路串电阻调速，电枢回路应串多大电阻？

第 3 章 异步电动机

本章讨论交流异步电动机。主要介绍异步电动机的分类、特点、作用，三相异步电动机的结构、工作原理、铭牌数据、转子各量与转差率的关系、功率和电磁转矩的分析与计算、机械特性、启动方法、调速方法、制动方法，以及单相异步电动机的结构、工作原理和类型。

3.1 异步电动机概述

交流电机是一种将交流电能与机械能进行相互转换的旋转设备。按照交流电机的结构和运行原理，交流电机可分为交流异步电机和交流同步电机，对于交流同步电机，我们将在下一章介绍。按照交流电机能量转换的方式，交流电机可分为交流发电机和交流电动机。

一台交流电机在使用功能上具有二重性，既可以工作在发电状态，也可以工作在电动状态，异步电机是交流电机的一种，虽然异步电机可以作为发电机来使用，但绝大多数情况下人们都把它作为电动机来使用，其作用是将交流电能转换为动能（属于机械能）输出。交流的异步电动机按照使用交流电源的相数不同，又分为三相交流异步电动机和单相交流异步电动机。

异步电动机具有结构简单、制造容易、工作可靠、维护方便、价格低廉的优点，但异步电动机运行时从交流电网吸收一定的无功功率，会引起电网的功率因数降低，造成输电线路电能的损耗增加。与直流电动机相比，其在调速范围和平滑性上有所欠缺，但实际应用中一般的生产机械并不要求大范围的平滑调速。随着电力电子等装置（如变频器）的发展和应用，交流电动机调速的平滑性已不逊于直流电动机。在异步电动机使用时，通过采取一些措施对电网的功率因数进行补偿，可以在很大程度上消除异步电动机对电网的影响。

异步电动机主要以三相异步电动机的形式来应用，它是构成电力拖动系统的最为广泛的一种电机，通常应用在金属切削机床、起重运输机械、冶炼设备、鼓风机、水泵、轧钢设备等，而单相异步电动机主要应用在实验室和家电产品中。据统计，全国电动机容量中 90% 左右是异步电动机，而在电网负载中，异步电动机的用量也占有 60% 以上。

3.2 三相异步电动机的结构

三相异步电动机在结构上分定子和转子两大部分，按照转子的结构不同又分为笼型转子异步电动机和绕线型转子异步电动机。其中笼型转子异步电动机结构简单，价格低廉，获得了大范围的应用。笼型异步电动机的主要结构组成如图 3-1 所示。

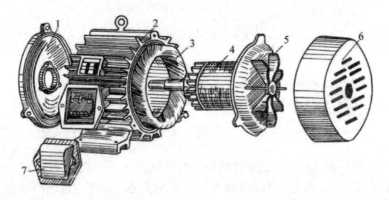

1—端盖；2—定子；3—定子绕组；4—转子；5—风扇；6—风扇罩；7—接线盒

图 3-1　笼型异步电动机的主要结构组成

3.2.1　定子

定子是电动机工作时静止不动的部分，包括定子铁芯、定子绕组、机座和端盖等几个部分。其中定子铁芯和定子绕组是重要部分，定子铁芯为空心圆筒形铁芯，由涂有绝缘漆的薄硅钢片叠压而成，冲片形状如图 3-2 所示。定子铁芯的作用有两个：一是传导磁场；二是安放定子绕组。

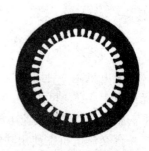

图 3-2　定子铁芯冲片

定子绕组用绝缘漆包铜线绕制而成，各绕组按照一定的规律连接并嵌放在定子铁芯槽内，将全部定子绕组按照空间排布均匀地分为三组，称为三相对称定子绕组，此三相绕组的首端分别用 U1、V1、W1 表示，其对应的尾端分别用 U2、V2、W2 表示，分别连接在电动机接线盒的六个接线柱上，电动机工作时可根据需要将三相定子绕组以星形方式或三角形方式与三相交流电源相连接。具体连接方式如图 3-3 所示。需要注意的是：无论是以星形方式还是以三角形方式连接三相定子绕组，目的都是要确保三相定子绕组上承受到额定电压值，通常是以默认三相交流电源的电压为常规值（线电压 380 V）的情况来设定电动机铭牌上规定的连接方式的。

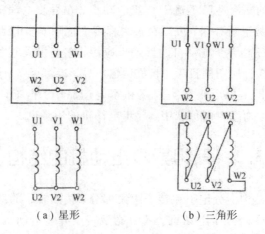

（a）星形　　　　　　（b）三角形

图 3-3　三相定子绕组连接方式

机座的作用是固定和支撑定子铁芯。

3.2.2　转子

转子是电动机工作时的旋转部分，包括转子铁芯、转子绕组和转轴等几个部分。转子铁芯通常由表面涂有绝缘漆的硅钢片叠压而成，其冲片形状如图 3-4 所示，铁芯外圆有槽，槽内安放转子绕组。

图 3-4　转子铁芯冲片

作为电动机磁路的一部分，转子铁芯起到了传递磁场和用来安放转子绕组（或转子导条）的作用。

对于笼型转子电动机，其转子绕组是在铁芯槽内放置铜条，铜条两端用铜的短路环焊接起来，绕组的形状如图 3-5 所示，其形状好像老鼠笼子，因此称为笼型转子。中小容量异步电动机常常采用鼠笼型铸铝转子，即用熔化的铝浇铸在铁芯转子槽里，连同端环和风扇一次铸造而成，其工艺简单，价格低廉。笼型转子的结构如图 3-6 所示。

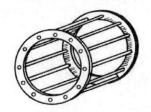
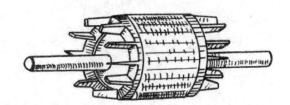

图 3-5　笼型绕组　　　　　　　　　　　图 3-6　笼型转子

对于绕线转子，通常采用对称的三相绕组构成，三相转子绕组一般接成星形，三相引出线接到固定在转轴上的三个相互绝缘的滑环上，与三组电刷接触，通过电刷与外部电路（如三相变阻器）相接。一般还装有提刷短路装置，可在需要时将电刷提起并同时将三个滑环短路。绕线转子的结构如图 3-7 所示。

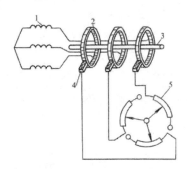

1—绕组；2—集电环；3—轴；4—电刷；5—变阻器

图 3-7　绕线转子的结构

需要注意的是，异步电动机的定子与转子之间必须留有一定的气隙，气隙是电动机磁路的一个重要部分，气隙的大小对电动机的性能影响很大，中小型异步电动机的气隙通常为 0.2～2.0 mm。

3.3 三相异步电动机的工作原理

三相交流异步电动机的三相定子绕组必须是对称的三相绕组，即此三相绕组的材料、工艺和尺寸大小都相同，空间位置互差 120°，当把三相对称的交流电通入此三相对称定子绕组中时，就会在电动机内部空间产生随时间而旋转变化的磁场，称为旋转磁场。旋转磁场是三相交流异步电动机转动的基础。

3.3.1 旋转磁场

1. 旋转磁场的形成

如图 3-8 所示是一个结构最为简单的三相异步电动机的定子绕组，每相绕组只有一个线圈，三相对称的绕组均嵌放在定子铁芯槽中，它们之间的空间位置互差 120°。三相绕组的头尾分别标记为 U1U2、V1V2 和 W1W2。

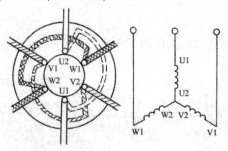

图 3-8 简单结构的三相对称定子绕组

当我们把三相对称绕组线圈以星形方式与对称三相电源连接后，三相定子绕组中便产生三相对称电流，即

$$i_U = I_m \sin\omega t$$
$$i_V = I_m \sin(\omega t - 120°)$$
$$i_W = I_m \sin(\omega t + 120°)$$

其波形如图 3-9 所示。

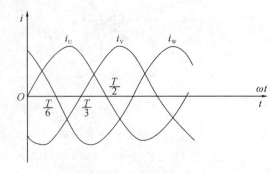

图 3-9 三相对称电流波形

下面我们分析在 $t=0$、$t=T/6$、$t=T/3$、$t=T/2$ 时刻三相对称定子绕组形成的合成磁场的情形。规定电流由绕组的头端流入、尾端流出为正电流方向，反之，电流从绕组尾端流入、头端流出为负电流，电流流进端用"⊗"表示，电流流出端用"⊙"表示。

当 $t=0$ 时，$i_U=0$，即 U 相无电流，$i_V<0$ 为负电流，即 V1 出电流，V2 进电流，$i_W>0$ 为正电流，即 W1 进电流，W2 出电流。根据右手定则判断此时三相定子绕组各自产生的磁场，合成之后的磁场如图 3-10(a)所示，是一个上方为 S 极、下方为 N 极的二极磁场。

当 $t=T/6$ 时，$i_U>0$ 为正电流，即 U1 出电流，U2 进电流；$i_V<0$ 为负电流，即 V1 出电流，V2 进电流；$i_W=0$，即 W 相无电流。根据右手定则判断此时三相定子绕组各自产生的磁场，合成之后的磁场如图 3-10(b)所示，也是一个二极磁场，但方向沿顺时针旋转了 60°。

当 $t=T/3$ 时，$i_U>0$，即 U1 出电流，U2 进电流；$i_V=0$，即 V 相无电流，$i_W<0$ 为负电流，即 W1 出电流，W2 进电流。根据右手定则判断此时三相定子绕组各自产生的磁场，合成之后的磁场如图 3-10(c)所示，也是一个二极磁场，但方向沿顺时针旋转了 60°。

当 $t=T/2$ 时，$i_U=0$，即 U 相无电流；$i_V>0$，即 V1 进电流，V2 出电流，$i_W<0$ 为负电流，即 W1 出电流，W2 进电流。根据右手定则判断此时三相定子绕组各自产生的磁场，合成之后的磁场如图 3-10(d)所示，也是一个二极磁场，但方向沿顺时针旋转了 60°。

在对称三相交流电的半个周期内三相对称定子绕组形成的磁场方向转变了 180°，可以推论：在三相对称交流电的整个周期内三相对称定子绕组形成的磁场方向将转变 360°。这说明三相对称定子绕组的磁场随三相交流电流的变化在时间上做圆周性的旋转变化。

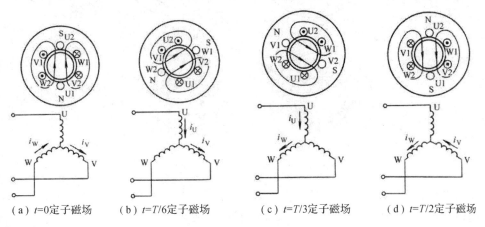

（a）$t=0$ 定子磁场　　（b）$t=T/6$ 定子磁场　　（c）$t=T/3$ 定子磁场　　（d）$t=T/2$ 定子磁场

图 3-10　两极旋转磁场的产生

进一步分析可知：图 3-8 所示结构的定子绕组通入三相对称交流电的情况下形成的是一个二极旋转磁场，即一个 N 极和一个 S 极。如果定子绕组的每相都是由两个线圈串联而成，线圈跨距约为四分之一圆周，其布置如图 3-11 所示，其 U 相绕组由 U1-U2 与 U1′-U2′串联，V 相绕组由 V1-V2 与 V1′-V2′串联，W 相绕组由 W1-W2 与 W1′-W2′串联。按照类似于分析二极旋转磁场的方法，我们给此结构的三相对称定子绕组同样通入图 3-9 所示的三相对称交流电，取 $t=0$、$T/6$、$T/3$、$T/2$ 四个时刻进行分析，其结果如图 3-12 所示。

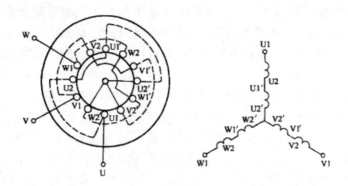

图 3-11 四极定子绕组

当 $t=0$ 时，$i_U=0$，i_V 为负，i_W 为正，即 i_V 由 V2′端流入，V1′端流出，再从 V2 端流入，V1 端流出。同时 i_W 由 W1 端流入，W2 端流出，再从 W1′端流入，W2′端流出。此时三相对称电流在空间形成的合成磁场是两对磁极的磁场，如图 3-12(a)所示。

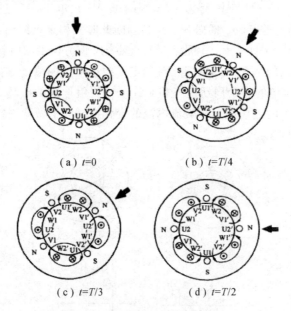

(a) $t=0$ (b) $t=T/4$

(c) $t=T/3$ (d) $t=T/2$

图 3-12 四极(2对)旋转磁场

同理，可以画出 $t=T/6$、$T/3$、$T/2$ 时刻的合成磁场，分别如图 3-12(b)、(c)、(d)所示。比较图 3-12 中的四个时刻，可以看出，当每相绕组在空间相差 60°时，通入对称三相交流电后，也产生一个旋转磁场，但它是一个四极旋转磁场，即两个 N 极，两个 S 极(共两对磁极)。与两极旋转磁场相比较，在 $t=T/6$ 时刻，四极旋转磁场只转过 30°空间角；当 $t=T/2$ 时，磁场只转过 90°空间角，即电流变化一周时，旋转磁场在空间只转过了 180°空间角(半周)，其旋转速度是两极磁场的 1/2。

2. 旋转磁场的转速

旋转磁场的转速 n_1，又称为同步转速，计算式为

$$n_1=\frac{60f_1}{p} \qquad (3-1)$$

式中：p 表示磁极对数，为无单位的正整数；f_1 是电源电流频率，单位是 Hz；n_1 的单位是转/分钟(r/min)。n_1 的大小与磁极对数 p 成反比关系，磁极对数越多，磁场旋转得越慢。同时，n_1 与电源电流频率 f_1 成正比，频率越高，电流变化越快，其所形成的旋转磁场旋转得越快。

国产异步电动机的电源电流频率通常为 50 Hz。表 3 - 1 列出了常用磁极对数的异步电动机的旋转磁场转速。

表 3 - 1　磁极对数与同步转速的对应关系($f_1=50$ Hz)

磁极对数 p	1	2	3	4	5	6
同步转速 n_1/(r/min)	3000	1500	1000	750	600	500

3. 旋转磁场的转向

由图 3 - 10 和图 3 - 12 中各瞬间磁场变化可以看出，当通入三相绕组中电流的相序为 $i_U \to i_V \to i_W$ 时，旋转磁场在空间是沿绕组始端 U→V→W 方向旋转的，在图中即按顺时针方向旋转。如果把通入三相绕组中的电流相序任意调换其中两相，例如调换 V、W 两相，此时通入三相绕组电流的相序为 $i_U \to i_W \to i_V$，则旋转磁场按逆时针方向旋转。由此可见，旋转磁场的转向是由三相交流电流的相序决定的，即任意调换三相交流电流的相序，就可以改变旋转磁场的方向。通常的做法是：将定子绕组与交流电源的三根接线中的任意两根调换位置，即可达到改变三相定子绕组上电流相序的目的，从而改变磁场的旋转方向。

3.3.2 转子转动原理

1. 转动原理

由上面分析可知，如果在定子绕组中通入三相对称电流，则定子内部将产生某个方向转速为 n_1 的旋转磁场。这时转子导体与旋转磁场之间存在着相对运动，并切割磁力线而产生感应电动势。电动势的方向可根据右手定则确定。由于转子绕组是闭合的，于是在感应电动势的作用下，绕组内有电流流过，如图 3 - 13 所示。转子电流与旋转磁场相互作用，便在转子绕组中产生电磁力 F，F 的方向可由左手定则确定。该力对转轴形成了电磁转矩 T，使转子按旋转磁场方向转动。由于异步电动机的定子和转子之间能量的传递是靠电磁感应作用的，故异步电动机又称感应电动机。

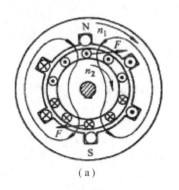
（a）

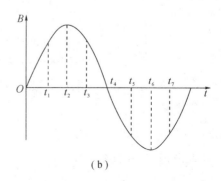
（b）

图 3 - 13　异步电动机工作原理

由于异步电动机的转动方向总是与旋转磁场的转向一致，因此，要改变三相异步电动机的旋转方向，只需把定子绕组与三相电源连接的三根导线中的任意两根对调，通过改变旋转磁场的转向，也就实现了电动机转向的改变。

2. "异步"的含义

"异步"是指电动机运行时，其转子与磁场旋转的不同步，即 n_2 与 n_1 不相等。这是因为一旦转子转速和旋转磁场转速相同，二者便无相对运动，转子也就不能产生感应电动势和感应电流，也就不能产生电磁转矩，电动机就失去了转动的基础；只有当二者转速有差异时，转子才能切割磁场，才能产生电磁转矩，使转子获得速度而转动。转子转速 n_2 总是略小于旋转磁场的转速 n_1。

3.4　三相异步电动机的铭牌数据

每台异步电动机的机壳上都有一个铭牌，它标记着电动机的型号、各种额定值和连接方式等，如图 3-14 所示。按电动机铭牌所规定的条件和额定值运行，称作额定运行状态。下面以三相异步电动机 Y112M—6 铭牌为例来说明各数据的含义。

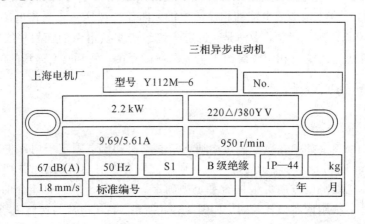

图 3-14　电动机的铭牌

1. 型号

型号是指电动机的产品代号、规格代号和特殊环境代号，例如：

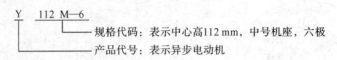

国产异步电动机的型号一般用汉语拼音字母和一些阿拉伯数字组成。

2. 额定功率 P_N

额定功率是指电动机在额定运行时，轴上输出的机械功率，单位为 kW，本例 $P_N = 2.2$ kW。

3. 额定电压 U_N 和接法

额定电压是指电动机额定运行时，定子绕组应加的线电压，单位为 V。

有时铭牌上给出两个电压值，这是对应于定子绕组三角形和星形两种不同连接方式。

当铭牌标为 $220\triangle/380Y$ V 时，表明当三相交流电源的线电压为 220 V 时，电动机定子绕组用三角形连接；而当电源电压为 380 V 时，电动机定子绕组用星形连接。两种方式都能保证每相定子绕组在其规定的额定电压下运行。为了使电动机正常运行，一般规定三相交流电源电压波动不应超过额定值的 5%。

4. 额定电流 I_N

额定电流是指电动机在额定电压下运行，输出功率达到额定值时，流入定子绕组的线电流，单位为 A。如本例中电动机接成三角形时 $I_N=9.69$ A，接成星形时 $I_N=5.61$ A。电动机工作时输入电流不应大于其额定电流值。

对于三相异步电动机，其额定功率与其他额定数据之间有如下关系：

$$P_N=\sqrt{3}U_N I_N \cos\varphi_N \eta_N \qquad (3-2)$$

式中，$\cos\varphi_N$ 为额定功率因数，η_N 是额定效率。

5. 额定频率 f_N

额定频率是指加在电动机定子绕组上的允许频率。我国电力网的频率规定为 50 Hz。

6. 额定转速 n_N

额定转速是指电动机在额定电压、额定频率和额定输出功率情况下的转速，单位为 r/min。本例电动机额定转速 $n_N=950$ r/min。

7. 绝缘等级

绝缘等级是指电动机内部所用绝缘材料允许的最高温度等级，它决定了电动机工作时允许的温升。各种等级所对应温度的关系见表 3-2。

表 3-2　电动机允许温升与绝缘耐热等级的关系

绝缘耐热等级	A	E	B	F	H	C
允许最高温度/℃	105	120	130	155	180	>180
允许最高温升/℃	60	75	80	100	125	>125

本例电动机为 B 级绝缘，定子绕组的容许温度不能超过 130℃。

8. 工作制

按电动机在定额运行时的持续时间，工作制分为连续(S1)、短时(S2)及断续(S3)三种。"连续"表示该电动机可以按铭牌的各项定额长期运行；"短时"表示只能按照铭牌规定的工作时间短时使用；"断续"表示该电动机短时运行，但可多次周期性断续使用。本例电动机为 S1 连续工作方式。

9. 防护等级

防护等级是提示电动机防止杂物与水进入的能力。它是由外壳防护标志字母 IP 后跟 2 位具有特定含义的数字代号进行标定的。例如本例电动机防护等级为 IP—44。表 3-3 所列是防护等级代码中第一位数字的含义，表 3-4 所列是防护等级代码中第二位数字的含义。

表 3-3　防护等级代号 1

防护等级(第一位数字)	代表意义	防护等级(第一位数字)	代表意义
0	有专门的防护装置	4	能防止直径大于 1 mm 的固体侵入
1	能防止直径大于 50 mm 的固体侵入	5	防尘
2	能防止直径大于 12.5 mm 的固体侵入	6	完全防止灰尘进入壳内
3	能防止直径大于 2.5 mm 的固体侵入		

表 3-4　防护等级代号 2

防护等级(第二位数字)	代表意义	防护等级(第二位数字)	代表意义
0	无防护	5	防止任何方向喷水
1	防垂直滴水	6	防止猛烈喷水
2	防15°滴水	7	浸水级
3	防淋水	8	潜水级
4	防止任何方向溅水		

10. 噪声量

为了降低电动机运转时带来的噪声,目前电动机都规定噪声指标,该指标随电动机容量及转速的不同而不同(容量及转速相同的电动机,噪声指标又分"1""2"两段)。中小型电动机噪声量的大致范围为 50~100 dB,如本例电动机噪声为 67 dB。

11. 振动量

振动量表示电动机振动的情况,本例电动机振动为每秒轴向移动不超过 1.8 mm。

在铭牌上除了给出以上主要数据外,有的电动机还标有额定功率因数 $\cos\varphi_N$,电动机是感性负载,定子相电流滞后定子相电压一个 φ 角,所以功率因数 $\cos\varphi_N$ 是指额定负载下定子电路的相电压与相电流之间相位差的余弦。异步电动机的 $\cos\varphi_N$ 随负载的变化而变化,满载时 $\cos\varphi$ 约为 0.7~0.9,轻载时 $\cos\varphi$ 较低,空载时只有 0.2~0.3。实际使用时要根据负载的大小来合理选择电动机容量,防止"大马拉小车"。

例 3-1　已知 JO2—52—4 型异步电动机铭牌如下: $P_N=10$ kW, $U_N=380$ V, $n_N=1450$ r/min, $\eta_N=87.5\%$, $\cos\varphi_N=0.87$, $f_N=50$ Hz,三角形连接。试求:

(1) 极对数 p;

(2) 额定转差率和转子电路额定频率 f_{2N};

(3) 额定转矩 T_N;

(4) 最大转矩 T_m;

(5) 直接启动转矩 T_Q;

(6) 额定电流 I_N；

(7) 直接启动电流 I_Q。

解　(1) 从型号中知 $p=2$，所以

$$n_1 = \frac{60 f_{1N}}{p} = \frac{60 \times 50}{2} = 1500 \text{ r/min}$$

(2) $s_N = \dfrac{n_1 - n_N}{n_1} = \dfrac{1500 - 1450}{1500} = 0.0333$

$\qquad f_{2N} = s f_{1N} = 0.0333 \times 50 = 1.67 \text{ Hz}$

(3) $T_N = 9.55 \times \dfrac{P_N}{n_N} = 9.55 \times \dfrac{10 \times 10^3}{1450} = 65.86 \text{ N} \cdot \text{m}$

(4) $T_m = 2 T_N = 2 \times 65.86 = 131.72 \text{ N} \cdot \text{m}$

(5) $T_Q = 1.4 T_N = 1.4 \times 65.86 = 92.20 \text{ N} \cdot \text{m}$

(6) $I_N = \dfrac{P_N}{\sqrt{3} U_N \cos\Phi_N \eta_N} = \dfrac{10 \times 10^3}{\sqrt{3} \times 380 \times 0.87 \times 0.875} \approx 19.98 \text{ A}$

(7) $I_Q = 6.5 I_N = 6.5 \times 19.98 = 129.87 \text{ A}$

通过此例题的计算过程可知：正确计算异步电动机的额定值，是合理使用电动机的保证。

3.5　三相异步电动机的负载运行

电动机空载运行时，它产生的电磁力必须克服轴与轴套之间的摩擦和转子部分所受风阻等产生的空载转矩，即 $T = T_0$，电动机才能稳定运行。而 T_0 一般很小，所以空载时的电磁转矩也很小，但电机转速很高，与磁场的同步转速相差无几。当异步电动机轴上带负载运行时，只有在电动机的电磁转矩 T 与机械负载的反抗转矩 T_{fz} 相平衡，即 $T = T_{fz}$ 时，电动机才能以恒速运行。如果电动机的电磁转矩大于负载的反抗转矩，即 $T > T_{fz}$，则电动机将加速运行；反之，如果 $T < T_{fz}$，则电动机将减速运行。

交流电机的转差率是表征电机运行状态的一个重要指标，对于三相交流异步电动机，其旋转磁场的转速 n_1 与转子转速 n_2 的差称为转差或转差速度，用 Δn 表示，即 $\Delta n = n_1 - n_2$。转差与同步转速的比值称为异步电动机的转差率，用字母 s 表示，即

$$s = \frac{\Delta n}{n_1} = \frac{n_1 - n_2}{n_1} \tag{3-3}$$

电动机负载运行时，若负载转矩改变，则转子转速或转差率发生变化，进而又通过转差率来影响各电量的变化，以实现能量的转换和平衡。转差率 s 常用百分数来表示。电动机启动瞬时，$n_2 \approx 0$，$s \to 1$；随着 n_2 的上升，s 不断下降，电动机转差率与其转速变化趋势相反。由于异步电动机转子的转速是随着负载而变化的，因此转差率 s 也是随之而变化的。在额定负载情况下，$s = 0.03 \sim 0.06$，这时 $n_2 = (0.94 \sim 0.97) n_1$，与同步转速十分接近。理想空载情况下，$n_2 = n_1$，则 $s \to 0$。所以异步电动机的工作范围是 $0 < s < 1$。

交流电动机转差率的大小与转子各相关物理量之间有密切的对应关系，下面我们讨论转子各量与转差率之间的关系。

3.5.1 转子各量与转差率的关系

作为交流电动机的重要参数，转差率的变化将引起电动机内部许多物理量的变化。下面分别分析转子电路的电流频率 f_2、电动势 E_2、漏感抗 X_{s2}、电流 I_2、功率因数 $\cos\varphi_2$、与转差率 s 的关系。

1. 转子电流频率 f_2

在变压器中，一次、二次绕组是静止的，所以它们的电流频率相同，就是电源频率。而异步电动机中转子与定子是相对运动的，所以转子电流频率随转子转速不同而改变。旋转磁场以 $\Delta n = n_1 - n_2$ 的相对转速切割转子绕组，仿照定子电流（频率 f_1）相对静止的转子所产生的旋转磁场的转速计算式 $n_1 = \dfrac{60f_1}{p}$，则转子绕组产生感应电流的频率为

$$f_2 = \frac{p\Delta n}{60} = \frac{p(n_1 - n_2)}{60} = \frac{n_1 - n_2}{n_1} \times \frac{pn_1}{60} = sf_1 \tag{3-4}$$

由上式可见，转子电流的频率与转差率 s 成正比，与转速 n_2 有关。在电动机启动瞬间，转子不动，$n_2 = 0$，$s = 1$。此时，转子与旋转磁场的相对切割速度最大，转子电流频率 f_2 最高，即 $f_2 = f_1$。在电动机升速的过程中，其转差率减小，当电动机在额定状态下运行时，转差率 s 为 $0.015 \sim 0.06$。如果电源频率 $f_1 = 50$ Hz，则 $f_2 = 0.75 \sim 3$ Hz，转子电流的频率很低。总之，转子电流频率与转差率成正比，与电动机转速成反趋势变化。即转速越快，转差率越小，转子电流频率越小。

2. 转子电动势 E_2

旋转磁场在转子每相绕组中感应的电动势的有效值表达式为

$$E_2 = 4.44f_2 N_2 K_2 \Phi \tag{3-5}$$

式中，K_2 为转子分布绕组系数，N_2 为转子每相绕组匝数。将式(3-4)代入上式得

$$E_2 = 4.44f_1 N_2 K_2 \Phi s = sE_{20} \tag{3-6}$$

式中

$$E_{20} = 4.44f_1 N_2 K_2 \Phi \tag{3-7}$$

为转子不动时的转子感应电动势。

从式(3-6)可知：转子电动势与转差率 s 成正比。即转子旋转得越快，s 越小，E_2 也越小。由于电动机转差率与其转速变化趋势相反，因此转子电动势与电动机转速成反趋势变化。

3. 转子每相绕组中的漏感抗 X_{s2}

和定子电流一样，转子电流除产生主磁通外，也要产生漏磁通，它在转子每相绕组中产生漏磁电动势的有效值为

$$E_{s2} = I_2 X_{s2} \tag{3-8}$$

式中，X_{s2} 为转子漏感抗，它表示转子的电感量对其上所感应交流电流的阻碍作用大小，$X_{s2} = \omega_2 L_{s2} = 2\pi f_2 L_{s2} = 2\pi s f_1 L_{s2}$，它与转子频率 f_2 有关。

如果用 X_{20} 表示转子不动时的漏感抗，则

$$X_{20} = 2\pi f_1 L_{s2} \tag{3-9}$$

此时 $f_2 = f_1$，说明通电未启动时刻，转子感抗最大，X_{s2} 又可写成

$$X_{s2} = sX_{20}$$

可见：转子的漏感抗与转差率成正比。即转子旋转得越快，s 越小，转子漏感抗 X_{s2} 越小。由于电动机转差率与其转速变化趋势相反，因此转子的漏感抗与电动机转速成反趋势变化。

4. 转子导体中的电流 I_2 和转子功率因数 $\cos\varphi_2$

转子绕组中除了有漏感抗 X_{s2} 外，自身还有电阻 R_2，因此，转子每相绕组内的阻抗 Z_2 为

$$Z_2 = \sqrt{R_2^2 + X_{s2}^2} = \sqrt{R_2^2 + (sX_{20})^2} \tag{3-10}$$

转子每相绕组的电流 I_2 为

$$I_2 = \frac{E_2}{Z_2} = \frac{sE_{20}}{\sqrt{R_2^2 + (sX_{20})^2}} \tag{3-11}$$

$$\cos\varphi_2 = \frac{R_2}{\sqrt{R_2^2 + (sX_{20})^2}} \tag{3-12}$$

由此可见，转子电流 I_2 和功率因数 $\cos\varphi_2$ 都与转差率 s 有关。当 s 增大时，I_2 增大，而 $\cos\varphi_2$ 减小。它们之间的关系如图 3-15 曲线所示。

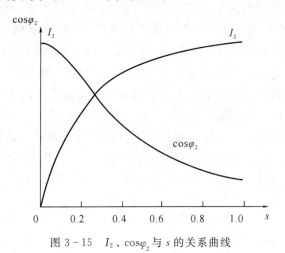

图 3-15　I_2、$\cos\varphi_2$ 与 s 的关系曲线

由 I_2、$\cos\varphi_2$ 随 s 变化的规律可见：转子电流 I_2 与转差率 s 变化趋势相同；$\cos\varphi_2$ 与转差率 s 变化趋势相反。即转子旋转得越快，s 越小，转子电流 I_2 越小，功率因数 $\cos\varphi_2$ 越高。一般电动机工作在额定状态下时，其转速较大，也正好表现出较高的功率因数。

由上述分析可见，转差率首先影响了转子绕组中感应电动势的频率 $f_2 = sf_1$。当工作电压 U_1 一定，即工作磁通大小一定的情况下，f_2 直接影响到转子绕组感应电动势 E_2 的大小（因为 $E_2 = sE_{20}$，而 $E_{20} = 4.44f_1N_2K_2\Phi$）以及转子绕组的漏感抗 X_{s2}（$X_{s2} = 2\pi f_2 L_{s2} = sX_{20}$），由于 s 对 E_2 及 X_{s2} 的影响，也间接影响了转子电流 I_2 及转子电路功率因数 $\cos\varphi_2$，从而影响了电动机定子绕组向电网取用电流 I_1 的大小及功率因数 $\cos\varphi_1$。所以转子的频率、电流、感抗及功率因数等都与转差率有关，即与转速有关。

3.5.2 负载运行的电磁关系

当电动机负载增加时，即 $T < T_{fz}$，电动机转速将下降，即转差率增加，转子感应电动势和电流增加，从而使电磁转矩增大，在外加电源电压保持不变的情况下，只有增大定子电流，以此来抵消由于负载加重而需求的更多能量，才能保持其功率平衡关系，直到电磁转矩与新的反抗转矩相平衡，此时电动机在低于原转速 n_2（即高于原转差率的转速）下稳定运行。反之，当反抗转矩由于某种原因减小时（如负载减轻），电动机转差率瞬间减小，电动机最终将在高于原转速的情况下稳定运行。由此可见，异步电动机中定子绕组电流是随负载的变化而变化的，亦即异步电动机向电网取用的电流和功率，是由机械负载的大小决定的。负载越大，需要电动机输出更多的机械能；转子电流越大，通过电磁感应而引起定子绕组的电流增大，即交流电源向电动机输入更多的电能来实现能量平衡。

3.6 异步电动机的功率和电磁转矩

3.6.1 异步电动机的功率

异步电动机在运行中会产生功率损耗，因此异步电动机轴上输出的机械功率 P_2 总是小于输入的电功率 P_1。其输入功率 $P_1 = \sqrt{3} U_1 I_1 \cos\varphi_1$，式中 U_1、I_1、$\cos\varphi_1$ 分别是定子绕组的线电压、线电流和功率因数。额定工作状态下的线电压、线电流和功率因数就是定子绕组的额定电压、额定电流和额定功率因数，即额定状态下的输入功率 $P_1 = \sqrt{3} U_N I_N \cos\varphi_N$。如果用定子绕组的相电压 U_p、相电流 I_p 和功率因数表示输入功率，则 $P_1 = 3 U_p I_p \cos\varphi_N$。

在输入电功率中有小部分功率供给定子铜耗 P_{Cu1} 和铁芯损耗 P_{Fe}，余下的大部分功率经旋转磁场的电磁作用传送到转子，这就是电磁功率 P_{em}，即 $P_{em} = P_1 - P_{Cu1} - P_{Fe}$。

传送到转子的电磁功率 P_{em} 有小部分功率被转子电阻消耗，即转子铜耗 $P_{Cu2} = s P_{em}$。P_{em} 扣除 P_{Cu2} 后成为电动机的总机械功率 P_m，即 $P_m = P_{em} - P_{Cu2} = P_{em} - s P_{em} = P_{em}(1-s)$。

异步电动机在运行时，还有轴承摩擦等机械损耗 P_{mec} 和附加损耗 P_s。扣除 P_{mec} 和 P_s 后，才是转轴上输出的机械功率 $P_2 = P_m - P_{mec} - P_s$。

可见异步电动机运行时，从电动机输入到输出整个过程中，功率平衡关系为

$$P_2 = P_1 - (P_{Cu1} + P_{Fe} + P_{Cu2} + P_{mec} + P_s) = P_1 - P_0$$

$$\eta = \frac{P_2}{P_1} = \frac{P_1 - P_0}{P_1} = \frac{P_2}{P_1 - P_0}$$

式中，η 为效率，P_0 为总的功率损耗。

3.6.2 异步电动机的电磁转矩

通过前面的学习可知：电磁转矩 T 是由转子电流 I_2 与旋转磁场相互作用而产生的，所以电磁转矩 T 的大小与旋转磁通 Φ 及转子电流 I_2 的乘积成正比。转子电路既有电阻又有漏电抗，所以转子电流 I_2 可以分解为有功分量 $I_2 \cos\varphi_2$（对应于电阻）和无功分量 $I_2 \sin\varphi_2$（对应于漏感抗）两部分。因为电磁转矩 T 决定了电动机输出的机械功率即有功功率的大小，所以只有电流的有功分量 $I_2 \cos\varphi_2$ 才产生了电磁转矩，故异步电动机的电磁转矩为

$$T = C_T \Phi I_2 \cos\varphi_2 \qquad (3-13)$$

式中：C_T 称为异步电动机的转矩常数，它与电机结构有关；Φ 为磁极磁通的平均值。

把式(3-11)和式(3-12)代入式(3-13)，可得

$$T = C_T \Phi \frac{sE_{20}}{\sqrt{R_2^2 + (sX_{20})^2}} \frac{R_2}{\sqrt{R_2^2 + (sX_{20})^2}}$$

化简后得

$$T = C_T \Phi E_{20} \frac{sR_2}{R_2^2 + (sX_{20})^2} \qquad (3-14)$$

由于定子电动势与电源电压近似相等，即 $U_1 \approx E_1 = 4.44 K_1 N_1 f_1 \Phi$，将此式和式(3-7)代入式(3-13)可得

$$T = CU_1^2 \frac{sR_2}{R_2^2 + (sX_{20})^2} \qquad (3-15)$$

式中，$C = \dfrac{C_T N_2 K_2}{4.44 f_1 N_1^2 K_1^2}$，也是一个与电动机结构有关的常数。

由式(3-15)可以看出：

(1) 电磁转矩 T 与电源电压 U_1^2 成正比，所以电源电压的波动对电磁转矩的影响显著。

(2) 当外加电源电压 U_1 及其频率一定，转子电阻 R_2 和漏感抗 X_{20} 都是常数时，T 只随转差率 s 而变化。它们的变化关系 $T = f(s)$ 如图 3-16 曲线所示，称为三相异步电动机的转矩特性曲线。

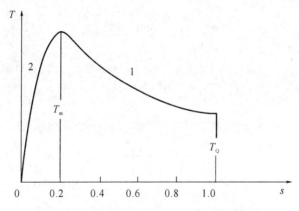

图 3-16　三相异步电动机的转矩特性曲线

图 3-16 中，电动机电磁转矩 T 达到最大值 T_m 时所对应的转差率 s 称为临界转差率，用 s_m 表示，在电动机通电未转动的瞬间，$s=1$，其对应的转矩 T_Q 称为启动转矩。在电动机 $s = s_m$(0.2 附近)时，转矩 $T = T_m$。在电动机理想空载状态下，$s = 0$，其对应的转矩 $T = 0$。

我们可将转矩特性曲线分成两段：起始段 1($s = 1 \sim s_m$)和运行段 2($s = 0 \sim s_m$)，如果启动转矩大于反抗转矩，则电动机转子将升速，转差率 s 随之减小，在电动机启动阶段($s = 1 \sim s_m$)，s 值较大，$R_2^2 \ll s^2 X_{20}^2$，上面的转矩关系式可近似为 $T \propto 1/s$，所以 1 段的转矩特性呈双曲线形状。这个阶段转差率越小，转矩反而增大。这是由于启动时转子频率较高，转子功率因数很低的缘故。运行段 2 中，电动机转速升高，s 值很小，此时 $R_2^2 \gg s^2 X_{20}^2$，所以转矩关系近似为 $T \propto s$，近似直线关系，随着 s 继续减小，T 将趋于零。

3.6.3 异步电动机的转矩平衡

由功率平衡式 $P_m = P_2 + P_0$ 和功率转矩的关系式 $T = P/\omega$，得

$$\frac{P_m}{\omega} = \frac{P_2}{\omega} + \frac{P_0}{\omega} \tag{3-16}$$

式中，$T = P_m/\omega$ 是电动机的电磁转矩，$T_2 = P_2/\omega$ 是电动机的输出转矩，$T_0 = P_0/\omega$ 是电动机的空载转矩，式(3-16)用转矩表示为

$$T = T_2 + T_0 \tag{3-17}$$

此即为异步电动机的转矩平衡方程式，输出转矩 T_2 用于驱动负载，空载转矩 T_0 与作为驱动转矩的电磁转矩 T 方向相反。而负载转矩 T_{fz} 与输出转矩 T_2 方向相反。当式(3-17)成立时，电动机以恒定转速运转；反过来，当电动机以恒定转速拖动负载运转时，表明式(3-17)成立，电动机转矩平衡。

例 3-2 一台三角形连接的 6 极三相异步电动机，$P_N = 7.5$ kW，$U_N = 380$ V，$n_N = 962$ r/min，额定负载时 $\cos\varphi_N = 0.827$，$P_{Cu1} = 470$ W，$P_{Fe} = 470$ W，$P_{mec} = 45$ W，$P_s = 80$ W。试求额定负载时的转差率 s_N、转子频率 f_2、转子铜耗 P_{Cu2}、定子电流 I_1、负载转矩 T_{fz}、空载转矩 T_0 和电磁转矩 T。

解 同步转速：

$$n_1 = \frac{60 f_1}{p} = \frac{60 \times 50}{3} = 1000 \text{ r/min}$$

额定转差率：

$$s_N = \frac{n_1 - n_N}{n_1} = \frac{1000 - 962}{1000} = 0.038$$

转子频率：

$$f_2 = s_N f_1 = 0.038 \times 50 = 1.9 \text{ Hz}$$

转子铜耗：

$$P_m = P_2 + P_{mec} + P_s = 7500 + 45 + 80 = 7625 \text{ W}$$

$$P_{em} = \frac{P_m}{1 - s_N} = \frac{7625}{1 - 0.038} = 7926.2 \text{ W}$$

$$P_{Cu2} = s_N P_{em} = 0.038 \times 7926.2 = 301.2 \text{ W}$$

定子电流：

$$P_1 = P_2 + \Delta P = 7500 + (470 + 234 + 45 + 80 + 301.2) = 8630.2 \text{ W}$$

$$I_1 = \frac{P_1}{\sqrt{3} U_1 \cos\varphi_1} = \frac{7500}{\sqrt{3} \times 380 \times 0.827} = 15.86 \text{ A}$$

负载转矩：

$$T_{fz} = T_2 = \frac{P_2}{\omega_N} = \frac{7500}{2\pi \times \frac{962}{60}} = 74.44 \text{ N} \cdot \text{m}$$

空载转矩：

$$T_0 = \frac{P_{mec} + P_s}{\omega_N} = \frac{45 + 80}{2\pi \times \frac{962}{60}} = 1.24 \text{ N} \cdot \text{m}$$

电磁转矩：
$$T = T_2 + T_0 = 74.44 + 1.24 = 75.86 \text{ N} \cdot \text{m}$$

3.7　异步电动机的机械特性与转矩分析

3.7.1　异步电动机的机械特性

机械特性是异步电动机的主要特性，它是指电动机的转速 n_2 与电磁转矩 T 之间的关系，即 $n_2 = f(T)$。将图 3-16 中 s 坐标换成转速 n_2 的坐标，再顺时针旋转 $90°$，就成为如图 3-17 所示的三相异步电动机的机械特性曲线。

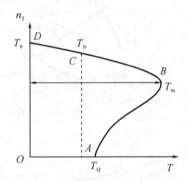

图 3-17　三相异步电动机的机械特性曲线

机械特性曲线被分成两个性质不同的区域，即 AB 段和 BD 段。当电动机启动时，只要启动转矩 T_Q 大于负载转矩 T_{fz}，电动机就可以沿曲线 AB 段启动起来。启动过程中，电动机转矩 T 逐渐增大，所以转子升速较快，使电动机很快越过 AB 段而进入 BD 段；B 点的运行状态是电动机获得最大转矩的时刻，从 B 点向 D 点对应状态过渡的过程中，电动机的转矩不断减小，但电动机转速仍继续上升。这是因为电动机的转矩虽然逐渐减小，其产生的加速度也在逐步减小，但此加速度依然为正向加速度，这就驱使电动机转速继续上升。当转速上升为某一定值时，电磁转矩 T 与负载的反抗性转矩相等，此时，转速不再上升，电动机就稳定运行在 BD 段，所以 AB 段称为不稳定区，BD 段称为稳定区。

电动机一般都工作在稳定区域 BD 段上，在这个区域里，负载转矩变化时，异步电动机的转速变化不大，电动机转速随转矩的增加而略有下降，这种机械特性称为硬特性。三相异步电动机的这种硬特性很适用于一般金属切削机床。

3.7.2　异步电动机的转矩分析

下面分析反映异步电动机机械特性的四个特殊转矩。

1. 启动转矩 T_Q

电动机刚接入电源开始启动时的转矩称为启动转矩 T_Q（图 3-17 特性曲线上 A 点）。把启动瞬间的 $s = 1 (n_2 = 0)$ 代入式（3-15），可得启动转矩为

$$T_Q = C \frac{R_2 U_1^2}{R_2^2 + X_{20}^2} \tag{3-18}$$

启动时，f_2 很高，$X_{20} \gg R_2$，上式可近似写成

$$T_Q = C \frac{R_2 U_1^2}{X_{20}^2} \tag{3-19}$$

由式(3－19)可见，T_Q 与转子电阻 R_2 成正比，与电源电压的平方成正比，这种关系可从图3－18和图3－19中看到。当增加转子电阻(对绕线转子异步电动机而言)时，启动转矩会增大；当降低电源电压时，启动转矩将减小。

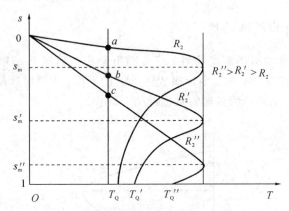

图 3－18　不同 R_2 时的 $s = f(T)$ 曲线

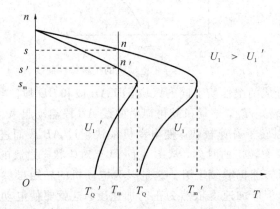

图 3－19　不同电源电压 U_1 时的 $n = f(T)$ 曲线(R_2＝常数)

启动转矩与额定转矩的比值 $\lambda_Q = T_Q / T_N$ 反映了异步电动机的启动能力。一般 $\lambda_Q = 0.9 \sim 1.8$。笼型异步电动机取值较小，绕线转子异步电动机取值较大。

2. 额定转矩 T_N

电动机在额定负载下稳定运行时的输出转矩称为额定转矩 T_N(图3－17特性曲线上 C 点)，对应的转速为额定转速 n_N，转差率为额定转差率 s_N。由于在等速转动时，$T = T_{fz}$，而 $T_{fz} = T_2 + T_0$，空载转矩 T_0 一般很小，常可忽略不计，因此电动机的额定转矩可以根据铭牌上的额定转速和额定功率(输出机械功率)按下式求出：

$$T_N = T_{fz} = T_2 = \frac{P_N}{\omega} = \frac{P_N}{\dfrac{2\pi n_N}{60}} = 9.55 \frac{P_N}{n_N} \tag{3-20}$$

式中，P_N 的单位是 W，n_N 的单位是 r/min。

3. 最大转矩 T_m

电动机转矩的最大值，称为最大转矩 T_m(或称为临界转矩，图3－17特性曲线上 B

点）。此时转差率 s_m 称为临界转差率。临界转差率可用式（3-15）对转差率 s 求导，并令其值为 0 求出，即

$$\frac{\mathrm{d}T}{\mathrm{d}s}=0$$

可得临界转差率

$$s_m=\frac{R_2}{X_{20}} \tag{3-21}$$

将式（3-20）代入式（3-15），得最大转矩为

$$T_m=C\frac{U_1^2}{2X_{20}} \tag{3-22}$$

由图 3-18 可看出：当电源电压为定值时，临界转差率 s_m 与转子电阻 R_2 成正比，R_2 愈大，s_m 就愈大。但 T_m 不变，在转子电路中串入不同的附加电阻，便可使 s_m 向 $s=1$ 的方向移动，在相同的负载转矩 T_N 下，电动机的工作点就沿 a、b、c 移动，转差率 s 就逐渐变大，转速 n_2 变小，故异步电动机可以通过在转子电路中串接不同的电阻来实现调速。

由图 3-19 可以看出：最大转矩 T_m 与电源电压 U_1^2 成正比，与转子电阻 R_2 的大小无关。显然，当电源电压有波动时，电动机最大转矩也随之变化。

当负载转矩超过最大转矩时，电动机将因带不动负载而发生停车，俗称"闷车"。此时电动机的电流立即增大到额定值的 6～7 倍，将引起电动机严重过热，甚至烧毁。如果负载转矩只是短时间接近最大转矩而使电动机过载，这是允许的，因为时间很短，电动机不会立即过热。

为了保证电动机在电源电压波动时能正常工作，规定电动机的最大转矩 T_m 要比额定转矩 T_N 大，通常用过载系数 $\lambda=T_m/T_N$ 来衡量电动机的过载能力。一般情况下，$\lambda=1.8\sim2.5$。也可在电动机产品目录中查到。

4. 空载转矩 T_0

电动机在空载下稳定运行时的输出转矩称为空载转矩（图 3-17 特性曲线上 D 点）。空载转动时，$n\approx n_0$，$T=T_0\approx0$，可知此时电动机接近最高转速，而转矩 T_0 很小。

例 3-3 有一台异步电动机三角形连接，额定数据如下：$P_N=40$ kW，$U_N=380$ V，$n_N=1470$ r/min，$\eta_N=0.9$，$\cos\varphi_N=0.9$，$f_N=50$ Hz，$\lambda=2$，$\lambda_Q=1.2$。试求额定电流、额定转差率、额定转矩 T、最大转矩 T_m、启动转矩 T_Q。

解 （1）额定电流：

$$I_N=\frac{P_N}{\sqrt{3}U_N\cos\varphi_N\eta_N}=\frac{40\times10^3}{\sqrt{3}\times380\times0.9\times0.9}=75 \text{ A}$$

（2）额定转差率：

$$s_N=\frac{n_1-n_N}{n_1}=\frac{1500-1470}{1500}=0.02$$

（3）额定转矩：

$$T_N=9.55\frac{P_N}{n_N}=9.55\times\frac{40\times10^3}{1470}=259.86 \text{ N·m}$$

（4）最大转矩：

$$T_m=2T_N=2\times259.86=519.72 \text{ N·m}$$

（5）启动转矩：

$$T_Q = 1.2T_N = 1.2 \times 259.86 = 311.84 \text{ N} \cdot \text{m}$$

3.8 三相异步电动机的启动

3.8.1 直接启动的状态和启动要求

电动机的启动是指在接通电源后，电动机从静止状态到稳定运行状态的过渡过程。在通电瞬间，电动机由于惯性仍处于静止状态，$n_2 = 0$，同时旋转磁场以最大的相对速度切割转子导体，$s = 1$，转子感应电动势和电流最大，致使定子启动电流 I_Q 也很大，其值约为额定电流的 4～7 倍。尽管此时启动电流很大，但因功率因数甚低，所以启动转矩 T_Q 较小。

过大的启动电流会引起电网电压的明显降低，而且还影响接在同一电网上的其他用电设备的正常运行，严重时连电动机本身也转不起来。如果是频繁启动，不仅使电动机温度升高，还会产生过大的电磁冲击，影响电动机的寿命。启动转矩小会使电动机启动时间拖长，既影响生产效率又会使电动机温度升高，启动转矩如果小于负载转矩，电动机就根本不能启动。

根据异步电动机存在着启动电流很大、启动转矩却较小的问题，必须在启动瞬间限制启动电流，并应尽可能地提高启动转矩，以加快启动过程。

因此，启动时要求启动转矩要足够的大，使电动机尽快地拖动负载到正常的转速，同时启动电流不要太大，电网降压不能过大。此外还要求启动设备尽量简单、经济、便于操作和维护。下面分别讨论笼型异步电动机和绕线转子异步电动机几种常用启动方式。

3.8.2 笼型异步电动机的启动

1. 直接启动

直接启动也叫全压启动，就是直接从交流电源接入额定电压到电动机的定子绕组中的启动方式。直接启动的优点是启动设备与操作都比较简单，其缺点就是启动电流大而启动转矩小。对于小容量的笼型异步电动机（小于 4 kW），因电动机启动电流较小，且体积小、惯性小、启动快，一般说来，对电网和电动机本身都不会造成明显影响，因此可以直接启动。

在工程实践中，估算电动机允许直接启动的经验公式为

$$\frac{I_Q}{I_N} \leqslant \frac{3}{4} + \frac{P_H}{4P_N} \tag{3-23}$$

式中：I_Q 为电动机的启动电流；I_N 为电动机的额定电流；P_N 为电动机的额定功率(kW)；P_H 为电源的总容量(kV·A)。

2. 减压启动

减压启动是指启动时先给定子绕组加入额定电压的一部分电压，等电动机升速到（或接近）稳定转速时提升电压至额定电压的启动方式。如果小型电动机不能满足式(3-23)的要求，或者是中、大型笼型异步电动机，可采用减压启动方法，以限制启动电流，但减压启动会使启动转矩下降较多，因为 T_Q 与电源电压 U_1^2 成正比，所以减压启动只适用于空载或

轻载情况下启动电动机。常用的减压启动方法有定子串电阻启动、星形-三角形减压启动和自耦变压器减压启动等。

1）定子串电阻减压启动

在定子电路中串接电阻减压启动电路如图 3-20 所示。启动时，先合上电源隔离开关 QS1，将 QS2 扳向"启动"位置，电动机串入电阻 R_Q 启动。待转速接近稳定值时，将开关 QS2 扳向"运行"位置，R_Q 被切除，电动机直接接受电源电压，即恢复正常电压工作。在启动过程中电阻 R_Q 上产生一定电压降，分走了部分电源电压，使得定子绕组的电压降低了，因此限制了启动电流。调节电阻 R_Q 的大小可以将启动电流限制在允许的范围内。采用定子串电阻减压启动时，虽然降低了启动电流，但也使启动转矩大大减小。

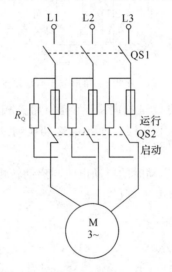

图 3-20　定子串电阻减压启动电路

假设定子串电阻启动后，定子端电压由 U_1 降低到 U_1' 时，电动机参数保持不变，则启动电流与定子绕组端电压成正比，于是有

$$\frac{U_1}{U_1'} = \frac{I_{1Q}}{I_{1Q}'} = K_u \tag{3-24}$$

式中：I_{1Q} 为直接启动电流；I_{1Q}' 为减压后的启动电流；K_u 为启动电压降低的倍数，即电压比，$K_u > 1$。

由式（3-18）知，在电动机参数不变的情况下，启动转矩与定子端电压的平方成正比，故有

$$\frac{T_Q}{T_Q'} = \left(\frac{U_1}{U_1'}\right)^2 = K_u^2 \tag{3-25}$$

由此可知：定子串电阻减压启动方式下，启动电流降为直接启动时的 $1/K_u$，启动转矩降为直接启动时的 $1/K_u^2$。由于所串电阻损耗较大，因此这种方法只适用于空载或轻载启动的小容量电动机。

2）星形-三角形减压启动

对于正常运行时定子绕组规定是三角形连接的三相异步电动机，启动时将三相定子绕组以星形连接方式与三相交流电源连接，使电动机在相电压 $U_{N\Phi} = U_N/\sqrt{3}$ 的电压下启动，

待电动机启动完毕，再将定子绕组接回到三角形形式，使电动机在额定电压下正常运转。其原理电路如图 3-21 所示。

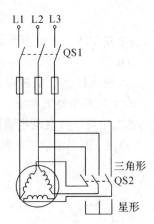

图 3-21　星形-三角形减压启动原理图

启动时，先将三相双掷开关 QS2 投向星形位置，将三相定子绕组接成星形，然后合上电源控制开关 QS1。当转速接近稳定时，再将 QS2 切换到三角形运行的位置上，电动机便接成三角形在全压下正常工作。

下面分析星形-三角形减压启动时的启动电流与启动转矩。由图 3-22(a)可知，如果三角形连接直接启动，则定子绕组电压为 $U_\triangle = U_N$。

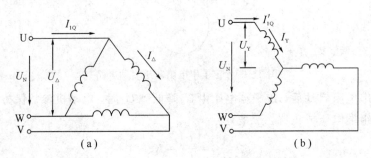

图 3-22　三角形与星形连接时的电压

电网供给电动机的线电流为

$$I_{1Q} = \sqrt{3}\, I_\triangle$$

如果采用星形连接减压启动，则电动机相电压为

$$U_Y = \frac{U_N}{\sqrt{3}}$$

电网供给电动机的线电流为

$$I'_{1Q} = I_Y$$

可见两种情况下的线电流之比为

$$\frac{I'_{1Q}}{I_{1Q}} = \frac{I_Y}{\sqrt{3}\, I_\triangle}$$

考虑到启动时相电流与相电压成正比，则上式变为

$$\frac{I'_{1Q}}{I_{1Q}}=\frac{U_Y}{\sqrt{3}U_\triangle}=\frac{U_N}{\sqrt{3}\sqrt{3}U_N}=\frac{1}{3} \qquad (3-26)$$

由式(3-26)可见，采用星形-三角形减压启动，星形连接的启动电流下降为三角形连接直接启动时的 1/3。

由于启动转矩与电压平方成正比，则两种情况下的启动转矩比为

$$\frac{T'_Q}{T_Q}=\frac{U^2_Y}{U^2_\triangle}=\frac{\left(\frac{U_N}{\sqrt{3}}\right)^2}{U^2_N}=\frac{1}{3} \qquad (3-27)$$

由此可知：星形连接的启动转矩同样下降为三角形连接直接启动时的 1/3。

由于高压电动机引出六个出线端子有困难，故星形-三角形减压启动一般仅用于 500 V 以下的低压电动机，且又限于正常运行时定子绕组作三角形连接。常见的额定电压标为 380/220 V 的电动机，其意思是：当电源线电压为 380 V 时用星形连接，线电压为 220 V 时用三角形连接。显然，当电源线电压为 380 V 时，这一类电动机就不能采用星形-三角形减压启动。

星形-三角形减压启动的优点是启动设备简单，成本低，运行比较可靠，维护方便，所以广为应用。

3）自耦变压器减压启动

自耦变压器减压启动是利用自耦变压器将电网电压降低后再加到电动机定子绕组上，待转速接近稳定时再将电动机直接接到电网上，原理图如图 3-23 所示。

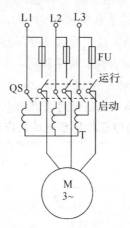

图 3-23　自耦变压器减压启动原理图

启动时，将开关扳到"启动"位置，自耦变压器一次侧接电网，二次侧接电动机定子绕组，实现减压启动。当转速接近稳定时，将开关扳向"运行"位置，切除自耦变压器，使电动机直接接入电网全压运行。

自耦变压器的高压侧接电网，低压侧有若干组抽头，可供选择使用，接电动机定子绕组。如图 3-24 所示为自耦变压器的一相电路。已知自耦变压器的电压比

$$K_u=\frac{N_1}{N_2}=\frac{U_1}{U_2}=\frac{I'_{2Q}}{I'_{1Q}} \qquad (3-28)$$

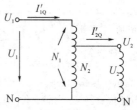

图 3-24　自耦变压器一相绕组

式中，U_1 为电网相电压，U_2 为自耦变压器输出到电动机一相定子绕组上的电压，I'_{1Q} 为电网向自耦变压器一次侧提供的减压启动电流，I'_{2Q} 为自耦变压器二次侧提供给电动机的减压启动电流。

设直接启动时，电网提供给电动机的全压启动电流为 I_{1Q}，加给定子绕组的相电压为 U_1，则根据启动电流与定子绕组电压成正比的关系，电动机定子绕组减压前后的电流比为

$$\frac{I'_{2Q}}{I_{1Q}} = \frac{U_2}{U_1} = \frac{1}{K_u} \tag{3-29}$$

由式(3-28)可知，$I'_{2Q} = K_u I'_{1Q}$，将其代入式(3-29)后得

$$\frac{I'_{1Q}}{I_{1Q}} = \frac{1}{K_u^2} \tag{3-30}$$

式(3-30)说明：采用自耦变压器减压启动，当定子端电压降低 K_u 倍时，电网供给的启动电流降低了 K_u^2 倍。对于启动转矩，由启动转矩与电压平方成正比的关系可知：

$$\frac{T'_Q}{T_Q} = \frac{U_2^2}{U_1^2} = \frac{1}{K_u^2} \quad \text{或} \quad T'_Q = \frac{T_Q}{K_u^2} \tag{3-31}$$

上式说明：自耦变压器减压启动方式下，启动电流和启动转矩都降到了直接启动电流和启动转矩的 $1/K_u^2$。

虽然采用自耦变压器启动的转矩会有削弱，但与星形-三角形减压启动相比降低并不多。自耦变压器的二次侧一般都备有三个不同电压的抽头，以供用户选择电压。例如，QJ 型自耦变压器的输出电压分别是电源电压的 55%、64%、73%，相应的变压比分别为 1.82、1.56、1.37；QJ3 型自耦变压器的三个抽头分别为 40%、60%、80%，变压比分别为 2.5、1.67、1.25。用户可根据负载的情况，选用合适的变压器抽头，以获得需要的启动电压和启动转矩。但自耦变压器的体积大，重量重，价格较高，维修麻烦，且不允许频繁启动。

在电动机容量较大或正常运行时连接成星形，并带一定负载启动时，宜采用自耦变压器减压启动。表 3-5 对笼型三相异步电动机启动方法进行了比较。

表 3-5　笼型三相异步电动机启动方法比较

启动方法	$\dfrac{I'_{1Q}}{I_{1Q}}$	$\dfrac{T'_{1Q}}{T_{1Q}}$	特　点	适用场合
全压启动	1	1	启动设备简单，启动电流大，启动转矩小	小容量电动机轻载启动
定子串电阻启动	$\dfrac{1}{K_u}$	$\dfrac{1}{K_u^2}$	启动设备简单，启动电流和启动转矩小	轻载启动
星形-三角形减压启动	$\dfrac{1}{3}$	$\dfrac{1}{3}$	启动设备简单，启动转矩较小	轻载启动，△连接的电动机
自耦变压器减压启动	$\dfrac{1}{K_u^2}$	$\dfrac{1}{K_u^2}$	启动设备复杂，可灵活选择电压抽头，启动转矩较大	带较大负载启动

3.8.3 绕线转子异步电动机的启动

对于笼型异步电动机，无论采用哪一种减压启动方法来减小启动电流，电动机的启动转矩都会随着减小。但是对某些重载下启动的生产机械（如起重机、带运输机等），不仅要限制启动电流，而且还要求有足够大的启动转矩，这种情况下就需要采用启动性能较好的绕线转子异步电动机。通常绕线转子异步电动机的启动方法有转子电路串接启动电阻和转子电路串接频敏变阻器两种方法。

1. 转子电路串接启动电阻

绕线转子异步电动机的转子回路串入适当的电阻，既可降低启动电流，又可提高启动转矩，从而改善电动机的启动性能，其原理图如图 3 - 25 所示。由式(3 - 11)可知，异步电动机转子回路电阻 R_2 适当增大，可以使启动电流减小；由式(3 - 19)知，适当增大 R_2 可以使启动转矩增大。如果使转子回路的总电阻（包括串入电阻）R_2 与电动机漏感抗 X_{20} 相等，则启动转矩可达到最大值。

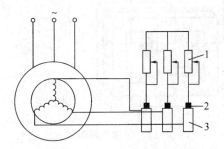

1—启动电阻；2—电刷；3—集电环

图 3 - 25　绕线转子异步电动机的启动

如图 3 - 26 所示，启动时，先将变阻器调到最大位置，使所串电阻为最大值 R_Q'''，然后合上电源开关，电动机随着转子转动开始启动，随着转速的升高，电磁转矩将沿着 $T = f(n)$ 曲线而变化，将先沿曲线 4 变化，转速由零升到某值时，切除一段电阻（由 R_Q''' 减小到 R_Q''），此时电动机的转矩上升到最大值（由 a 点到 A 点），使转矩沿曲线 3 变化。之后，将串入的电阻逐段切除，直到全部切除为止，转速上升到正常转速，此时电动机稳定运行于曲线 1 的 D 点。启动完毕后，利用举刷装置把电刷举起，同时把集电环短接。当电动机停止时，应把电刷放下，且将电阻全部接入，为下次再启动做好准备。

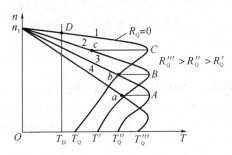

图 3 - 26　绕线转子异步电动机的机械特性曲线

绕线转子异步电动机通过在转子回路串入电阻，不仅能改善启动性能，而且还可以在小范围内进行调速，广泛应用于启动较困难的机械上，如起重机、卷扬机和牵引机等。与笼型异步电动机相比，它结构复杂，造价高，效率也稍低。在启动过程中，当切除电阻时，转矩突然增大，会产生较明显的机械冲击。当电动机容量较大时，转子电流很大，启动设备也将变得庞大，操作和维护工作量大。为了克服这些缺点，目前多采用频敏变阻器作为启动电阻。

2. 转子电路串接频敏变阻器

频敏变阻器是一种静止的无触点变阻器，它具有结构简单、启动平滑、运行可靠、成本低廉、维护方便等优点。它的铁芯一般做成三柱式，由几片或十几片较厚(30～50 mm)的 E 形钢板或铁板叠装制成，三相铁芯绕组接成星形，铁芯绕组对转子上所感应的电流频率敏感，其阻抗随电流频率而变化。其结构和启动电路如图 3-27 所示。

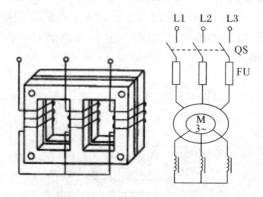

图 3-27　频敏变阻器减压启动

电动机启动时，转子绕组中的三相交流电通过频敏变阻器，在铁芯中便产生交变磁通，该磁通在铁芯中产生很强的涡流，使铁芯发热，产生涡流损耗，频敏变阻器线圈的等效阻抗随着频率的增大而增加，由于涡流损耗与频率的平方成正比，当电动机启动($s=1$)时，转子电流频率最高为$f_2=f_1$，因此频敏变阻器的阻抗最大。启动后，随着转子转速的逐渐升高，转子电流频率逐渐降低，频敏变阻器铁芯中的涡流损耗及等效阻抗也随之减小。限流效果随之减弱，这与串电阻启动方式下逐级减小串接电阻的作用效果相同。

通过绕线异步电动机的转子电路串接频敏变阻器，同样可以达到降低启动电流，提高启动转矩的目的，从而使绕线式电动机表现出良好的启动性能。如果启动完毕不切除频敏变阻器，则由于其总存在着一定的阻抗，电动机的机械特性会比固有机械特性软一些；若启动完毕后将频敏变阻器短接，会使电动机工作在固有机械特性上。

例 3-4　现有一台异步电动机铭牌数据如下：$P_N=10$ kW，$n_N=1460$ r/min，$U_N=380/220$ V，Y/△连接，$\eta_N=0.868$，$\cos\varphi_N=0.88$，$I_Q/I_N=6.5$，$T_Q/T_N=1.5$，试求：

(1) 额定电流和额定转矩；

(2) 电源电压为 380 V 时，电动机的接法及直接启动的启动电流和启动转矩；

(3) 电源电压为 220 V 时，电动机的接法及直接启动的启动电流和启动转矩；

(4) 若采用星形-三角形减压启动，其启动电流和启动转矩为多少，此时能否带 60% 和 45% 负载转矩？

解　(1) 由 $I_N=\dfrac{P_N}{\sqrt{3}U_N\cos\Phi_N\eta_N}$ 知星形连接时的额定电流为

$$I_{NY} = \frac{10 \times 10^3}{\sqrt{3} \times 380 \times 0.88 \times 0.868} = 19.9 \text{ A}$$

三角形连接时的额定电流为

$$I_{N\triangle} = \frac{10 \times 10^3}{\sqrt{3} \times 220 \times 0.88 \times 0.868} = 34.4 \text{ A}$$

无论是星形连接还是三角形连接，其额定转矩均为

$$T_N = 9.55 \times \frac{P_N}{n_N} = 9.55 \times \frac{10 \times 10^3}{1460} \approx 65.4 \text{ N} \cdot \text{m}$$

（2）电源电压为 380 V 时，电动机正常运行应为星形连接，直接启动的启动电流为

$$I_{QY} = 6.5 I_{NY} = 6.5 \times 19.9 = 129.35 \text{ A}$$

启动转矩为

$$T_{QY} = 1.4 T_N = 1.4 \times 65.4 = 98.10 \text{ N} \cdot \text{m}$$

（3）电源电压为 220 V 时，电动机正常运行应为三角形连接，直接启动的启动电流为

$$I_{Q\triangle} = 6.5 I_{N\triangle} = 6.5 \times 34.4 = 224 \text{ A}$$

启动转矩为

$$T_{Q\triangle} = 1.4 T_N = 1.4 \times 65.4 = 98.10 \text{ N} \cdot \text{m}$$

（4）星形-三角形减压启动只适用于正常运行时定子绕组为三角形连接的电动机，故正常运行应为三角形连接，相应电源电压为 220 V。启动时为星形连接，启动电流为

$$I_{QY} = \frac{1}{3} I_{Q\triangle} = \frac{1}{3} \times 224 = 74.6 \text{ A}$$

启动转矩为

$$T_{QY} = \frac{1}{3} T_{Q\triangle} = \frac{1}{3} \times 98.1 = 32.7 \text{ N} \cdot \text{m}$$

60％额定负载下的启动转矩为

$$T_{fz} = 60\% T_N = 60\% \times 65.4 = 39.2 \text{ N} \cdot \text{m}$$

由于 $T_{fz} = 39.2 \text{ N} \cdot \text{m} > 32.7 \text{ N} \cdot \text{m} = T_{QY}$，所以不能启动负载。

45％额定负载下的启动转矩为

$$T_{fz} = 45\% T_N = 45\% \times 65.4 \text{ N} \cdot \text{m} = 29.43 \text{ N} \cdot \text{m}$$

由于 $T_{fz} = 29.43 \text{ N} \cdot \text{m} < 32.7 \text{ N} \cdot \text{m} = T_{QY}$，所以可以启动负载。

通过以上计算可知，采用不同的启动方法，电动机启动电流和启动转矩也会不同，只有使启动转矩大于负载的反抗转矩，电动机才能将负载拖动起来。

3.9　异步电动机的调速

在工业生产机械设备中所应用的大部分是三相交流异步电动机，为了获得最高的生产率和保证产品加工质量，常需要对生产机械进行调速，电气调速的方法不但可以大大简化机械变速机构，而且可以提高生产效率。随着电力电子技术、检测技术和自动控制技术的迅猛发展，交流电动机调速技术日趋完善，大有取代直流调速的趋势。根据异步电动机的转速计算式

$$n_2 = (1-s)n_1 = (1-s)\frac{60f_1}{p} \qquad (3-32)$$

可知，要调节异步电动机的转速，可采用改变电源频率 f_1、极对数 p 以及转差率 s 等三种基本方法来实现。

3.9.1 改变电源频率调速

变频调速是通过改变电源频率从而使电动机的同步转速发生变化以达到调速的目的。由式(3-32)可见，电动机转速与电源频率呈正比关系，当保持磁通不变，连续改变电源频率时，可以平滑地调节异步电动机的转速，因此这种调速方法可以实现异步电动机的无级调速。我国交流电网的交流电频率统一为 50 Hz，因此采用变频调速法时需要专门的变频装置。随着变频器技术的成熟和推广应用，异步电动机的调频调速方法应用得更加广泛，并逐步成为异步电动机调速的主流方式，其调速性能在一定程度上已不逊于直流电动机。

交流电动机变频调速的实现由晶闸管整流器和逆变器完成，这种调速方法具有性能好、调速范围大、调速时机械新特性硬度不变的特点。

以变频调速方法在空调中的应用为例，变频空调是一种使用变频压缩机和模糊控制技术的空调器，它是在常规空调的结构上增加了一个变频器，将 50 Hz 的频率根据需要通过变频技术来控制和平滑调整压缩机转速，使之始终处于最佳的转速状态，从而提高能效比（比常规的空调节能 20%～30%）。例如在夏季夜晚人们睡觉的时间里，变频空调可以整夜在很低的频率下保持压缩机的低速连续运转，其所产生的制冷量刚好可以维持睡眠状态下相对较高的环境温度，而无需不断地起、停压缩机，具有噪音低、耗能低等优点，既可以延长压缩机的寿命，又可实现制冷量调节更经济、更方便。

3.9.2 变极调速

在电源频率保持不变的条件下，电动机的同步转速 n_1 与极对数 p 成反比，所以改变电动机定子绕组的极对数，电动机的同步转速就会发生变化，也就改变了电动机转速。

在讨论旋转磁场时得知，当三相对称定子绕组的组成和接法改变时，通入三相交流电后所形成的旋转磁场的极对数就不同。变极调速的电动机转子一般都是笼型的，这是因为笼型转子的极对数能自动地随着定子极对数的改变而改变，使笼型转子的定、转子磁场的极对数总是相等。而绕线转子异步电动机则不然，当定子绕组改变极对数时，转子绕组也必须相应地改变其接法使其极数与定子绕组的极数相等，所以绕线转子异步电动机很少采用变极调速。

利用变极方式工作的电机称为多速电机。变极调速具有操作简单、成本低、效率高、机械特性硬等特点，但这种调速方式是一种有级调速，只能是有限的几挡速度，而且转速几乎是成倍变化，调速的平滑性差，所以在不需无级调速的输出机械（如金属切削机床、通风机、升降机等）上应用较广泛。

3.9.3 改变转差率调速

改变转差率调速的方法有：改变电源电压调速，改变转子回路电阻调速，电磁转差离合器调速等。

1. 改变电源电压调速

在前面 3.6 节的学习中我们知道：外加电压对转矩的影响很大，根据式(3-15)，有 $T \propto U_1^2$ 的关系，所以在当负载转矩 T_{fz} 不变时，如果人为地改变电源电压，就会改变电动机的电磁转矩，电动机的转速也将随之改变，从而实现对电动机的调速。例如图 3-19 中，当电源电压由 U_1 下降至 U_1' 时，转速将由 n 降为 n'，对应的转差率则由 s 上升至 s'。

这种调速方法，当转子电阻较小时，能调节速度的范围不大；当转子电阻大时，可以有较大的调节范围，但又增大了损耗。

2. 改变转子回路电阻调速

对于绕线式异步电动机，通过在其转子回路串入不同大小的电阻，并保持一定的负载，即可改变电动机的转差率和转速。例如 3.6 节的图 3-18 中，同样的负载转矩 T_{fz} 下，转子电路电阻越大，电动机转速越低，对应的转差率越大；反之，转子回路电阻越小，电动机转速越高，对应的转差率越小。

这种调速方法损耗较大，调整范围有限，主要用于起重机等小型提升设备的调速。

3. 电磁转差离合器调速

电动机和生产机械之间一般都是用机械联轴器连接起来。电磁转差离合器调速方法并非是调节电动机本身的转速，而是通过联轴器改变负载的转速。

图 3-28 所示是电磁转差离合器调速系统的结构原理框图，主要包括异步电动机、电磁转差离合器、直流电源、联轴器和负载等。其中电磁转差离合器由电枢和感应子(励磁线圈与磁场)两部分所组成，这两部分没有机械上的连接，都能自由地围绕同一轴心转动，彼此间的圆周气隙为 0.5 mm。

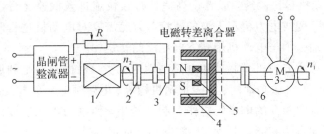

1—负载；2—联轴器；3—滑环；4—电枢；5—磁极；6—联轴器

图 3-28　电磁转差离合器调速系统

电枢通过联轴器由电动机带动一起旋转，称为主动部分，其转速由异步电动机决定，是不可调的；感应子通过联轴器与生产机械(负载)固定连接，称为从动部分。

当感应子上的励磁线圈没有电流通过时，由于主动与从动部分之间无任何联系，显然主动轴以转速 n_1 旋转，但从动轴却不动，相当于离合器脱开。当感应子通入直流励磁电流以后，建立起了方向不变的磁场，形成如图 3-29 所示的磁极。由于周围邻近的电枢由异步电动机拖动旋转，这样，电枢与感应子之间有相对运动时，便在电枢铁芯中产生涡流，电流方向由右手定则确定。电枢作为载流导体必将受到磁场力的作用，该磁场力的方向由左手定则确定。根据作用力与反作用力大小相等方向相反的原理，该电磁力形成的转矩 T 将会迫使感应子连同负载沿着电枢同方向旋转，这样就将异步电动机的转矩传递到了生产机械上。

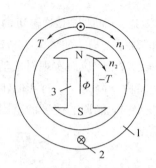

1—电枢；2—笼型绕组；3—感应子

图 3-29 电枢和磁极作用原理图

类似于异步电机的工作原理，感应子的转速（转子转速）n_2 要小于电枢转速 n_1（同步转速），即 $n_2 < n_1$，负载的转速大小取决于感应子上通入的直流电流的大小，这可以通过调整可变电阻器来保证。这种电磁离合器称为电磁转差离合器。通常将异步电动机和电磁转差离合器装成一体，统称为转差电动机或电磁调速异步电动机。

电磁调速异步电动机具有结构简单、可靠性好、维护方便等优点，而且通过控制励磁电流可实现无级平滑调速，所以广泛应用于机床、起重、冶金等生产机械上。

3.10 异步电动机的制动

在电力拖动系统中，为了满足生产技术的要求，提高劳动生产率和保证设备及人身安全，往往需要使电动机尽快停转，或者由高速运行很快地进入低速运行，有时还需要限制起重机下放重物的速度或电力机车下坡的速度，为此需要对电动机进行制动。制动的含义是在电动机轴上施加一个与电动机旋转方向相反的转矩。

电动机的制动方式分为机械制动和电磁制动两大类。机械制动是利用机械装置，靠摩擦力把电动机制动，如机械制动闸、电磁抱闸机构等。电磁制动又称电气制动，是使电动机产生一个与其旋转方向相反的电磁转矩作为制动转矩，使电动机减速或停转。三相异步电动机常用的电磁制动方法有能耗制动、反接制动和回馈制动。

3.10.1 能耗制动

当正在运转中的三相异步电动机突然切断电源时，由于其转动部分储存的动能，将使转子继续旋转，直至转动部分所储存的动能全部消耗完毕，电动机才会停止转动。如果不采取任何措施，动能只能消耗在运转所产生的风阻和轴承摩擦损耗上，因为这些损耗很小，所以电动机需要较长的时间才能停转。能耗制动是在电动机断电后，立即在定子两相绕组中通入直流励磁电流，产生制动转矩，使电动机迅速停转。

为了实现三相异步电动机的能耗制动，应将处于电动运行状态的三相异步电动机的定子绕组从交流电源上切除，并立即把它接到直流电源上去。对于绕线转子三相异步电动机，其转子绕组或是直接短路，或是经过电阻 R 短路。三相异步电动机能耗制动原理图如图 3-30(a)所示。

当把电动机定子绕组的三相交流电源切断后,将其三相定子绕组中任意两相的输入端立即接上直流电源,此时,在定子绕组中将产生一个静止的磁场,如图 3-30(b)所示,而转子因机械惯性仍继续旋转,转子导体则切割此静止磁场而感应电动势和电流,其转子电流与磁场相互作用将产生电磁转矩 T,该电磁转矩 T 的方向可由左手定则判定,如图 3-30(b)所示,从图中可见,电磁转矩 T 的方向与转子转动的方向相反,为一制动转矩,将使电动机转子的转速下降。当转子的转速降为零时,转子绕组中的感应电动势和电流为零,电动机的电磁转矩也降为零,制动过程结束。这种制动方法把转子的动能转变为电能消耗在转子绕组的铜耗中,故称为能耗制动。

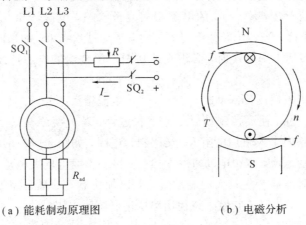

(a) 能耗制动原理图　　　　　(b) 电磁分析

图 3-30　三相异步电动机能耗制动原理

由能耗制动的工作原理可知,其制动转矩与直流磁场、转子感应电流的大小有关,故能耗制动在高速时制动效果较好,当电动机的转速较低时,由于转子感应电流和电动机的电磁转矩均较小,制动效果较差。改变定子绕组中的直流励磁电流或改变绕线转子电动机转子回路中串入的电阻,均可以调节制动转矩的大小。

三相异步电动机能耗制动时的机械特性如图 3-31 所示,从图中可以看出,当直流励磁一定,而转子电阻增加时,产生最大制动转矩时的转速也随之增加,但是产生的最大转矩值不变,如图 3-31 中的曲线 1 和曲线 3 所示;当转子回路的电阻不变,而增大直流励磁时,则产生的最大制动转矩增大,但产生最大制动转矩时的转速不变,如图中的曲线 1 和曲线 2 所示。

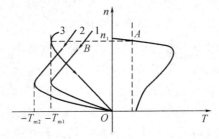

图 3-31　异步电动机能耗制动时的机械特性

3.10.2　反接制动

当三相异步电动机运行时,若电动机转子的转向与定子旋转磁场的转向相反,转差率

$s>1$，则该三相异步电动机就运行于电磁制动状态，这种运行状态称为反接制动。实现反接制动的方法有正转反接和正接反转（也称倒拉反转）两种。这里主要介绍正转反接制动。

正转反接又称为改变定子绕组电源相序的反接制动（或称定子绕组两相反接的反接制动）。将正在电动机状态下运行的三相异步电动机定子绕组的三根供电线任意对调两根，则定子电流的相序改变，定子绕组所产生旋转磁场的方向也随之立即反转，从原来与转子转向一致变为与转子转向相反。但是，由于机械惯性，电机转子仍按原方向转动，此时转子导体以 n_1+n 的相对速度切割旋转磁场，转子导体切割旋转磁场的方向与电动机运行状态时相反，故转子绕组的感应电动势、转子绕组中的电流和电动机的电磁转矩 T 的方向均随之改变，异步电动机处于转差率 $s\approx 2$ 的电磁制动运行状态，电磁转矩 T 对转子产生制动作用，转子转速很快下降，当转子转速下降到零时，制动过程结束。如果制动的目的是为了迅速停车，则当转子转速下降到零时，必须立即切断定子绕组的电源，否则电动机将向相反的方向旋转。

三相异步电动机采用反接制动时，定子、转子电流很大，定子、转子铜耗也很大，将会使电动机严重发热。为了使反接制动时电流不致过大，若为绕线转子三相异步电动机，反接时应在其转子回路中串入附加电阻 R，又称制动电阻，如图 3-32(a) 所示，其作用是：一方面限制过大的制动电流，减少电动机的发热量；另一方面可增大电动机的临界转差率 s_m，使电动机开始制动时能够产生较大的制动转矩，以加快制动过程，缩短制动时间。若为笼型三相异步电动机，反接时应在定子绕组回路中串联限流电阻。

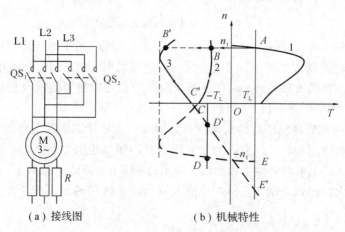

（a）接线图　　　　　　（b）机械特性

图 3-32　反接制动过程

绕线转子三相异步电动机正转反接制动时的机械特性如图 3-32(b) 所示，曲线 1 为异步电动机的固有机械特性，曲线 1 上的 A 点是该电动机为电动运行时的工作点；曲线 2 为异步电动机定子绕组两相反接时的人为机械特性，由于定子电压的相序反了，旋转磁场反向，其对应的同步转速为 $-n_1$，电磁转矩变为负值，起制动作用，在改变定子电压相序的瞬间，工作点由 A 过渡到 B，这时系统在电磁转矩和负载转矩共同作用下，迫使转子的转速迅速下降，直到 C 点，转速为零，制动结束。对于绕线转子异步电动机，为了限制两相反接瞬间电流和增大电磁制动转矩，通常在定子绕组两相反接的同时，在转子绕组中串入制动电阻 R_{ad}，这时对应的人为机械特性如图 3-32(b) 中的曲线 3 所示。我们所说的定子绕组两相反接的反接制动，就是指从反接开始至转速为零的这一制动过程，即图中的曲线 2 的 BC

段或曲线 3 的 $B'C'$ 段。

如果制动的目的只是想快速停车，则必须采取措施，在转速接近零时，应立即切断电源。否则，电力拖动系统的机械特性曲线将进入第三象限。如果电动机拖动的是反抗性负载，而且在 $C(C')$ 点的电磁转矩大于负载转矩，则将反向启动到 $D(D')$ 点稳定运行，这是反向电动运行状态；如果拖动的是位能性负载，则电动机在位能负载拖动下，将一直反向加速到 $E(E')$ 点。当电动机的电磁转矩 T 等于负载转矩 T_{fz} 时，才能稳定运行。这种情况下，电动机转速高于同步转速，电磁转矩与转向相反，这就是后面要讲的回馈制动状态。

3.10.3　回馈制动

三相异步电动机的回馈制动通常用以限制电动机的转速 n 的上升。当三相异步电动机作电动机运行时，如果由于外来因素，电动机的转速 n 超过旋转磁场的同步转速 n_1，此时三相异步电动机的电磁转矩 T 的方向与转子的转向相反，则电磁转矩 T 变为制动转矩，异步电机由原来的电动机状态变为发电机状态运行，故又称为发电机制动。这时，异步电机将机械能转变成电能向电网反馈。

在生产实践中，异步电动机的回馈制动一般有以下两种情况：一种是出现在位能性负载下放重物时，另一种是出现在电动机改变极对数或改变电源频率的调速过程中。这里主要介绍下放重物时的回馈制动。

当电力机车下坡或起重机下放重物时，刚开始，电动机转子的转速 n 小于旋转磁场的同步转速 n_1，即 $n<n_1$，此时该电动机工作在电动机运行状态，电机的电磁转矩 T 与转子的旋转方向相同，如图 3-33(a)所示。接着，在电动机的电磁转矩 T 和重物重力产生的转矩的双重作用下，电力机车或重物将以越来越快的速度下坡或下降。由于重力的作用，当转子的转速 n 超过旋转磁场的同步转速 n_1，即 $n>n_1$ 时，电机进入发电机状态运行，此时，电磁转矩的方向与电动机运行状态时相反，成为制动转矩，如图 3-33(b)所示，电机开始减速，同时将储藏的机械动能转变为电能反馈到电网。一直到电磁转矩与重力转矩平衡时，转子转速才能稳定不变，此时，将使电力机车恒速下坡或重物恒速下降。

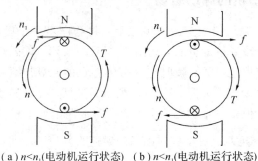

（a）$n<n_1$(电动机运行状态)　（b）$n<n_1$(电动机运行状态)

图 3-33　回馈制动

绕线转子三相异步电动机下放重物时的回馈制动接线图如图 3-34(a)所示，其机械特性如图 3-34(b)所示，设电机在提升重物时的转速为正，则下放重物时的转速为负。

提升重物时电动机运行于第一象限，如图 3-34(b)中的 A 点；下放重物时，电动机必运行于第四象限，如图中的 D(或 D')点，获得稳定的下放速度。由图可见，下放重物时电动机的转速 $|-n|>|-n_1|$，此时电磁转矩 T 为正值，与正向电动运行状态时的电磁转矩

T 同向。

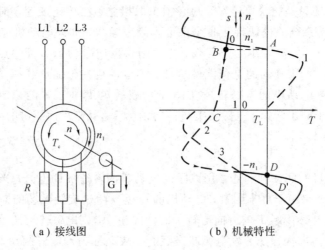

（a）接线图   （b）机械特性

图 3-34   异步电动机回馈制动

回馈制动的优点是经济性能好，可将负载的机械能转换成电能反馈回电网。其缺点是应用范围窄，仅当电动机的转速 $n > n_1$ 时才能实现制动。

3.11   单相异步电动机

使用单相交流电源的异步电动机称为单相异步电动机，单相异步电动机与同容量的三相异步电动机相比较，体积较大，功率因数、效率及过载能力都比较低，故单相异步电动机只制成小容量电机，功率在 8~750 W 之间，广泛应用于家用电器和医疗器械、自动控制系统、小型电气设备上，如小功率鼓风机、电动工具、搅拌器、砂轮、电风扇、家用电器等。单相异步电动机的转子只采用笼型结构，定子绕组只安装单相绕组或两组绕组。

3.11.1   单相异步电动机的脉动磁场

单相异步电动机定子绕组接上交流电源之后，将会产生一个随时间交变的脉动磁场。根据右手定则，可以画出该磁场的分布，如图 3-35（a）所示。该磁场的轴线即为定子绕组的轴线，在空间保持固定位置。每一瞬时空气隙中各点的磁感应强度按正弦规律分布，同时随电流在时间上做正弦交变，如图 3-35（b）所示。可见，单相异步电动机中的磁场与三相异步电动机是不同的。但是一个脉动磁场可以分解成两个大小相等、旋转速度相同（$n_1 = 60 f / p$）而转向相反的旋转磁场，每个旋转磁场的磁通为幅值的一半，即 $\Phi_{1m} = \Phi_{2m} = \dfrac{1}{2} \Phi_m$。

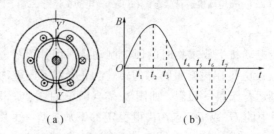

（a）   （b）

图 3-35   单相异步电动机中的脉动磁场

假设 Φ_{1m} 与电动机旋转方向一致，称为正向旋转磁场；Φ_{2m} 与电动机旋转方向相反，称为逆向旋转磁场。其原理如图 3-36 所示。图中表明了在不同瞬时两个转向相反的旋转磁场的幅值在空间的位置，以及由它们合成的脉动磁场随时间而交变的情况。

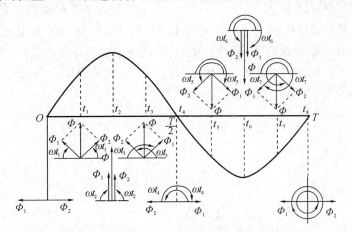

图 3-36　脉动磁场的分解

在 $t=0$ 时，两个旋转磁场的矢量 Φ_1 和 Φ_2 大小相等，方向相反，故其合成磁场 $\Phi=0$，到 $t=t_1$ 时，Φ_1 和 Φ_2 按相反的方向各在空间转过 ωt_1，故其合成磁通

$$\Phi=\Phi_{1m}\sin\omega t_1+\Phi_{2m}\sin\omega t_1=2\times\frac{\Phi_m}{2}\sin\omega t_1=\Phi_m\sin\omega t_1$$

由此可见，在任何时刻 t，合成磁场为

$$\Phi=\Phi_m\sin\omega t$$

分析了单相异步电动机的脉动磁场，就可以分别研究电动机的转子对每一个旋转磁场的反应，然后把它们的效果叠加起来。这样就把三相异步电动机旋转磁场的理论应用到了单相异步电动机上。

正向与逆向旋转磁场切割转子导体之后，在转子导体绕组中感应出相应的电动势和电流。正向旋转磁场与转子导体正向电流作用又产生电磁转矩 T_+，它力图使转子顺着正向旋转磁场的方向转动。逆向旋转磁场与转子逆向电流作用产生电磁转矩 T_-，它力图使转子沿着反向旋转磁场转动的方向旋转。当单相异步电动机的转子静止不动时，两旋转磁场的转差率都等于 1(s_+、s_-)，即转子在此时的正向和逆向旋转磁场对转子绕组感应相同的电动势和电流，产生的转矩 T_+ 和 T_- 大小相等，方向相反，合成的电磁转矩为零。也就是说，单相异步电动机里脉动磁场的启动转矩为零，它不能使电动机自行启动，这是单相异步电动机的特点。

假设用某种方法使单相异步电动机的转子朝着正方向转动一下，那么正向和逆向旋转磁场切割转子导体的速度就不相同了，在转子中感应的电动势和电流也不相同，转子此时对两个旋转磁场的反应也不同。设转子的转速为 n_2，对正向旋转磁场而言，转子转差率 s_+ 为

$$s_+=\frac{n_1-n_2}{n_1}<1$$

对反向旋转磁场，由于它的转速为 $-n_1$，转子的转差率 s_- 为

$$s_- = \frac{-n_1 - n_2}{-n_1} = \frac{-2n_1 + n_1 - n_2}{-n_1} = 2 - \frac{n_1 - n_2}{n_1} = 2 - s_+ > 1$$

即反向旋转磁场与转子间的相对转速较大，因此，反向旋转磁场使转子中产生的感应电动势大。转子电流频率 $f_2 = s_- f_1 = (2 - s_+)f_1 \approx 2f_1$，近似为电源频率的 2 倍。在此频率下，转子电抗较大，使得转子电流 I_2 较小，这样电磁转矩 T（与 $I_2 \cos\varphi_2$ 成正比）则较小。因此，逆向旋转磁场产生的电磁转矩 T_- 较小。故正、反两旋转磁场与转子电流作用产生的电磁转矩 $T_+ > T_-$，其方向相反，如图 3-37 所示（对应第一、四象限部分曲线）。将正向电磁转矩和反向电磁转矩合成，得到合成转矩 $T = T_+ - T_-$。

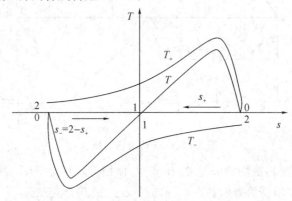

图 3-37　单相异步电动机的 T-s 曲线

在这个合成转矩 T 的作用下，转子可以继续转下去。如果该电动机是带某恒定负载，则其转速将上升至负载转矩与电磁转矩相平衡，使该电动机进入稳定运行状态。这里 T_+ 是驱动转矩，T_- 则为阻转矩。

若使电动机反向启动，则 $s_- < 1$，$s_+ > 1$（对应图 3-37 中的第二、三象限部分曲线），这时 $T_- > T_+$，$T \neq 0$，转子按反方向加速直到负载转矩与电磁转矩相平衡，电动机进入稳定运行状态。

3.11.2　单相异步电动机的分类和启动

从单相异步电动机电磁转矩的分析可知，它的启动转矩为零。要想在接通电源时，能够自动启动，必须设法产生一个旋转磁场，解决启动转矩为零的问题。按照定子绕组产生旋转磁场的方法不同，可将其分为分相式和罩极式两大类。其中分相式电动机又可分为电阻分相式、电容分相式两种，罩极式可分为凸极式和隐极式两种。

1. 分相式异步电动机

1）电阻分相式异步电动机

这种电动机定子上嵌有两个单相绕组，一个称为主绕组（或称工作绕组），一个称为辅助绕组（或称启动绕组），两个绕组在空间相差 90°电角度，它们接在同一单相电源上，如图 3-38 所示，其中 S 为一离心开关，平时处于闭合状态，辅助绕组用较细的导线绕制，以增大电阻，匝数可以与主绕组相同，也可以不同。由于主、辅绕组的阻抗不同，流过两个绕组的电流的相位不同，一般使辅助绕组中的电流领先于主绕组中的电流，由此形成一个两相电流系统，在电动机中形成旋转磁场，从而产生启动转矩。

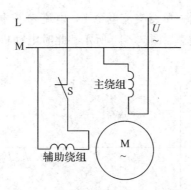

图 3 - 38 电阻分相式异步电动机原理

通常电阻启动交流异步电动机的启动绕组只允许启动时短时间工作，待电动机转速达到 75％～80％额定转速时，由离心开关 S 将辅助绕组切断，由主绕组单独运行工作。

由于主、辅绕组的阻抗都成感性，因此两相电流之间的相位差不可能很大，也就达不到 90°相位差，所以产生的旋转磁场椭圆度较大，产生的启动转矩较小，启动电流较大，适用于具有中等启动转矩和过载能力的小型车床、鼓风机和医疗器械等。

2）电容分相式异步电动机

为了产生一个旋转磁场，在单相异步电动机的定子上绕制了两个在空间相差 90°的绕组。一个是主绕组 U1 - U2，又称工作绕组，匝数多；另一个是辅助绕组 Z1 - Z2，又称启动绕组，匝数少，与一个大小适当的电容器 C 串联。图 3 - 39 是定子示意图，图 3 - 40 是电容分相式异步电动机的原理图。

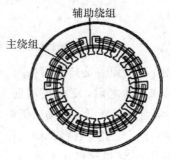

图 3 - 39 电容分相式异步电动机定子示意图

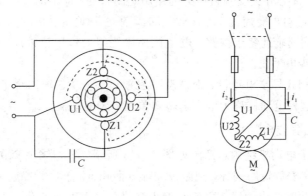

图 3 - 40 电容分相式异步电动机原理图

两个绕组支路并联接于同一单相交流电源上，电流 i_2 较电压滞后，电流 i_1 比电压超前，两电流约有 $\pi/2$ 电角的相位差，如图 3-41 所示。此时电动机的定子电流就可产生一个旋转磁场，使电动机转动。

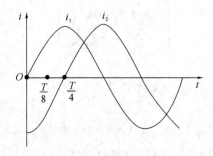

图 3-41　两绕组支路的电流

当 $t=0$ 时，$i_1=0$，i_2 为负，即电流由 U2 流进，由 U1 流出，此时的磁场方向如图 3-42(a)所示。图 3-42(b)、(c)分别表示 $t=T/8$ 和 $t=T/4$ 时的磁场情况。由图可见，当电流不断随时间变化时，其磁场也就在空间不断地旋转。

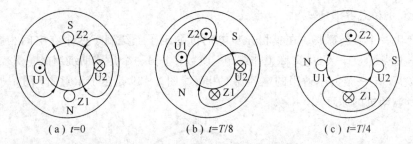

（a）$t=0$　　　　　（b）$t=T/8$　　　　　（c）$t=T/4$

图 3-42　单相异步电动机的旋转磁场

笼型转子在旋转磁场的作用下，就跟着旋转磁场在同一方向转动起来。

我们看到，单相异步电动机在启动之前，必须使辅助绕组支路接通，否则电动机不能启动。但在启动后，即使把辅助绕组支路断开，电动机仍可继续转动。也就是说，电动机在启动以后，辅助绕组支路可合也可断。因此，电容分相式异步电动机有两种类型，一种是在辅助绕组支路中，串接一个离心开关 S（也称甩子开关），它与电动机装在同一轴上，启动时，转子转速较低，离心开关受弹簧压力的作用是闭合的，即辅助绕组支路是接通的。当电动机转速升高到接近同步转速的 75%～80% 时，离心开关所受的离心力大于弹簧的压力，开关的触头分断，切断辅助绕组支路，电动机靠主绕组的作用正常运行。这种电动机称为电容启动式单相异步电动机。

另一种电容分相式异步电动机，则是没有装置离心开关，辅助绕组支路在启动时和启动后都是接通的。这种电动机称为电容运转式单相异步电动机。

2. 罩极式单相异步电动机

罩极式单相异步电动机结构示意图如图 3-43 所示。单相绕组套在磁极上，极面的一边开有小槽，小槽中安放短路铜环，把磁极的部分面积（约有 1/3）罩起来。利用磁极面上的罩极短环在磁通变化时产生的感应电流来阻止被罩部分磁通的变化，使之滞后于其他部分工作磁通的变化，从而使整个磁极的磁力线从未罩着部分移向罩着部分，在该磁场作用下，电动机将获得一定的启动转矩，使电动机启动旋转。由于其旋转方向总是从磁极未罩部分转向磁极被罩部分，因此其转向是不能改变的。

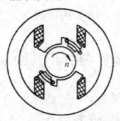

图 3-43　罩极式单相异步电动机结构示意图

　　罩极式单相异步电动机结构简单，制造方便，噪声小，且允许短时过载运行，但启动转矩小，且不能实现正反转，常用于小型电风扇上。

3.11.3　单相异步电动机的反转和调速

1. 反转

　　由于单相分相式异步电动机的转向是由电流领先相转向电流滞后相，因此将工作绕组 U1-U2 或启动绕组 Z1-Z2 中任意一个绕组的两个出线端对调一下，就改变了两绕组中电流之间的相序，也就改变了旋转磁场的转向，从而电动机的旋转方向获得了改变。洗衣机采用的是单相电容运转电动机，其工作绕组和启动绕组完全相同，接线如图 3-44 所示，通过转换开关 S 将工作绕组和启动绕组不断变换，从而实现电动机旋转方向的改变，进而驱动洗衣机波轮的正反转。

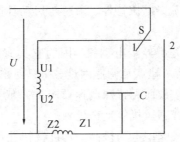

图 3-44　洗衣机单相电容运转电动机的正反转

2. 调速

　　单相异步电动机同三相异步电动机一样，都是靠旋转磁场工作的，故其调速方法与三相异步电动机的调速方法类似，也有变极调速、变频调速、调磁调速等方法，这里介绍一种常见的串电抗器改变主绕组励磁磁通的方法，如图 3-45 所示。

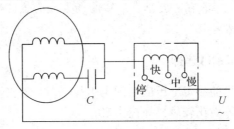

图 3-45　串电抗器调速原理

由图3-45可知，随着串入电抗的增大，主绕组中的电流减小，从而使主绕组产生的磁场减小。当主磁通降低时，如维持负载不变，则转差率必然增大，使输出转矩与负载转矩平衡，达到降低转速的目的。这种调速方法多用于风扇之中。

3.12 电动机的选择

电动机是电力拖动系统的核心设备，正确选用电动机，是系统可靠运行、安全工作、经济合理的前提，所以应根据生产机械的运行特点、工作要求、机械功率、工作方式等经过计算与经济分析才能合理地选配电动机，满足生产过程的要求。具体内容如下：

首先，要根据生产机械对电力传动提出的要求，如启动与制动的频繁程度，有无调速要求等来选择电动机的结构类型；

第二，应结合电源情况选择电动机额定电压的大小；

第三，由生产机械所需要的功率大小来决定电动机的额定功率（即容量）；

第四，由生产机械所要求的转速及传动设备的要求选取它的额定转速；

第五，确定电动机的工作方式；

第六，根据电动机和生产机械的安装位置及周围环境情况来决定电动机的防护形式。

综合以上方面考虑，最后在电机产品目录中选择与要求相符的电动机，如果产品目录中所列电动机不能满足生产机械的某些特殊要求，则可向电机生产厂家单独定制。

3.12.1 电动机形式种类的选择

选择电动机是从交流和直流、机械特性、调速与启动性能、维护及价格等方面来考虑的，所以选择时要遵循下列原则：

（1）优先考虑选用三相鼠笼型异步电动机，因为它具有结构简单、坚固耐用、工作可靠、价格低廉、维护方便等优点，缺点是调速困难、功率因数低、启动电流较大和启动转矩小。主要适用于作为机械特性较硬而无特殊调速要求的一般生产机械的拖动，如一般的机床和功率小于100 kW的水泵或通风机等生产机械。

（2）绕线型电动机的价格较笼型电动机高，其机械特性可通过转子外加电阻的办法加以调节，具有较好的启动性能，故它可适用于电源容量较小、电动机功率较大或有调速要求的场合，如某些起重设备、卷扬提升设备、锻压机和重型机床的横梁移动等。

（3）当调速范围低于1：10，且又要求能平滑调速的场合，应优先选用滑差电动机，该电动机的结构形式按其安装位置的不同可分为卧式和立式两种。卧式电动机的转轴是水平安装的，立式电动机的转轴则是与地面垂直安装的，立式价格比卧式贵一些，在一般情况下应尽量选用卧式电动机，只有在需要垂直运转的场合或为了简化传动装置才考虑采用立式电动机，如立式深井或钻床上。

3.12.2 电动机额定电压的选择

机械设备所选配电动机的额定电压应与配电电压一致，若有不同的电压等级，则应对不同电压等级在技术经济方面比较后再择优决定。

3.12.3 电动机额定容量的选择

电动机容量的选择应在满足生产机械要求的条件下，最经济合理地确定电动机功率，如果电动机功率选得太大，不仅会造成投资费用高，而且长期工作在欠载下的电动机，会因其效率和功率因数较低而增加运行费用造成浪费；若电动机容量选得太小，会造成电动机长期超载运行，造成电动机过热和绝缘材料提前老化而缩短寿命。因而电动机的容量必须根据负载运行情况合理选用。

3.12.4 电动机额定转速的选择

电动机额定转速的选择要根据被拖动机械的运动要求及传动装置的配比情况来考虑。电动机的同步转数通常有 3000 r/min、1500 r/min、1000 r/min、750 r/min 和 600 r/min 等几种，所用的额定转速一般要比上述转速低 2%～5%。从电动机制造角度来说，同样功率的电动机若额定转速越高，则其电磁转矩外形尺寸就越小，成本就越低且重量越轻，高速电动机的功率因数及效率比低速电动机高。若选择转速越高的电动机，则经济性越好，但因此所需要装设减速装置的传动级数就越多，会加大设备成本及传动的能量损耗。故要经过分析比较后择优选定。我们通常应用的电动机大部分是 4 极 1500 r/min 的电机。

3.12.5 电动机的工作方式

根据电动机的发热情况，电动机的工作方式可分为连续工作方式、短时工作方式和间歇工作方式。

1. 连续工作方式

连续工作方式电动机的特点是工作时间很长，其工作温度可达到相应的温升稳定值，如矿山通风、压气、排水、提升等设备的拖动电动机就属于这种工作方式的电动机，这种电动机可满足长时工作机械的需要，也可用于短时工作或间歇工作方式。

2. 短时工作方式

短时工作方式电动机的运行特点是工作时间较短，在一次运行后，停歇时间较长，其温升达不到稳定值，如小水泵、电动风门等设备所用的电动机，这类时长的机械可选用短时工作方式的电动机，这种电动机在规定的短时工作条件下，不会超过允许温升，常用的短时定额电动机的时间标准为 10 min、30 min、60 min 和 90 min。

3. 间歇工作方式

间歇工作方式的电动机，其工作时间和停歇时间重复交替，且循环周期不超过 10 min。电动机在工作时间内温度上升，在停歇时间内温度又下降，因此在整个运行过程中，电动机温度不断上、下波动，且逐渐升高，这类工作方式的输出机械有电铲、起重机、电梯等，间歇工作的生产机械，可根据实际工作情况选用间歇定额的电动机。

3.12.6 电动机结构形式的选择

电动机的结构形式有开启式、防护式、封闭式和防爆式四种，它们各有自己的特点和适用场合。

开启式电动机两侧端盖上有较大的开口，散热条件相对较好，但由于电动机的转动部分和带电端子没有专门的防护，因此这种电动机只能用于工作环境干燥、无粉尘飞扬的机械设备上。

防护式电动机有简易的防护措施，可以防止一定方向的水滴、水浆或固体物质落入电动机内部，相对于开启式电动机，散热条件较差，多用于工作条件较差的生产机械中。

封闭式电动机的机壳为全密封防护，它可以有效防止灰尘、滴水或固体物质进入电动机，但其散热条件差，这类电动机适用于工作环境湿度大、粉尘多的机械设备中。

防爆式电动机具有封闭严密的防爆外壳，能严格隔离电动机内外部环境，当电动机内部发生火花引起爆炸时，不会波及电动机外部环境，常用于矿井下、面粉加工厂等有爆炸危险场所的生产机械中。

本 章 小 结

（1）三相异步电动机定子绕组通以对称三相交流电，在定子中产生旋转磁场。旋转磁场的同步转速为 $n_1 = \dfrac{60f_1}{p}$，转子转速为 $n_2 = (1-s)\dfrac{60f_1}{p}$，额定运行时转差率 s 很小，根据转子转速及电源的频率即可求出电动机的磁极对数 p。

（2）三相异步电动机分定子和转子两大部分。按转子结构分鼠笼型电动机和绕线型电动机两种类型。

（3）三相异步电动机的铭牌数据对正确、合理使用电动机具有实际意义，应理解各个数据的意义，正确使用电动机。

（4）转差率反映了交流电动机的工作状态，转差率与转速变化趋势相反，不同的转差率下，电动机转速不同，电动机转子各量随转差率而变化。

（5）三相交流异步电动机从输入到输出的整个环节有输入功率 P_1、电磁功率 P_{em}、机械功率 P_m、空载功率 P_0、输出功率 P_2 等；电磁转矩是交流电动机转动的动力源泉，转子电流中的有功分量产生电磁转矩 $T = C_T \varphi I_2 \cos\varphi_2$，由 $T = C\dfrac{R_2 s U_1^{\ 2}}{R_2^2 + (sX_{20})^2}$ 可知电源电压 U_1 及转子电阻 R_2 对转矩有较大影响。当 $T_2 = T_{fz}$ 时，电动机稳速运行。

（6）三相异步电动机的机械特性曲线分为两段，一段为稳定区又称工作区域，其特性硬，能自动调整电动机的工作状态；另一段为不稳定区，只在电动机的启动和制动过程中出现。由异步电动机的机械特性曲线可得出三个特殊的转矩：额定转矩、最大转矩和启动转矩。

（7）异步电动机启动时，应具有足够大的启动转矩，但希望启动电流不要过大。小容量电动机轻载启动，可采用直接启动的方法；大中容量电动机轻载启动，可采用减压启动的方法；大中容量电动机重载启动，可采用绕线转子异步电动机转子电路串电阻或频敏变阻器的方法启动。绕线转子异步电动机具有启动转矩大、启动电流小的优点。

（8）笼型异步电动机的调速方法中，变极调速是通过改变定子绕组的连接方法而得到不同的极数和转速；变频调速是采用变频装置，改变电源电流的频率来实现调速；变转差率调速是采用改变定子电压、滑差离合器等来实现调速，但其有一共同点，即发热严重，效率不高，只能用在功率不高的生产机械上。绕线转子异步电动机一般采用转子电路串电阻或串级调速两种方法。

（9）笼型异步电动机的制动方法有能耗制动、反接制动和回馈制动三种。

（10）单相异步电动机由于只加单相交流电，定子绕组中产生脉动磁场。脉动磁场无法使单相交流电动机启动，要使单相异步电动机自行启动，需要利用启动绕组来进行分相并产生一个旋转磁场。分相方式有电阻式分相和电容式分相。电容分相电动机分电容启动式单相异步电动机和电容运转式单相异步电动机，此外还有罩极式单相异步电动机。

（11）正确选用电动机的参数是机械设备正常使用的保证。对电动机的选择，可以从电动机的结构类型、额定电压、额定功率、额定转速、工作方式、防护形式等几个方面来考虑。

习　题　3

3-1　旋转磁场是如何产生的？其转速和转向是由什么决定的？笼型电动机的转子电流是不是三相的？

3-2　为什么三相异步电动机的转速 n_2 和旋转磁场的转速 n_1 之间有差别才能使电动机转动？

3-3　三相异步电动机转子轴上的机械负载发生变化时，为什么会引起定子输入电功率的变化？

3-4　异步电动机的转子因有故障已取出修理，如果误将定子绕组接上额定电压，问将会产生什么后果？为什么？

3-5　怎样才能改变三相异步电动机的转向和转速？

3-6　试分析三相异步电动机的负载增加时，定、转子电流的变化趋势，并说明原因。

3-7　三相异步电动机在一定负载下运行时，如果电源电压升高，电动机的转矩、电流及转速有何变化？如果长期运行在这种状态下，会产生什么后果？

3-8　为什么三相异步电动机不在最大转矩 T_m 处或接近最大转矩处运行？

3-9　一台三相异步电动机的额定电压为 220 V，频率为 60 Hz，转速为 1140 r/min，求电动机的极数、转差率和转子电流的频率。

3-10　三相异步电动机的最大转矩 T_m 和启动转矩 T_Q 与转子电阻 R_2 及电源电压 U_1 的关系如何？

3-11　异步电动机的额定电压是 220/380 V，当三相电源的线电压分别是 220 V 和 380 V 时，问电动机的定子绕组各应作何种方式连接？

3-12　三相异步电动机正常运行时，如果转子突然被卡住而不能转动，试问这时电动机的电流有何改变？对电动机有何影响？

3-13　已知一台三相异步电动机的额定数据如下：$P_N=4.5$ kW，$n_N=950$ r/min，$\eta_N=84.5\%$，$\cos\varphi_N=0.8$，启动电流与额定电流之比 $\dfrac{I_Q}{I_N}=5$，$\lambda=2$，启动转矩与额定转矩之比 $\dfrac{T_Q}{T_N}=1.4$，额定电压 220/380 V，星形-三角形连接，$f=50$ Hz。求磁极对数 p、额定转差

率 s_N、额定转矩 T_N、三角形连接和星形连接时的额定电流 I_N、启动电流 I_Q、启动转矩 T_Q。

3-14 已知一台三相异步电动机 $P_N = 20$ kW，$U_N = 380$ V，$\eta_N = 87.596\%$，$\cos\varphi_N = 0.89$，$\dfrac{I_Q}{I_N} = 7$，$\dfrac{T_Q}{T_N} = 1.3$，$n_N = 3930$ r/min，试求电动机的启动转矩 T_Q 和启动电流 I_Q。

3-15 有一台四极三相异步电动机，已知额定功率 $P_N = 3$ kW，额定转差率 $s_N = 0.03$，过载系数 $\lambda = 2.5$，电源频率 $f = 50$ Hz。求该电动机的额定转矩和最大转矩。

3-16 某一电动机的铭牌数据如下：2.8 kW，$\triangle/Y$，220/380 V，10.90/6.3 A，1370 r/min，50 Hz，$\cos\varphi_N = 0.84$，$\triangle 84$ A，Y22.5 A。说明上述数据的意义，并求：

(1) 额定负载时的效率；

(2) 额定转矩；

(3) 额定转差率。

3-17 一台三相四极异步电动机的额定功率为 30 kW，额定电压为 380 V，三角形连接，频率为 50 Hz。在额定负载下运行时，其转差率为 0.02，效率为 90%，线电流为 57.5 A，试求：

(1) 转子旋转磁场对转子的转速；

(2) 额定转矩；

(3) 电动机的功率因数。

3-18 为什么三相异步电动机的启动电流大而启动转矩不大？为什么采用降压启动时只能减小启动电流而不能提高启动转矩？

3-19 笼型异步电动机可采用哪些方法调速？绕线转子异步电动机又可采用哪些方法调速？

3-20 JQ_2—52—4 型笼型异步电动机技术数据如下：$n_{1N} = 1450$ r/min，$I_N = 20$ A，$U_N = 380$ V，三角形连接，$\cos\varphi_N = 0.87$，$\eta_N = 87.5\%$，$\dfrac{I_Q}{I_N} = 6$，$\dfrac{T_Q}{T_N} = 1.4$。试求：

(1) 轴上输出额定转矩；

(2) 电网电压降至多少伏以下就不能满载 $(T_Q' = T_N)$ 启动？

(3) 若采用星形-三角形启动，启动电流为多少？能否半载 $(T_Q' = T_N/2)$ 启动？

(4) 若采用自耦变压器降压启动，要求半载时能启动，其启动电流为多少？并确定电压抽头。

3-21 正确选用电动机的原则是什么？

第4章　同步电动机

　　同步电机是交流电机的一种，其转速恒等于同步转速，即转子的转速始终与定子旋转磁场的转速相同。同步电机按功率转换方式可分为同步发电机、同步电动机和同步调相机，其中同步发电机是现代发电厂（站）的主要设备。同步电机按结构形式可分为旋转电枢式同步电机、旋转磁极式同步电机和微型同步电机。

　　同步电机具有可逆性，即根据电力拖动需要，同一台同步电机既可以发电运行，又可以电动状态工作，区别在于有功功率的传递方向不同。同步发电机向电网输送有功功率，同步电动机则从电网吸取有功功率。本章只讨论同步电动机。

4.1　同步电动机的基本结构和工作原理

　　我们以旋转磁极式同步电动机为例说明同步电动机的基本结构和工作原理。

4.1.1　同步电动机的基本结构

　　图4-1是旋转磁极式同步电动机的基本结构示意图。其定子称为电枢，与异步电动机结构相同，在定子的槽内嵌放三相对称绕组。凸极式的转子有明显凸出的磁极，气隙是不均匀的，极靴下的气隙较小，极间部分的气隙较大，励磁绕组为集中绕组，如图4-1(a)所示，一般用于4极以上的电机。而隐极式的转子做成圆柱形，转子上没有明显凸出的磁极，气隙是均匀的，励磁绕组是分布绕组，转子铁芯上有大小齿分开，如图4-1(b)所示，一般用于2极或4极的电动机。

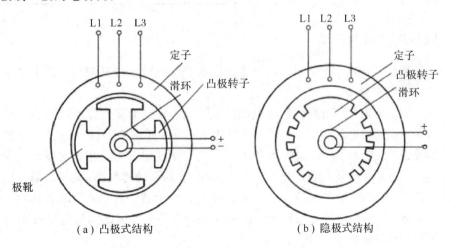

（a）凸极式结构　　　　　　　　（b）隐极式结构

图4-1　旋转磁极式同步电动机基本结构示意图

4.1.2 同步电动机的工作原理

一般同步电动机的定子和异步电动机的定子相同，即在定子铁芯内均匀分布三相对称绕组，如图 4-2 所示（图中只画出了 U 相绕组）。

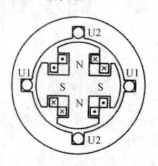

图 4-2 同步电动机的构造原理图

转子主要由磁极铁芯和励磁绕组组成。当励磁绕组通以直流电后，转子即建立恒定磁场。同步电动机运行时，三相交流电源通入三相交流电压，在电动机内部产生一个旋转磁场，旋转速度为同步转速 n_1，此刻在转子绕组上加上直流励磁电流，转子将在定子旋转磁场的带动下，带动负载沿磁场的方向以相同的转速旋转。转子的转速 n_2 为

$$n_2 = n_1 = \frac{60f}{p} \tag{4-1}$$

式中，p 为电动机的极对数，n_2 为转子每分钟转数，f 为交流电源的电流频率。

我国电力系统的标准频率为 50 Hz，不同磁极对数下同步电动机的转速如表 4-1 所示。

表 4-1 不同磁极对数的同步电动机转速

p	1	2	3	4	5	6
n_2/（r/min）	3000	1500	1000	750	600	500

4.1.3 同步电动机的启动

当静止的转子接通电源时，定子绕组通过三相交流电建立旋转磁场，转子励磁绕组通过直流电建立固定磁场。

由于转子在启动时是静止的，转子磁场静止不动，故定子旋转磁场以同步转速对转子磁场做相对运动。设通电瞬间定子、转子磁极的相对位置如图 4-3(a)所示，定子的旋转磁场以同步转速逆时针方向旋转，此时转子上将产生一个逆时针的转矩，欲拖动转子逆时针旋转，由于转子所具有的转动惯性，还来不及转动，而同步转速很快，旋转磁场就已经转过去了 180°，到了图 4-3(b)的位置，定子旋转磁场将吸引转子磁场，顺时针转动。由此可见，在一个周期，作用在同步电动机转子上的平均转矩为零，因此同步电动机不能自行启动，需要借助其他方法启动。

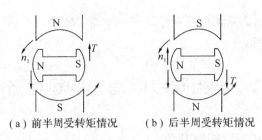

（a）前半周受转矩情况　　　（b）后半周受转矩情况

图 4-3　同步电动机启动时定子磁场对转子磁场的作用

　　同步电动机常用的启动方法有三种：辅助电动机启动法、变频启动法和异步启动法。这里主要介绍应用最为广泛的异步启动法。启动的第一步是将同步电动机的励磁绕组通过一个附加电阻短接，如图 4-4 所示，短接电阻的大小约为励磁绕组本身电阻的 10 倍左右。第二步将同步电动机的定子绕组接通三相交流电源，这时定子旋转磁场将在阻尼绕组中产生感应电动势和电流，这个电流与定子的旋转磁场相互作用而产生异步电磁转矩，同步电动机便当作异步电动机而启动。第三步是当同步电动机的转速接近同步转速（约为 $0.95n_1$）时，将附加电阻切除，将励磁绕组改接至直流励磁电源，转子磁极有了确定的极性，依靠定子旋转磁场与转子磁极之间的吸引力产生同步转矩，将同步电动机牵入同步转速运行。

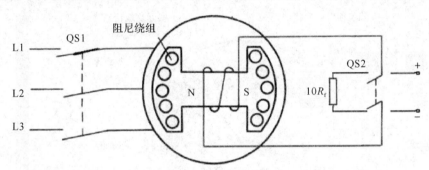

图 4-4　同步电动机异步启动法原理线路图

4.1.4　同步电动机的额定值

　　同步电动机的额定值包括：

　　（1）额定容量 S_N 或额定功率 P_N。

　　额定容量是指电动机在额定状态下运行时，输出功率的保证值。同步电动机的额定容量一般都用 kW 表示，同步调相机则用 kV·A 或 kvar 表示。

　　（2）额定电压 U_N。

　　额定电压是指电动机在额定运行时三相定子绕组的线电压，常以 kV 表示。

　　（3）额定电流 I_N。

　　额定电流是指电动机在额定运行时三相定子绕组的线电流，常以 A 或 kA 表示。

　　（4）额定频率 f_N。

　　我国标准工频为 50 Hz。

　　（5）额定功率因数 $\cos\varphi_N$。

　　额定功率因数是指电动机在额定运行时的功率因数。

此外，铭牌上还常列出电动机的额定效率 η_N、额定转速 n_N、额定励磁电压 U_N、额定励磁电流 I_N 和额定温升等信息。

4.2 三相同步电动机的运行分析

4.2.1 三相同步电动机的运行状态

图 4-5 分别表示出了同步电动机在理想空载时、实际空载时和有负载时的工作状态。

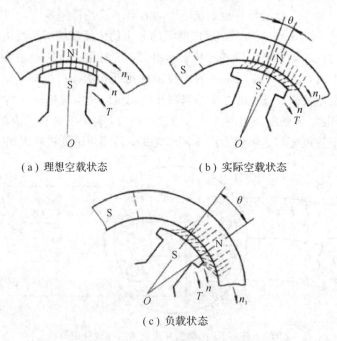

(a) 理想空载状态 (b) 实际空载状态

(c) 负载状态

图 4-5　同步电动机的工作状态

同步电动机在理想空载情况时，转子与旋转磁场同步转动，如图 4-5(a) 所示；在实际空载情况时，由于电动机空载运转总存在阻力，因此转子磁极的轴线总要滞后磁场轴线一个很小的角度 θ，如图 4-5(b) 所示，以增大电磁转矩；在有负载情况时，θ 角增大，电动机的电磁转矩也随之增大，使电动机仍保持同步状态，如图 4-5(c) 所示，若负载转矩超过电磁转矩，旋转磁场就无法拖着转子一起旋转，这种现象称为失步，此时电动机不能正常工作。

4.2.2 三相同步电动机的运行特性

1. 功率平衡关系

三相同步电动机的定子绕组由电网输入电功率 P_1，扣除定子绕组铜耗 P_{Cu} 及铁耗 P_{Fe} 外，余下的作为电磁功率 P_{em} 通过气隙传入转子，即 $P_1 = P_{Cu} + P_{Fe} + P_{em}$。

P_{em} 扣除机械损耗 P_m 和附加损耗 P_s，剩下的就是电动机轴上的机械输出功率 P_2，即 $P_2 = P_{em} - (P_m + P_s)$。

2. V 形曲线

V 形曲线是指在电网电压、频率和同步电动机输出功率恒定的情况下，电枢电流 I（定子输入相电流）和直流励磁电流 I_f 之间的关系曲线，即 $I = f(I_f)$，如图 4-6 所示。

不同的输出可得到不同的曲线，由图 4-6 可见，正常励磁点（即 $\cos\varphi = 1$）的电枢电流最小，为纯阻性的；其右边处于过励状态，功率因数是超前性质的，电枢电流为容性电流；其左边处于欠励状态，功率因数是滞后性质的，电枢电流为感性电流。

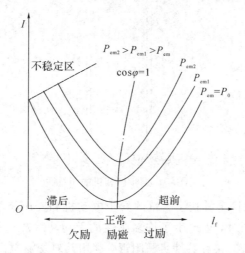

图 4-6　同步电动机的 V 形曲线

正常励磁时，电动机的功率因数 $\cos\varphi = 1$，电枢电流 I 全部为有功电流，不产生无功功率，此时 I 的数值最小，电路为纯阻性的。

当过励，即励磁电流大于正常励磁电流时，反电动势 E_0 将增大，此时电枢电流 I 比正常励磁电流大且超前，此电流既包含有功电流 I_P，还包含无功电流分量 I_Q，这个超前的无功电流分量使电动机对交流电网呈电容性质，可向电网输送滞后的无功电流和感性的无功功率，能补偿电网感性负载所需的无功功率，提高电网的功率因数。

当欠励，即励磁电流小于正常励磁电流时，反电动势 E_0 将减小，此时电枢电流 I 比正常励磁电流大且滞后，它既包含原有的有功电流 I_P，还增加了一个滞后的无功电流分量 I_Q，这个滞后的无功电流分量使电动机对电网呈电感性质，自电网吸取滞后的无功电流和感性的无功功率。

从以上分析可知，改变励磁电流可调节同步电动机的功率因数，这是同步电动机最重要的特点之一。由于电网上的负载多为感性负载，同步电动机在过载时，可以向电网提供滞后的无功电流和感性的无功功率，就避免了电网向大量感性负载进行无功功率的远程输送，提高了电网的功率因数，因此，为了改善电网的功率因数并提高同步电动机的过载能力，现代同步电动机的额定功率因数一般设计为 $0.8 \sim 1$（超前）。

4.3　同步调相机

同步调相机是一台空载运行的同步电动机，它从电网吸收的有功功率仅供给电机本身的损耗，基本上是在接近零电磁功率和零功率因数的情况下运行。

忽略调相机的全部损耗，则电枢电流全是无功分量，其电动势方程为

$$\dot{U} = \dot{E}_0 + jX_t\dot{I} \tag{4-2}$$

依据式(4-2)可画出过励和欠励时同步调相机的相量图，如图4-7所示。由图可见，过励时电流 $\dot{I}$ 超前 $\dot{U}$ 90°，而欠励时电流 $\dot{I}$ 滞后 $\dot{U}$ 90°，所以只需要调节励磁电流，就能灵活地调节它的无功功率的性质和大小。由于电力系统大多数情况下带感性无功功率，故调相机通常是在过载状态下运行的。

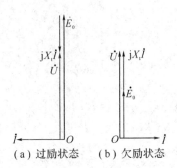

（a）过励状态　（b）欠励状态

图4-7　同步调相机的相量图

实际应用中，交流电网上挂接了大量的异步电动机和变压器等设备，这些感性负载在从电网吸取有功功率的同时，也产生了许多感性的无功功率。工程实践中，经常将过励状态下的同步机——调相机装接在感性负载附近，利用其对交流电网表现出的容性来生成容性无功功率，以补偿电力系统中的感性无功功率，从而提高交流电网的功率因数。因此，这种同步调相机也叫同步补偿机。在电网的受电端接上一些同步调相机，是提高电网功率因数的重要措施之一。

例4-1　某工厂电源电压为6000 V，厂内使用了多台异步电动机，其总输出功率为1500 kW，平均效率为70%，功率因数为0.7（滞后），现增添了一台同步电动机，该同步电动机的功率因数为0.8（超前）时，已将全厂整个的功率因数调整到1。求此同步电动机承担了多少视在功率和有功功率。

解　多台异步电动机总的视在功率 S 为

$$S = \frac{P_2}{\eta\cos\varphi} = \frac{1500}{0.7\times0.7} = 3061 \text{ kV} \cdot \text{A}$$

由于 $\cos\varphi = 0.7$，故 $\sin\varphi = 0.714$。多台异步电动机总的无功功率 Q 为

$$Q = S\sin\varphi = 3061\times0.714 = 2186 \text{ kvar}$$

同步电动机运行后 $\cos\varphi = 1$，故全部的感性无功功率全部由该同步电动机提供，即有

$$Q' = Q = 2186 \text{ kvar}$$

因 $\cos\varphi' = 0.8$，$\sin\varphi' = 0.6$，故同步电动机的视在功率为

$$S' = \frac{Q'}{\sin\varphi'} = \frac{2186}{0.6} = 3643.3 \text{ kV} \cdot \text{A}$$

有功功率为

$$P' = S'\cos\varphi' = 3643.3\times0.8 = 2915 \text{ kW}$$

4.4 微型同步电动机

微型同步电动机根据其转子结构，可分为三种类型，即永磁式同步电动机、反应式同步电动机和磁滞式同步电动机。这些电动机的定子结构相同，无论是通以三相电源还是单相电源，其主要作用都是产生一个旋转磁场，其中单相同步电动机应用普遍，但其转子的结构形式与材料有很大的差别，因而其运行原理也就不同。

由于微型同步电动机的转子上没有励磁绕组，不像一般直流电动机那样需要有电刷和滑环，因此其具有结构简单、运行可靠、维护方便且转速恒定等优点。当前，功率从零点几瓦到数百瓦的各种微型同步电动机广泛应用于需要恒速运转的自动控制和遥控装置、无线电设备、仪器仪表和同步随动系统中。下面主要介绍单相的微型同步电动机。

4.4.1 单相永磁式同步电动机

永磁式同步电动机的转子由永久磁钢制成，它可以是两极的，也可以是多极的。图4-8是两极永磁式同步电动机的工作原理图。

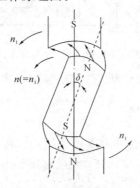

图 4-8 两极永磁式同步电动机工作原理

当定子绕组通入单相交流电后，气隙中即产生旋转磁场，通过磁与磁的相互吸引，定子磁极牢牢地吸住转子的异性磁极，并带动转子一起以同步转速 n_1 旋转。电动机的极数已定，当电源频率不变时，电动机的转速 n_1 为固定值，该电动机的转速恒定不变。

当转子上的负载转矩增大时，定子磁极轴线与转子磁极轴线的夹角 δ 就会随之增大，当负载转矩减小时，夹角又会自动减小，两对磁极中的磁感应线如同弹性橡皮筋一样，有伸有缩，只要负载不超过一定限度，转子始终跟着定子的旋转磁场以同步转速 n_1 转动。

4.4.2 单相反应式同步电动机

反应式同步电动机又称磁阻式，其定子一般采用罩极式结构，定子铁芯的极靴上部分包裹有铜箔（称为短路环），转子用无磁性的软磁材料制成凸极式结构，没有直流励磁绕组。图 4-9(a)、(b)、(c)、(d)分别表示单相交流电的每四分之一周期的时间段内定子磁场的变化及其对转子的磁化情况。当定子绕组通入单相交流电后，由于短路环的电磁感应作用，在气隙中产生旋转磁场，定子磁场的磁力线经过转子的凸极而构成闭合回路，因转子反应而在转子上产生与定子磁场相反的磁性，从而促使转子跟随定子磁场一起同步旋转。单相反应式同步电动机为了改善其启动性能，有时在转子极靴上还装有笼型结构的启动绕组。

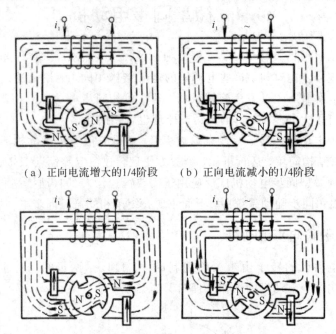

　（a）正向电流增大的1/4阶段　　　（b）正向电流减小的1/4阶段

　（c）反向电流增大的1/4阶段　　　（d）反向电流减小的1/4阶段

图 4 - 9　反应式同步电动机工作原理

4.4.3　单相磁滞式同步电动机

磁滞式同步电动机的定子一般采用罩极式结构，其转子是用硬磁材料制成隐极式结构，这种硬磁材料具有比较宽的磁滞回环，剩磁和矫顽力比软磁材料大。

当定子通入交流电后，气隙中产生旋转磁场，开始时定子磁场对转子进行磁化，由于转子采用硬磁材料，因此有较强的剩磁，即使定子磁场消失，转子磁性还存在，定子和转子之间产生吸引力，就形成转矩——磁滞转矩，促使转子转动，最后进入同步运行状态，如图 4 - 10 所示。

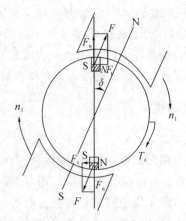

图 4 - 10　磁滞式同步电动机工作原理

磁滞式同步电动机转子处于旋转磁化状态，磁滞现象表现在铁磁材料的磁通势滞后于外磁通势一个空间角度。磁滞式同步电动机转子的转速不论是否同步，都能产生磁滞转矩，因此它不需要任何启动装置就可以自行启动。它可以同步运行，在某些条件下也可以异步运行。

磁滞式同步电动机可以与其他类型的同步电动机组合，这样形成的组合式电动机既可以保持磁滞式电动机良好的启动性能，又可使电动机同步运行时力能指标有较大的提高。目前已有磁滞—反应式同步电动机、磁滞—永磁式同步电动机和磁滞—励磁式同步电动机等。

磁滞式同步电动机结构简单，工作可靠，运行噪声小，它广泛应用于自动控制和需要恒定转速的设备上，如遥控装置、程序控制系统、复印机、传真机、自动记录仪等。

本 章 小 结

（1）同步电动机最基本的特点是电枢电流的频率和极对数与转速有着严格的关系，结构上一般采用旋转磁极式。一般用途的同步电动机和调相机多采用凸极式结构。

（2）同步电动机在理想空载、实际空载和有负载三种不同工作状态下，其转子磁极轴线滞后磁场轴线的角度 θ 大小不同；改变直流励磁电流 I_f 的大小，可调节电枢电流 I 的大小，可改变同步电动机的负载性质，同时调节有功功率和无功功率的大小。

（3）同步调相机实际上是过励状态下空载运行的同步电动机，作为容性无功功率提供者，对提高交流电网的功率因数、保持电压稳定及电力系统的经济运行起着重要的作用。

（4）微型同步电动机有永磁式同步电动机、反应式同步电动机和磁滞式同步电动机，这些电动机的定子结构是相同的，但转子的结构和材料不同，其运行原理也不同。由于它们的转子没有励磁绕组、电刷和滑环装置，因此结构简单，运行可靠，广泛应用于需要恒速运行的各种自动控制、无线电通信和同步随动等系统中。

习 题 4

4-1 同步电动机_____的转速始终与_____旋转磁场的转速相同。

4-2 同步电机，按功率转换方式可分为同步_____机、同步_____机和同步_____；按结构可分为_____式同步电机和_____式同步电机及_____同步电机。

4-3 同步发电机和同步电动机两者是可_____的，它们的区别在于前者_____电网_____有功功率，功率角为_____值，后者_____电网_____有功功率，功率角为_____角。

4-4 同步发电机本身_____启动转矩，转子_____自行启动。

4-5 常用的同步电动机的启动方法有_____启动法、_____启动法和_____启动法，应用广泛的是_____启动法。

4-6 三相同步电动机当_____的 S、N 极分别与_____磁场的 N、S 极相对时，其在定子和转子间会产生_____转矩，即_____转矩。

4-7 同步调相机是专供_____功率的同步电动机，以提高交流电网的_____。

4-8　同步调相机实际上是一台_____运行的同步电动机，它从电网_____的有功功率，仅供给电机的_____损耗。

4-9　同步调相机的额定容量是指它在_____时的_____功率，这时的励磁电流称为_____励磁电流。

4-10　微型同步电动机根据其转子结构可分为三种类型，即_____式、_____式和_____式。

4-11　某工厂从 6000 V 的电网上吸取 $\cos\varphi=0.6$ 的电功率为 2000 kW，今装一台同步电动机，容量为 720 kW，效率为 0.9，星形连接，求功率因数提高到 0.8 时的额定电流 I_N 和 $\cos\varphi$。

4-12　有一水泵站原有四台异步电动机，$P_N=200$ kW，$\cos\varphi_N=0.75$（滞后），如果将其中两台换为 $P_N=200$ kW，$\cos\varphi_N=0.8$（超前）的同步电动机，假定电动机都处于额定运行状态，换机前水泵站需从电网吸取的视在功率和功率因数是多少？换机后水泵站需从电网吸取的视在功率和功率因数又是多少？如果不换电动机，而装设一台同步电动机，使水泵站的功率因数提高到 0.9（滞后），则调相机的无功功率为多大？（设两种电动机的额定效率都是 0.9。）

第 5 章　控制电机

随着自动控制系统和计算装置的不断发展，在一般旋转电机的基础上产生出多种具有特殊性能的小功率电机。它们在自动控制系统和计算装置中作为执行元件、检测元件和解算元件，作用是转换和传递控制信号，这类电机统称为控制电机。本章简要地介绍几种常用的控制电机——交、直流伺服电动机，步进电动机，测速发电机，自整角机及直线电动机的基本结构、工作原理和应用。

5.1　伺服电动机

伺服电动机又称为执行电动机，它把输入的电压信号变换成转轴上的角位移或角速度信号再输出，在自动控制系统中作为执行元件。伺服电动机转轴的转向与转速随着输入控制电压的方向和大小的改变而改变，并且能带动一定大小的负载。自动控制系统对伺服电动机的基本要求如下：

（1）宽广的调速范围。伺服电动机的转速随着控制电压的改变能在宽广的范围内变化。

（2）无自转现象存在。伺服电动机在控制电压为零时能立即自行停转。

（3）快速响应。伺服电动机的机电时间常数要小，要有较大的堵转转矩和较小的转动惯量，其转动方向和大小随控制电压的相位（或极性）和大小的改变要非常灵敏和准确。

按使用的电源性质不同，伺服电动机可分为交流伺服电动机和直流伺服电动机两种。交流伺服电动机的输出功率一般是 0.1～100 W，直流伺服电动机则是 1～600 W。

5.1.1　直流伺服电动机

直流伺服电动机就是一台微型的他励直流电动机，其结构和原理都与他励直流电动机相同。按励磁的种类，直流伺服电动机可分为他励式和永磁式两种。

伺服电动机的转速和转向由直流电压信号控制，其控制方式有两种：改变电枢电压大小和方向的称为电枢控制；改变励磁电压大小和方向的称为磁场控制（只适用于他励伺服电动机）。后者控制性能不如前者，因此很少采用。下面介绍电枢控制的工作原理。

直流伺服电动机电枢控制接线如图 5-1 所示，此时电枢绕组也就是控制绕组的控制电压为 U_c，不考虑电枢反应的影响，在磁通保持不变的条件下，电枢控制直流伺服电动机的机械特性方程为

$$n = \frac{U_c}{C_e \Phi} - \frac{R_a}{C_e C_T \Phi^2} T \qquad (5-1)$$

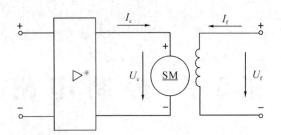

图 5-1 直流伺服电动机电枢控制接线图

当 U_c 为不同值时，机械特性为一族平行直线，如图 5-2 所示，可以看出，在 U_c 一定的情况下，转矩 T 大时转速 n 低，转矩的增加与转速的下降成正比；在负载转矩一定，磁通不变时，控制电压高，转速也高，控制电压的增加与转速 n 的增加成正比，当 $U_c = 0$ 时，$n = 0$，电动机停转；要改变电动机转向，可改变控制电压的极性。由此可见，直流伺服电动机是具有可控性的。直流伺服电动机的机械特性呈线性，特性较硬，在同一转速下对于不同的 T，需要的 U_c 也不同。

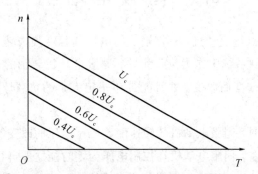

图 5-2 电枢控制直流伺服电动机的机械特性

5.1.2 交流伺服电动机

1. 基本结构

交流伺服电动机的定子结构有凸极式和隐极式两种。定子上装有两组绕组：一个是励磁绕组 W_f，匝数为 N_f，由给定的交流电压 U_f 励磁；另一个是控制绕组 W_c，匝数为 N_c，输入交流控制电压 U_c。两组绕组在空间相差 90°电角度。按转子结构不同，交流伺服电动机可分为笼型转子和空心杯型转子两种。笼型转子的结构和普通三相异步电动机相同，其转子导体采用高电阻的青铜或铸铝制成，整个转子细而长，以此减少其转动惯量；空心杯型转子用铝合金或紫铜等非磁性材料制成，形如薄壁茶杯，有时也称其为两相伺服电动机。交流伺服电动机中除了具有与一般异步电动机同样的定子外，还有一个内定子，内定子上一般不放绕组，仅作为磁路的一部分，作用相当于笼型转子的铁芯，杯型转子装在内外定子之间的转轴上，它可以在内外定子之间的气隙中自由旋转，当杯型转子内感应的涡流与气隙磁场相互作用时，将产生电磁转矩而转动。交流伺服电动机的结构如图 5-3 所示，当前主要应用的是笼型转子的交流伺服电动机。

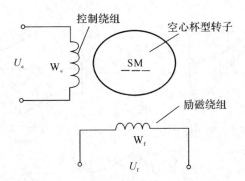

图 5-3 交流伺服电动机的结构示意图

2. 工作原理及运行特点

交流伺服电动机的工作原理与具有启动绕组的单相异步电动机相似。如图 5-4 所示，励磁绕组 W_f 中串入电容 C 用来移相，使励磁电流 I_f 和控制绕组电流 I_c 的相位近似相差 $90°$，I_f 与 I_c 产生的对应磁通 Φ_f 和 Φ_c 在相位上也近似相差 $90°$，二者在空间合成后产生一个两相旋转磁场，从而使转子转动起来，在电动机轴上输出转矩，但是一旦控制电压被取消，仅有励磁电压作用时，伺服电动机便成为单相异步电动机，继续按原转向转动，这种现象称为"自转"。显然"自转"不符合交流伺服电动机的可控性要求，必须增大转子电阻，以消除"自转"现象。

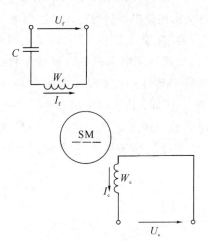

图 5-4 交流伺服电动机原理图

从单相异步电动机的工作可知，单相脉动磁场可分为正向和逆向两个旋转磁场，正向旋转磁场对转子起拖动作用，产生拖动转矩 T_+，逆向旋转磁场对转子起制动作用，产生制动转矩 T_-，图 5-5 画出了转子电阻值不同且控制电压为零时的正向转矩、逆向转矩以及合成转矩的 $T=f(s)$ 曲线。其中图 5-5(a)，电动机转子电阻值大小似一般单相异步电动机，最大转矩时的转差率 $s_m=0.2$，当控制电压消失时，电动机仍然沿着转子原转动方向继续转动。

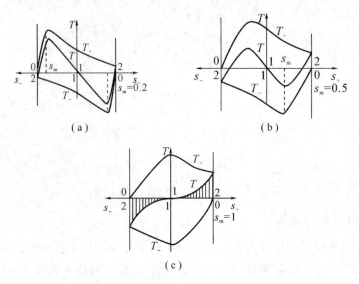

图 5-5　交流伺服电动机单相运行($U_c=0$)时的 $T=f(s)$ 曲线

　　图 5-5(b)是把交流伺服电动机的转子电阻增大到 $R_2'(R_2'>R_2)$，此时 $s_m=0.5$，若负载转矩仍小于最大电磁转矩，当控制电压消失时，电动机将继续转动。图 5-5(c)是电动机转子电阻增大到 R_2''，使 $R_2''>R_2'>R_2$，$s_m=1$，此时的合成转矩 T 在电动机工作状态时为负值，即当控制电压消失后，处于单相运行状态的电动机由于电磁转矩为制动性质，使电动机能迅速停下来，因此在制造交流伺服电动机时，只要适当地加大转子电阻，使 $s_m \geqslant 1$，就可以克服交流伺服电动机的"自转"现象。此外，增大转子电阻还有利于改善交流伺服电动机的其他性能。图 5-6 所示为交流伺服电动机的机械特性曲线，T^* 表示输出转矩对启动转矩的相对值，n^* 表示转速对同步转速的相对值，曲线 1 是一般异步电动机的机械特性，它的稳定运行区仅在转差率 0~1 区间，由于一般异步电动机的临界转差率 $s_m=0.1\sim0.2$，故电动机的调速范围很小，如果增大转子电阻，使其 $s_m \geqslant 1$，则电动机的机械特性就如图 5-6中曲线 2、3 所示，电动机相应的转子转速由零到同步转速的全部范围内均能稳定运行。

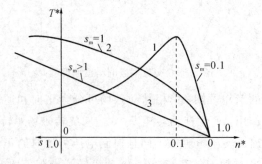

图 5-6　交流伺服电动机的机械特性曲线

　　由图 5-6 中的曲线还可以看到，随着转子电阻增大，使其 $s_m \geqslant 1$，电动机的机械特性就变为图中曲线 2、3 所示，即机械特性更接近于线性关系，因此为了使交流伺服电动机达到调速范围和机械特性的要求，必须使其转子具有足够大的电阻值。

3. 控制方式

交流伺服电动机运行时，控制绕组上所加的控制电压 U_c 是变化的，改变它的大小或者改变它与励磁电压之间的相位角，都能使电动机气隙中旋转磁场的椭圆度发生变化，从而影响电磁转矩，当负载转矩一定时，可以通过调节控制电压的大小或相位来达到改变电动机转速或转向的目的。其控制方式通常有幅值控制、相位控制和幅值-相位控制三种。

4. 应用举例

下面介绍伺服电动机在测温仪表——电子电位差计中的应用。图 5-7 是它的原理图，该系统主要由热电偶、电桥电路、变流器、电子放大器及交流伺服电动机组成。在测量温度时，将开关 S 投向 b 点，热电偶将被测的温度转换成热电动势 E_1，整流桥中滑线电阻 R_2 上的电压降（I_0R_2）是用以平衡 E_1 的，当两者不相等时将产生不平衡电压 ΔU，ΔU 经过变流器变换为交流电压，而后经过电子放大器放大驱动伺服电动机，经减速后带动测温仪指针偏转，同时使滑线电阻的滑动端移动，当滑线电阻 R_2 到一定值时，电桥达到平衡，于是电动机停转，指针停留在一个转角为 θ 处，由于测温仪的指针被伺服电动机所带动而使偏转角 θ 与被测温度 t 之间存在着对应的关系，因此在刻度盘上可直接读取被测温度的值。

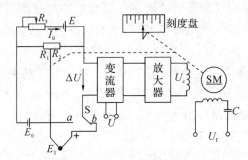

图 5-7 电子电位差计原理图

一旦被测温度发生变化，这时 ΔU 的极性不同，亦即控制电压的相位不同，从而使得伺服电动机正向或反向运转，电桥电路再重新达到平衡，并测得相应的温度。

在测量温度时，要保持 I_0 为恒定的标准，其方法是：测量前，将开关扳向 a 点，使标准电池（其电动势为 E_0）接入，然后调节 R_3，使 $I_0(R_1+R_2)=E_0$，$\Delta U=0$，此时的电流 I_0 即为标准值。

5.2 步进电动机

步进电动机是根据电磁铁原理设计的，它是一种把电脉冲信号转换成相应角位移或线位移信号的控制电机。在数字控制系统中，利用电脉冲控制步进电动机，而步进电动机作为执行元件，每输入进来一个脉冲，电动机就带动负载，转过一定的角度或直线前进一步，因此，步进电动机又称为脉动电动机。

步进电动机种类繁多，按运行方式可分为旋转型和直线型两种。通常使用的旋转型步进电动机又有反应式、永磁式和感应式三种，其中反应式步进电动机是我国目前使用最广泛的一种，它具有惯性小、反应快和速度高的特点。

图 5-8 所示是反应式步进电动机的结构示意图，定子具有均匀分布的六个磁极，磁极上绕有控制绕组（即励磁绕组），两个相对磁极组成一组，绕组的接法如图 5-8 所示，步进电动机的转子上没有绕组，为了分析方便起见，假定转子具有均匀分布的四个齿。下面介绍单三拍、六拍和双三拍控制的基本工作原理。

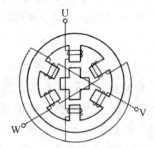

图 5-8　反应式步进电动机的结构示意图

5.2.1　单三拍控制

图 5-9 所示为三相反应式步进电动机单三拍控制方式时的工作原理图。当 U 相控制绕组先通入电脉冲时，U、U′成为电磁铁的 N、S 极，由于磁通是要沿着磁阻最小的路径闭合，将使转子齿 1、3 和定子极 U、U′对齐，即产生 U、U′轴线方向的磁通，如图 5-9(a)所示，这样磁场对转子吸力最大，转子呈现稳定状态；U 相脉冲结束后，接着 V 相通入脉冲，由于同样的原因，转子齿 2、4 和定子磁极 V、V′对齐，如图 5-9(b)所示，这样转子逆时针方向转过了30°；随后 W 相控制绕组通电，其磁场吸引转子齿 1、3 和定子磁极 W、W′对齐，转子又在空间逆时针转过30°，如图 5-9(c)所示，如果按照 U→V→W→U→…的顺序通电，则转子按逆时针方向一步一步周期性地转动，每步转过30°，该角度称为步距角。由此可知电动机的转速取决于电脉冲的频率，频率越高，转速越高。若按 U→W→V→U→…的顺序通电，则电动机反向转动。三相控制绕组的通电顺序及频率的大小，通常由电子逻辑电路来实现。

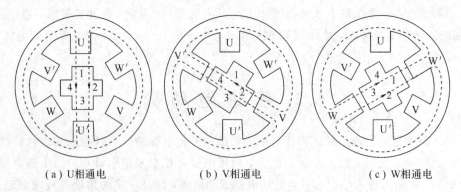

(a) U相通电　　　　　　(b) V相通电　　　　　　(c) W相通电

图 5-9　单三拍控制方式时步进电动机的工作原理图

上述通电方式称为三相单三拍，"单"是指每次只有一相控制绕组通电，"三拍"是指经过三次切换控制绕组的电脉冲为一个循环。由于这种控制方式是在一相绕组断电瞬间另一相绕组刚开始通电，容易造成失步，而且由于单一控制绕组吸引转子，也容易使转子在平衡位置附近产生振荡，因此该方式运行稳定性较差，很少采用。

5.2.2　六拍控制

六拍控制方式中通电顺序按 U→UV→V→VW→W→WU→U→⋯进行，即先 U 相控制绕组通电，而后 U、V 两相控制绕组同时通电，然后断开 U 相控制绕组，由 V 相控制绕组单独通电，再让 V、W 两相控制绕组同时通电，依次进行下去，如图 5-10 所示，每转换一次，步进电动机逆时针方向旋转15°，即步距角为15°。若改变通电顺序（即反过来），步进电动机将顺时针方向旋转。该控制方式中，定子三相绕组经六次换接完成一个循环，故称"六拍"控制，这种控制方式因转换时始终有一个绕组通电，故工作比较稳定。

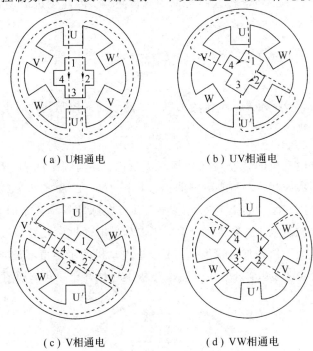

（a）U相通电　　　　　　　（b）UV相通电

（c）V相通电　　　　　　　（d）VW相通电

图 5-10　三相六拍控制方式时步进电动机的工作原理图

三相六拍通电方式如图 5-11 所示。

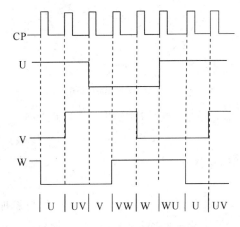

图 5-11　三相六拍通电方式

5.2.3 双三拍控制

如果每次有两相绕组同时通电，即按照 UV→VW→WU→UV→…的顺序进行，在双三拍通电方式下，步进电动机的转子位置与六拍通电方式时两相绕组同时通电时的情况一样，如图 5-10(b)、(d)所示。所以按双三拍通电方式运行时，它的步距角和单三拍控制方式相同，也是30°。

由以上分析可知，若步进电动机的定子有三相六个磁极，极距为360°/6＝60°，转子齿数为 4，则齿距角为360°/4＝90°。当采用三拍控制时，每一拍转子转过30°，即 1/3 齿距角；当采用六拍控制时，每一拍转子转过15°，即 1/6 齿距角。因此步进电动机的步距角 θ 与转子齿数、运行拍数有关，可按下式计算：

$$\theta = \frac{360°}{z_r m} \tag{5-2}$$

式中，z_r 为转子齿数，m 为运行拍数。

若脉冲频率为 f，步距角 θ 的单位为弧度，则连续通入控制脉冲时电动机的转速为

$$n = \frac{\theta f}{2\pi} \times 60 = \frac{60 f}{z_r m} \tag{5-3}$$

此式说明，步进电动机的转速与脉冲频率成正比，并与频率同步。步进电动机除了做成三相外，也可以做成四相、六相或更多的相数，由式(5-2)和式(5-3)可知，电动机的相数及转子齿数越多，则步距角也就越小，这种电动机在脉冲频率一定时转速也越低，但相数越多，相应脉冲电源越复杂，造价也越高，所以步进电动机一般最多做到六相。

在实际应用中，为了保证加工精度，一般步进电动机的步距角不是30°或15°，而是 3°或1.5°，为此把转子做成许多齿，并在定子每个磁极上还做几个小齿，如图 5-12 所示。

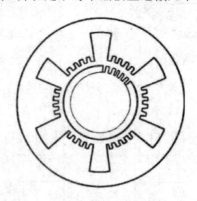

图 5-12　高精度步进电动机的结构

步进电动机的步进速度只取决于电脉冲频率。由于步进电动机具有结构简单，维护方便，调速范围大，启动、制动、反转灵敏，精度高等优点，所以被广泛应用于数字控制系统，如数控机床、绘图机、自动记录仪表、检测仪表和数模转换装置中。图 5-13 所示是步进电动机在数控机床中应用的一例。

数控线切割机是采用专门计算机进行控制，并利用钼丝与被加工工件之间火花放电所产生的电蚀现象来加工复杂形状的金属冲模或零件的一种机床。在加工过程中钼丝的位置

是固定的,而工件固定在十字拖板上,如图 5-13(a)所示,通过十字拖板的纵横运动,对加工工件进行切割。

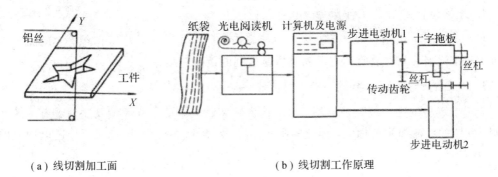

(a)线切割加工面　　　　　　　　(b)线切割工作原理

图 5-13　线切割机的工作示意图

图 5-13(b)所示是线切割机的工作原理示意图。数控线切割机在加工零件时,先根据图样上零件的形状、尺寸和加工工序编制计算机程序,并将该程序记录在穿孔纸带上,而后由光电阅读机读出后送入计算机,计算机就对每一个方向的步进电动机给出控制电脉冲(这里十字拖板 X、Y 方向的两根丝杠分别由两台步进电动机拖动),指令两台步进电动机运转,通过传动装置来拖动十字拖板按加工要求连续移动进行加工,从而切割出符合要求的零件。

一般地,数控系统中对步进电动机的应用结构如图 5-14 所示。其中控制脉冲由数控系统发出。

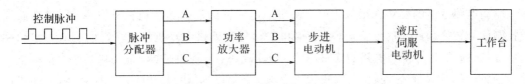

图 5-14　应用步进电动机的数控系统结构

5.2.4　步进电动机的主要特性

1. 步距角 θ

步距角 θ 是指对于一个脉冲信号,转子所转过的机械角度。也就是定子控制绕组每改变一次通电方式的过程中,转子所转过的机械角度。步进电动机的定子和转子都是多齿结构,绕组相数越多,齿数越多,步距角 θ 越小,位置精度越高。

2. 步距误差 $\Delta\alpha$

步距误差 $\Delta\alpha$ 是指理论的步距角与实际的步距角之差,它直接影响执行部件的定位精度。伺服步进电动机的 $\Delta\alpha$ 一般为 $\pm10'\sim\pm15'$,功率步进电动机的 $\Delta\alpha$ 一般为 $\pm20'\sim\pm25'$。$\Delta\alpha$ 越小,表示电动机精度越高。

3. 最高启动频率 f_0 及启动惯频特性

空载时步进电动机由静止突然启动,并不失步地进入稳速运行,所允许的启动频率的最高值称为最高启动频率，又称突跳频率。伺服步进电动机的 f_0 最大为 1000～2000 Hz，功率步进电动机的 f_0 一般为 500～800 Hz。

4. 连续运行的最高工作频率 f_{max}

步进电动机连续运行时，所能接收的最高控制频率，称为最高工作频率，最高工作频率远大于启动频率，它表明步进电动机所能达到的最高速度。

5. 输出的转矩-频率特性

步进电动机的定子绕组是电感负载，输入频率越高，励磁电流就越小，磁通量的变化加剧，铁芯的涡流损失就加大，因此输出转矩 T 要降低。图 5-15 表示了步进电动机的转矩-频率特性。

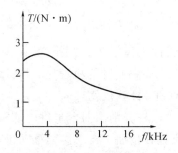

图 5-15 步进电动机转矩-频率特性

5.2.5 步进电动机的驱动电路

驱动电路性能的好坏在很大程度上决定了电动机的潜力是否能充分发挥。驱动电路完成控制信号转换和放大的任务，即将逻辑电平信号变换成电动机绕组所需的具有一定功率的脉冲信号，因此对驱动电路的要求是：本身功耗小，变换效率高，能提供足够大的幅值及前后沿较好的励磁电流，能长时间稳定可靠地运行，成本低且易于维护。图 5-16 是步进电动机的驱动电路。

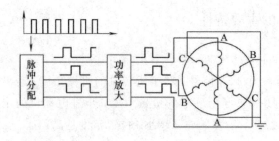

图 5-16 步进电动机的驱动电路

5.2.6 步进电动机的使用

1. 步进电动机无积累误差

步进电动机驱动装置接受脉冲指令，控制其通电顺序，将脉冲信号转换为角位移，角位移与脉冲成严格的比例关系，无积累误差。

2. 步进电动机的启动

步进电动机的启动频率不能超过其最高工作频率。

3. 步进电动机的调速

步进电动机的转速与控制脉冲频率成正比，改变控制脉冲的频率，可以在很宽的范围内调节步进电动机的转速。

4. 步进电动机的换向

改变定子绕组的通电顺序，可以方便地控制电动机的正反转。

5. 步进电动机的制动

在没有控制脉冲输入时，只要维持绕组电流不变，电动机即可有电磁转矩维持其定位位置，不需要附加机械制动装置。

5.3　测速发电机

测速发电机是一种把机械转速变为电压信号输出的元件，其输出电压精确地与其转速成正比，在自动控制系统和计算装置中应用很广泛，常用来检测转速，也可作为微分、积分校正元件，用以提高系统的精确度和稳定性。测速发电机分为交流和直流两大类。

自动控制系统和计算装置对测速发电机的基本要求是：输出电压与输入的机械转速要保持严格的正比关系，以提高系统的精确度；在一定的转速变化下，输出电压的变化量要大，以提高系统的稳定性；测速发电机的转动惯量要小，响应快。下面分别说明直流测速发电机和交流测速发电机的基本结构和工作原理。

5.3.1　直流测速发电机

1. 基本结构

直流测速发电机的结构与普通直流发电机相同，实际上是一种微型直流发电机。直流测速发电机按励磁方式又可分为他励式发电机和永磁式发电机，由于测速发电机的功率较小，而永磁式又不需另加励磁电源，结构简单，使用方便，温度变化对励磁磁场的影响小，线性误差小，不受负载性质影响，因而永磁式直流测速发电机获得广泛的应用。

2. 工作原理

他励式直流测速发电机的工作原理如图 5-17 所示。励磁绕组接一恒定直流电源 U_f，通过电流 I_f 产生磁通 Φ，根据直流发电机原理，在忽略电枢反应的情况下，电枢的感应电动势为

$$E_a = C_e \Phi n = K_e n \tag{5-4}$$

式中：E_a 为电枢上感应的电动势；C_e 为发电机的电势结构常数；Φ 为励磁磁通；n 为所测负载的转速，也即发电机的转速。一般情况下，发电机的励磁电流是不变的，因此磁通 Φ 不变，而每台发电机的结构已固定，故 C_e 不变，所以用常数 K_e 表示 C_e 与 Φ 的乘积。

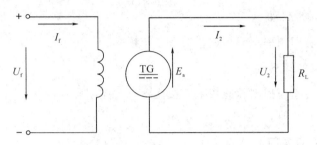

图 5 - 17　他励式直流测速发电机工作原理

带上负载后，电刷两端输出电压为

$$U_a = E_a - I_a R_a \tag{5-5}$$

式中，R_a 为电枢回路的总电阻。带负载后负载电流与负载电压的关系为

$$I_a = \frac{U_2}{R_L} \tag{5-6}$$

式中，R_L 为负载电阻。由于电刷两端的输出电压 U_a 与负载上的电压 U_2 相等，所以将式 (5 - 6) 代入式 (5 - 5)，可得

$$U_2 = E_a - \frac{R_a U_2}{R_L}$$

经过整理后可得

$$U_2 = \frac{E_a}{1 + \frac{R_a}{R_L}} = Cn \tag{5-7}$$

式中，$C = K_e / (1 + R_a / R_L)$，$C$ 的大小对应着测速发电机输出电压特性曲线的斜率。

由式 (5 - 7) 可见，直流测速发电机的输出电压 U_2 与转速 n 成正比，输出特性 $U_2 = f(n)$ 为线性，如图 5 - 18 所示，对于不同负载电阻 R_L，其电压输出特性曲线的斜率也有所不同，变化规律是斜率随负载电阻 R_L 的减小而降低。

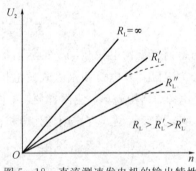

图 5 - 18　直流测速发电机的输出特性

5.3.2　交流测速发电机

交流测速发电机分为同步测速发电机和异步测速发电机。

同步测速发电机的输出电压大小及频率均随转速（输入信号）的变化而变化，一般用作指示式转速计，很少用于控制系统中的转速测量；异步测速发电机输出电压的频率与励磁电压的频率相同且与转速无关，其输出电压的大小与转速成正比，因此在控制系统中应用广泛。异步测速发电机分为笼型和空心杯型两种,笼型测速发电机没有空心杯型测速发电机的测速精度高,而且空心杯型结构的测速发电机的转动惯量也小,适用于快速系统,因此目前空心杯型测速发电机应用比较广泛。下面介绍它的基本结构和工作原理及使用特性。

1. 基本结构

空心杯型转子异步测速发电机的定子上有两组互相垂直的分布绕组,其中一组为励磁绕组,另一组为输出绕组,空心杯型的转子用电阻率较大的青铜制成,属于非磁性材料,杯子里还有一个由硅钢片叠成的定子,称为内定子,可以减少主磁路的磁阻,图 5-19 所示为一台空心杯型转子异步测速发电机的简单结构图。

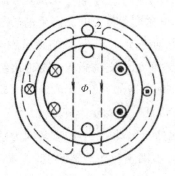

图 5-19　空心杯型转子异步测速发电机的结构图

2. 工作原理

励磁绕组的轴线为 d 轴,输出绕组的轴线为 q 轴,工作时电机励磁绕组加上恒频恒压的励磁电压时,励磁绕组中有励磁电流流过,产生与励磁电压同频率的 d 轴脉振磁动势 F_d 和脉振磁通 Φ_d,电机转子逆时针旋转,转速为 n,如图 5-20 所示,电机转子和输出绕组中的电动势及由此而产生的反应磁动势,根据电动机的转速可分两种情况。

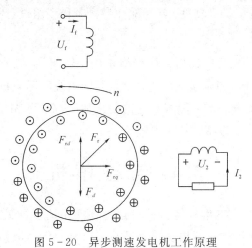

图 5-20　异步测速发电机工作原理

1) 电动机不转时

当电动机不转时,转速 $n=0$,由纵横磁通或交变在空心杯转子中感应的电动势称为变压器性质电动势,转子电流产生的转子磁动势性质和励磁磁动势性质相同,均为直轴磁动势,输出绕组与励磁绕组在空间位置上相差90°电角度,不产生感应电动势,输出电压 $U_2=0$。

2)电动机旋转时

当转子转动时,转速 $n\neq0$,转子切割脉动磁通 Φ_d,产生的电动势称为切割电动势,其大小为

$$E_r=C_r\Phi_d n \tag{5-8}$$

式中,C_r 为转子电动势常数,Φ_d 为脉振磁通幅值。由式(5-8)可以看出,转子电动势 E_r 的大小与转速 n 成正比,转子电动势的方向可用右手定则判断。

转子中的感应电动势 E_r 在转子杯中产生转子电流,考虑到转子漏抗的影响,转子电流在相位上滞后于电动势 E_r 一个电角度,转子电流产生的转子脉动磁动势 F_r 可分解为直轴磁动势 F_{rd} 和交轴磁动势 F_{rq}。直轴磁动势 F_{rd} 将影响励磁磁动势 F_f,使励磁电流 I_f 发生变化;而交轴磁动势 F_{rq} 产生交轴磁通 Φ_q,交轴磁通交链输出绕组,从而在输出绕组中感应出频率与励磁频率相同、幅值与交轴磁通 Φ_q 成正比的输出电动势 E_2。

由于 $\Phi_q\propto F_q\propto F_f\propto E_r\propto n$,因此 $E_2\propto\Phi_q\propto n$。

可以看出,异步测速发电机输出电动势 E_2 的频率即为励磁电源的频率,而与转子转速 n 的大小无关,输出电动势的大小则正比于自转转速 n,即输出电压 U_2 也只与转速 n 成正比。

3. 异步测速发电机的误差

1)剩余电压误差

电机定、转子部件加工工艺的误差以及定子磁性材料性能的不一致性造成测速发电机转速为零时,实际输出电压并不为零,此电压称为剩余电压。剩余电压的存在引起的测量误差称为剩余电压误差。减小剩余电压误差的方法是选择高质量、各方向特性一致的磁性材料,在加工工艺过程中,提高精度,还可采用装配补偿绕组进行补偿等方法。

2)幅值和相位误差

如果要使异步测速发电机的输出电压严格正比于转速 n,则励磁电流产生的脉动磁通 Φ_d 应保持为常数。实际上,当励磁电压为常数时,励磁绕组漏阻抗的存在致使励磁绕组电流与外加励磁电压有一个相位差,随着转速的变化使得幅值和相位均发生变化,造成输出电压的误差,为减小此误差可增大转子电阻。

5.4 自整角机

在转角随动系统中,自整角机是一种对角位移或角速度的偏差能自动整步的控制电机。它通过电的联系,使机械上不相连的两根或多根转轴自动保持相同的转角变化或同步旋转。

自整角机有一个三相对称的绕组 W_1W_4、W_2W_5、W_3W_6,它们的匝数相等,轴线在空间互差120°,连接成星形,还有一个单相绕组 Z_1Z_2,如图5-21所示,三相绕组在定子上,单相绕组在转子上,或者相反,两者原理都一样。

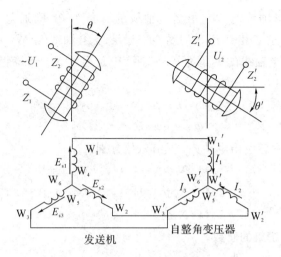

图 5－21　控制式自整角机的接线图

　　自整角机常成对使用，一个作为发送机，一个作为接收机，由于在使用上的不同，分为控制式和力矩式两种。

5.4.1　控制式自整角机

　　图 5－21 的左边是发送机，右边是接收机，两者结构完全相同，三相绕组放在定子上，两边的三相绕组用三根导线对应连接。

　　发送机的单相绕组作为励磁绕组，接在交流电源上，其电压 U_1 为定值，接收机的单相绕组作为输出绕组，其输出电压 U_2 由定子磁通感应产生，此时接收机是在变压器状态下工作，所以在控制式自整角机系统中的接收机又称为自整角变压器。

　　发送机的转子励磁绕组的轴线与定子 W_1 相绕组相重合的位置作为它的基准电气零电位，其转子的偏转角为 θ，即为该两轴线之间的夹角；自整角变压器的基准电气零电位是转子输出绕组轴线与定子 W_1' 相绕组轴线相垂直的位置，其转子的偏转角为 θ'，图 5－22 所示是发送机和自整角变压器的示意图。

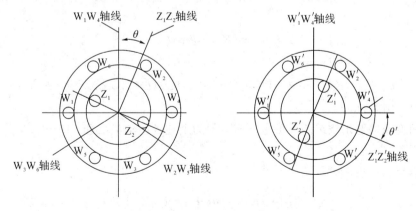

图 5－22　发送机和自整角变压器示意图

　　当发送机的励磁绕组通入励磁电流后，产生交变脉动磁通，其幅值为 Φ_m，设转子偏

转角为 θ，即励磁绕组轴线与 W_1 相绕组轴线的夹角为 θ，则通过 W_1 相绕组的磁通为 $\Phi_{1m}=\Phi_m\cos\theta$，因为定子三相绕组是对称的，励磁绕组轴线与 W_2 相绕组轴线的夹角为 $\theta+240°$，与 W_3 相绕组轴线的夹角为 $\theta+120°$，于是通过 W_2 相绕组和 W_3 相绕组的磁通幅值分别为

$$\Phi_{2m}=\Phi_m\cos(\theta+240°)=\Phi_m\cos(\theta-120°)$$
$$\Phi_{3m}=\Phi_m\cos(\theta+120°)$$

因此在定子绕组中感应出电动势，其有效值分别为

$$E_{s1}=4.44fN_s\Phi_{1m}=4.44fN_s\Phi_m\cos\theta$$
$$E_{s2}=4.44fN_s\Phi_{2m}=4.44fN_s\Phi_m\cos(\theta-120°)$$
$$E_{s3}=4.44fN_s\Phi_{3m}=4.44fN_s\Phi_m\cos(\theta+120°)$$

式中，N_s 为定子每相绕组的匝数。

若令 $E=4.44fN_s\Phi_m$，则

$$E_{s1}=E\cos\theta$$
$$E_{s2}=E\cos(\theta-120°)$$
$$E_{s3}=E\cos(\theta+120°)$$

式中，E 为 $\theta=0°$ 时 W_1 相中电动势的有效值。

由此可见，在定子每相绕组中感应出的电动势是相同的，但它们的有效值是不相等的。

在这些电动势的作用下，自整角变压器三相绕组的每个绕组中流过的电流也是同相的，但是有效值不相等。它们的有效值分别为

$$I_1=\frac{E_{s1}}{Z}=\frac{E}{Z}\cos\theta=I\cos\theta$$
$$I_2=\frac{E_{s2}}{Z}=\frac{E}{Z}\cos(\theta-120°)=I\cos(\theta-120°)$$
$$I_3=\frac{E_{s3}}{Z}=\frac{E}{Z}\cos(\theta+120°)=I\cos(\theta+120°)$$

式中，Z 为发送机和自整角变压器每相定子电路的总阻抗。

这些电路都产生脉动磁场，并分别在自整角变压器的单相输出绕组中感应出同相电动势，其有效值为

$$E'_{r1}=KI_1\cos(\theta'+90°)=KI\cos\theta\cos(\theta'+90°)$$
$$E'_{r2}=KI_2\cos(\theta'+90°-120°)=KI\cos(\theta-120°)\cos(\theta'-30°)$$
$$E'_{r3}=KI_3\cos(\theta'+90°+120°)=KI\cos(\theta+120°)\cos(\theta'+210°)$$

式中，K 为比例系数。

自整角变压器输出绕组两端的电压有效值为上述各电动势之和，即

$$U_2=E'_{r1}+E'_{r2}+E'_{r3}$$

经过三角运算后得出

$$U_2=\frac{3}{2}KI\sin(\theta-\theta')=U_{2max}\sin\delta$$

式中：$U_{2max}=\frac{3}{2}KI$ 是输出绕组的最大输出电压；δ 为失调角，$\delta=\theta-\theta'$。

当失调角增大时，输出电压 U_2 随之增大。当 $\delta = 90°$ 时，输出达到最大值 $U_{2\max}$；当 $\delta = 0$ 时，$U_2 = 0$。输出电压还随发送机转子转动方向的改变而改变其极性。

5.4.2　力矩式自整角机

在控制式自整角机中，转角的随动是通过伺服电动机来实现的。伺服电动机既带动控制对象，也带动自整角变压器的转子，如果负载很轻（例如指示仪表的指针），就不需要用伺服电动机，由自整角机直接实现转角随动，这就是"力矩式自整角机"。

图 5 - 23 是力矩式自整角机的接线图，与控制式自整角机不同的是右边的自整角机称为接收机，其单相绕组和发送机的单相绕组一同接在交流电源上，都作为励磁用，由接收机的转子带动负载。

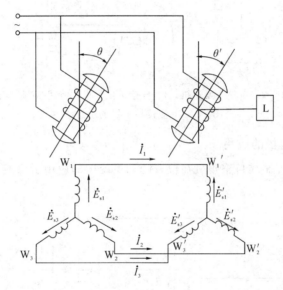

图 5 - 23　力矩式自整角机的接线图

励磁电流通过每个自整角机的励磁绕组时，产生各自的交变脉动磁通，此磁通在三相绕组中产生感应电动势，它们同相但是有效值不同。各相绕组中电动势的大小和这个绕组相对于励磁绕组的位置有关。若接收机转子和发送机转子对定子绕组的位置相同（在力矩式自整角机中，发送机与接收机的电气基准电位是一样的），即如图 5 - 23 中两边的偏转角 $\theta = \theta'$ 或者失调角 $\delta = 0$ 的情况，那么在两边对应的每相绕组中产生同样的电动势，例如 W_1 相和 W_1' 相绕组中的电动势 E_{s1} 和 E_{s1}'，从两边组成的每相回路来看，相应的两个电动势互相抵消，因此在两边的三相绕组中没有电流。

若在此位置发送机转子转动一个角度，则 $\delta = \theta - \theta' \neq 0$，于是发送机和接收机相应的每相定子绕组中的两个电动势就不能互相抵消，定子绕组中就有电流，这个电流和接收机的励磁磁通作用而产生转矩（称为整步转矩），这个转矩将使接收机的转子带动负载转动，使失调角减小，直到 $\delta = 0$ 时为止，以实现转角随动。

同样，发送机的转子受转矩的作用，它力图使发送机转子回到原先的位置，但由于发送机转子与主令轴固定连接，不能随动。

5.4.3 自整角机的应用

1. 力矩式自整角机的应用

图 5-24 所示是力矩式自整角机在液位指示器中应用的例子。图中浮子随着液面升降，通过滑轮和平衡锤使自整角发送机转动，因为自整角接收机是随动的，所以它带动的指针能准确反映发送机所转过的角度，从而实现了液位的传递。

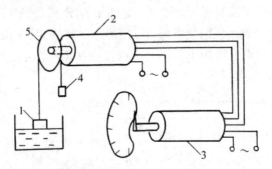

1—浮子；2—自整角发送机；3—自整角接收机；4—平衡锤；5—滑轮

图 5-24　液位指示器的示意图

2. 控制式自整角机的应用

图 5-25 所示是控制式自整角机在位置随动系统中的应用示意图。

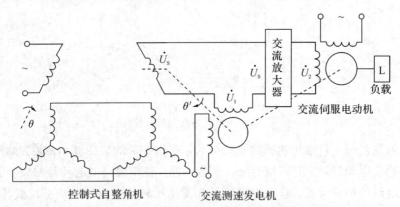

图 5-25　位置随动系统的示意图

图 5-26 所示是图 5-25 位置随动系统的框图，控制式自整角机的输出电压 $\dot{U}_s$ 经交流放大后去控制交流伺服电动机，交流伺服电动机经过变速箱带动被控机械，由被控机械又带动自整角机的转子，它的转动总是要使失调角 δ 减小，直到 δ＝0 为止。如果发送机的转子转角不断变化(例如机床的摇动手把)，则伺服电动机也就不断转动，使 θ' 跟随 θ 而变化，达到转角随动的目的。图中伺服电动机还带动测速发电机，测速发电机的输出电压加在放大器的输入端，起负反馈作用，以稳定系统的转速。

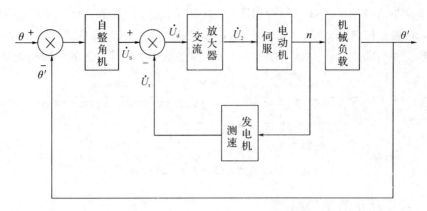

图 5 - 26　图 5 - 25 位置随动系统的框图

5.5　直 线 电 动 机

直线电动机是直接产生直线运动的电动机，由于直线电动机与执行机构之间没有中间传动机构，使得传动机构简单，同时加、减速速度快，可实现快速启动和正反向运动。

5.5.1　直线电动机的基本结构

图 5 - 27 示意了直线电动机结构变化的演变过程。图 5 - 27(a) 所示结构为一般的笼型异步电动机，如果将它沿径向剖开，并将电动机的圆周展开成直线，就得到如图 5 - 27(b) 所示的直线异步电动机，其中定子与初级对应，转子与次级对应，由此演变而来的直线电动机，其初级和次级的长度是相等的。由于初级与次级之间要相对运动，为保证初、次级之间的耦合保持不变，在实际应用中，初、次级的长度是不相等的。

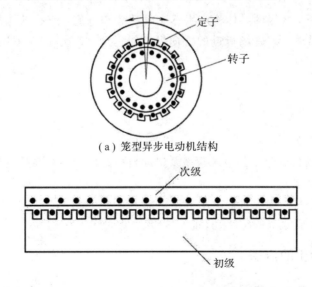

(a) 笼型异步电动机结构

(b) 直线异步电动机结构

图 5 - 27　直线电动机结构变化的演变过程

实际应用的直线电动机基本结构如图 5-28 所示,初、次级的长度不相等,如果初级的长度较短,称为短初级,如图 5-28(a)所示;反之则称为短次级,如图 5-28(b)所示。由于短初级结构简单、成本较低,在高速数控机床进给系统中,通常使用的是短初级结构。

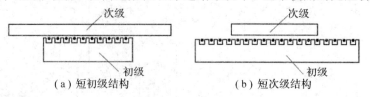

图 5-28 直线电动机的基本结构形式

5.5.2 直线电动机的工作原理

直线电动机是由旋转电动机演变而来的,因此当在初级的多相绕组中通入多相电流后,就会产生一个气隙磁场,这个磁场的磁通密度波是直线移动的,称为行波磁场。图 5-29所示是直线电动机的基本工作原理,显然次级移动时,行波的移动速度与旋转磁场在定子内圆表面上的线速度是相同的,称为同步速度,其大小可用下式表示:

$$v_s = 2\tau f$$

式中:v_s 为同步速度,单位为 m/s;τ 为极距,单位为 m;f 为电源频率,单位为 Hz。

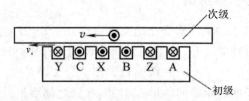

图 5-29 直线电动机的基本工作原理

在行波的切割下,次级的导体将产生感应电动势和电流,所有导体的电流和气隙磁场相互作用,使次级沿着行波磁场行进的方向做直线运动。若次级移动的速度用 v 表示,则转差率的大小为

$$s = \frac{v_s - v}{v_s}$$

次级速度为

$$v = (1-s)v_s$$

这表明直线电动机的速度与电源频率及电动机极距成正比,因此改变极距或电源频率都可以对电动机进行调速。

与旋转电动机一样,改变直线电动机初级绕组的通电顺序,可改变电动机的运动方向,在实际应用中,也可将次级固定不动,而让初级运动。

5.5.3 直线电动机的应用

1. 在磁悬浮列车中的应用

直线电动机与磁悬浮技术相结合,可使列车达到高速而无振动噪声。其中所用的直线电动机采用短初级结构,作为轨道的次级导电板选用铝材,磁悬浮是吸引式的。列车的中间下方安放直线电动机，两边是若干个转向架，起磁悬浮作用的支承电磁铁安装在各个转向架上，它们可以保证直线电动机具有不变的气隙，并能转弯和上下坡。列车运行时，用测速传感器测定列车速度，并通过反馈来调节频率和电压，以控制车速。

2. 在传送带中的应用

直线电动机的初级固定，次级本身就是传送带，其材料为金属带或金属网与橡胶的复合带，如输送煤料的传送带上，直线电动机的初级大约每隔 3 m 安装一个，单边机械气隙长度约为 0.5 cm，速度范围为 2~5 m/s，供电频率为 10 Hz，启动推力为 8.4 kN，运行时推力为 4000 N。

3. 在电动门和帘幕驱动中的应用

使用直线电动机的电动门省去了普通电动机的变速箱和绳索牵引装置，结构简单。直线电动机的初级安装在门顶中央，次级安装在门楣上，初级通过滚轮倒挂在次级上并在次级下面行走，在门顶侧面装有行程开关，控制电源的通断，无论关门或开门，依靠断电之后的机械惯性到位，并用定位销定位，如要稳定门的速度，并减小到位时的冲击，可以加上测速反馈和电子交流调压器。这种电动门可以用于冷库、电梯等各种大门。

使用直线电动机还可以做成窗帘幕布的自动开闭装置，开闭窗帘的电动机较小，宜使用管形电动机，开闭幕布可使用平盘形电动机，为了使用方便，可配置无线电遥控或红外遥控，使用直线电动机的窗帘自动开闭装置已广泛应用于宾馆、大楼和家庭中。

本 章 小 结

（1）伺服电动机是一种执行元件。按电源种类分为直流和交流两种。直流伺服电动机的基本结构和特性与他励电动机是一样的。通常采用电枢控制，即改变电枢电压 U_2 来控制电动机的转速和转向。当 $U_2 = 0$ 时，电动机立即停转。交流伺服电动机实为两相异步电动机，它的工作原理与单相异步电动机电容分相启动的情况相似，其定子上的两相绕组在空间相差90°，励磁电流在相位上超前于控制电流近似90°，此二电流产生旋转磁场，使得笼型转子转动。交流伺服电动机的转速和转向受控制电压 U_2 的控制，但当 $U_2 = 0$，即变为单相时，与单相异步电动机仍能继续旋转不一样，它立即停转。

（2）步进电动机是一种把电脉冲信号转换成角位移或直线位移的执行元件，在数字控制系统中被广泛采用。普通电动机是连续旋转的，步进电动机是一步一步转动的，并且是由控制脉冲通过驱动功放线路来控制的。步进电动机对应每个控制脉冲，转子转动一个固定的角度 θ，其步距角 $\theta = 360°/(z_r m)$ 与运行拍数 m 和转子齿数 z_r 成反比；而转子转速 $n = 60f/(z_r m)$ 与脉冲频率 f 成正比，与运行拍数 m 和转子齿数 z_r 成反比。

（3）测速发电机是一种测量转速的信号元件，它将输入的机械转速转换为电压信号输出，发电机输出的电压与转速成正比。测速发电机分直流测速发电机和交流测速发电机两类。交流测速发电机中，广泛应用的是空心杯型转子测速发电机，主要用于伺服系统中做测速元件和计算元件。

（4）在转角随动系统中，自整角机是一种对角位移或角速度的偏差能自动整步的控制电机。它通过电的联系，使机械上不相连的两根或多根转轴自动保持相同的转角变化或同步旋转。

（5）直线电动机是一种做直线运动的电动机。与笼型异步电动机一样，改变电源频率可以改变电动机的速度，改变直线电动机初级绕组的通电顺序可以改变电动机的运动方向。

习 题 5

一、填空题

5-1　在伺服进给系统中，伺服驱动装置是_____部件，它接收数控系统的_____指令信号，并将其转变为_____位移或_____位移，从而实现所要求的运动。

5-2　伺服电动机又称_____电动机，在自动控制系统中作为_____元件，它将输入的_____信号，变换为_____和_____输出，以驱动控制对象。

5-3　按使用的电源性质不同，伺服电动机可分为交流和直流两种，交流伺服电动机的输出功率一般在_____W，直流伺服电动机的输出功率一般在_____W。

5-4　交流伺服电动机的_____随控制_____的大小而改变。

5-5　当控制电压为_____时，交流伺服电动机应_____停转，无_____现象。

5-6　交流伺服电动机是_____电动机，其定子结构有_____极式和_____极式两种，励磁绕组由交流电压励磁，控制绕组输入_____电压，两个绕组在空间相差_____电角度。

5-7　交流伺服电动机的转子有两种形式，一种为_____型转子，另一种为_____型转子。

5-8　当负载一定时，可以通过调节交流伺服电动机的控制电压的_____或_____，来改变电动机的_____或_____。其控制方式通常有_____控制、_____控制和_____控制三种类型。

5-9　直流伺服电动机是一台_____的_____直流电动机，按励磁种类可分为_____和_____两种。

5-10　采用直流信号控制直流伺服电动机的_____和_____，其控制方式有：改变_____电压的_____和_____的称为_____控制，改变_____电压的_____和_____的称为_____控制。

5-11　步进电动机是利用_____原理将电脉冲转换成相应的_____或_____的控制电机。

5-12　每当输入一个脉冲，步进电动机就转动一定的_____或前进_____，故又称_____电动机。

5-13　步进电动机按运行方式可分为_____型和_____型，_____型步进电动机又可分为_____式、_____式和_____式三种，其中_____是目前使用最广泛的一种，它具有_____、_____的特点。

5-14　步进电动机通常有_____拍、_____拍和_____拍控制。

5-15　步进电动机的几拍控制，是对三相控制（励磁）绕组不同的通电_____组合来实现，所谓"几拍"是指经过几次切换控制绕组的电脉冲为下一个_____。

5-16 步进电动机在脉冲信号的控制下，按某一方向一步一步地转动，每一步转过的角度称为_____角，电动机的转速取决于电脉冲的_____，_____越高，转速越_____，并与_____同步，改变电动机的转动方向，只需要输入顺序_____的脉冲。

5-17 _____拍控制，每步转过30°；_____拍控制，每步转过15°；_____拍控制，每步仍然转过30°。

5-18 步进电动机_____及_____越多，则_____越小，在实际应用中，为保证加工精度，步进电动机的步距角是_____或_____。

5-19 步进电动机的步距误差 $\Delta\alpha$ 是指_____的步距角与_____的步距角之差，它直接影响执行部件的_____精度，由于步进电动机每转一圈又回到_____位置，因此误差不会无限_____。伺服步进电动机的 $\Delta\alpha$ 一般为_____，功率步进电动机的 $\Delta\alpha$ 一般为_____。

5-20 步进电动机在启动时，既要克服_____转矩，又要克服_____转矩(电动机和负载的总惯量)，所以启动频率不能_____高，伺服步进电动机的 f_0 最大为_____，功率步进电动机的 f_0 一般为_____。

5-21 步进电动机的驱动电路即将_____电平信号变换成电动机绕组所需的具有一定_____的脉冲信号，驱动电路性能的好坏在很大程度上决定了电动机_____是否能充分发挥。

5-22 测速发电机是测量_____的元件，要求测速发电机的_____与_____成正比。

5-23 测速发电机分为_____和_____两大类。

5-24 自整角机是一种对_____和_____的偏差能自动_____的控制电机。它通过_____联系，使机械上不_____的两根或多根转轴能自动保持相同的_____变化和_____旋转。

5-25 自整角机常_____使用，一个作为_____机，一个作为_____机，由于在使用上的不同，分为_____式和_____式，如负载较轻，不需用_____电动机，由自整角机直接实现_____随动，这就是_____式自整角机。

5-26 _____式自整角机的两个单相绕组一个接在交流电源上，作为_____绕组，另一个作为_____绕组，而_____式自整角机的两单相绕组是接在同一交流电源上，都作为_____绕组。

5-27 _____式自整角机的输出电压是由_____磁通_____产生，_____机是在变压器状态下工作，所以这种形式的_____又称为自整角_____器。

5-28 直线电动机是做_____运动的电动机，由于直线电动机与执行机构之间没有_____传动机构，使得传动系统结构简单，同时加、减速速度快，可实现_____启动和_____向运动。

5-29 直线电动机是由_____异步电动机演变而来的，其中定子与_____对应，转子与_____对应，由于初级和次级之间要做_____运动，为保证初、次级之间的耦合保持不变，实际应用中，初级、次级的长度是_____相等的，故有_____初级和_____次级之称。

5-30 直线电动机的速度与电源_____和电动机_____成正比，因此改变这两个参数就可以改变电动机的速度。

5-31 与旋转电动机一样，改变直线电动机_____绕组的通电_____，可改变电动机的运动_____。

二、选择题

5-32 功率步进电动机的功率一般为_____。

    A. 500～800 W   B. 800 W 以上

    C. 300～600 W   D. 比伺服步进电动机的大

5-33 以下_____不是旋转式步进电动机所具有的形式。

    A. 反应式   B. 直线式

    C. 永磁式   D. 感应式

5-34 以下_____参数不影响步进电动机的转速。

    A. 电压频率   B. 转子齿数

    C. 电源电压   D. 运行拍数

5-35 步进电动机步距角的大小与运行拍数_____。

    A. 成正比   B. 成反比

    C. 有关系   D. 没有关系

5-36 当负载转矩一定时，不可用_____来改变交流伺服电动机的转速或转向。

    A. 幅值控制方式   B. 频率控制方式

    C. 相位控制方式   D. 幅值-相位控制方式

5-37 直流伺服电动机是一种_____电动机。

    A. 他励式   B. 并励式

    C. 串励式   D. 复励式

5-38 通过改变直线电动机的_____，可以改变电动机的运动方向。

    A. 电源电压   B. 绕组通电顺序

    C. 电源幅值   D. ABC 三种方法都不行

5-39 在高速数控机床进给系统中，通常使用的直线电动机是_____结构。

    A. 初、次级长度相等   B. 短初级

    C. 短次级   D. 任意

三、问答题

5-40 伺服电动机的作用是什么？

5-41 交流伺服电动机的自转现象是指什么？如何消除？

5-42 若直流伺服电动机的励磁电压下降，将对电机的机械特性和调节特性产生哪些影响？

5-43 直流伺服电动机常用什么控制方式？为什么？

5-44 为什么交流测速发电机输出电压的大小与电机转速成正比，而频率与转速无关？

5-45 若直流测速发电机的电刷没有放在几何中心线上，这时电机正、反转时的输出特性是否一样？为什么？

5-46 什么是交流测速发电机的剩余电压？简要说明剩余电压产生的原因及其减小方法。

5-47 为什么直流测速发电机的负载电阻阻值应等于或大于负载电阻的规定值？

5-48　步进电动机的转速与哪些因素有关? 如何改变其转向?

5-49　什么是步进电动机的步距角? 三相反应式步进电动机的步距角如何计算?

5-50　力矩式自整角机和控制式自整角机在工作原理上各有何特点? 各适用于怎样的随动系统?

第6章 低压电器

电动机控制电路是由各种功能的低压电器组成的，了解常用低压电器的分类、结构组成、工作原理、特性和选用方法，是分析和设计电动机控制电路的基础。本章将介绍常用低压电器的分类、基本结构、符号，重点介绍开关、主令电器、保护电器、交流接触器、继电器和电磁铁等基本电器元件的结构、工作原理和使用方法。

6.1 低压电器概述

低压电器是指用于额定电压为 1200 V 及以下交流电路中或用于直流电压 1500 V 及以下电路中的电器。

6.1.1 低压电器的分类

低压电器种类繁多，按照不同的分类规则可以有不同的分类结果。

1. 按动作方式分类

（1）自动电器：按照某个物理量的变化而自动动作的电器，不需要人操作就可以自动完成。

（2）非自动电器：通过人力操作而动作的电器。

2. 按作用分类

（1）执行电器：用来完成某种动作或传递功率的电器。

（2）控制电器：用来控制电路通断的电器。

（3）主令电器：用来控制其他自动电器的动作，可以发出指令的电器。

（4）保护电器：用来保护电源、电路、用电设备，使它们不致在过载或短路状态下运行的电器。

3. 按动作原理分类

（1）电磁式电器：根据电磁原理工作的电器。

（2）非电量式电器：根据人力、机械力或某种非电量的变化而动作的电器。

6.1.2 低压电器的基本结构

低压电器一般由接收外部信号的机构和执行机构构成。其中电磁式电器的接收机构是电磁机构，执行机构是触头系统，部分低压电器还有灭弧装置。下面以电磁式电器为例讲解电器的结构。

1. 电磁机构

电磁机构一般由静铁芯、动铁芯、线圈组成，如图 6-1 所示。静铁芯一般固定在底座上不动，线圈绕在静铁芯上，动铁芯也是相对固定的，在受到外力作用时可能发生位置的改变。

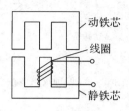

图 6-1 电磁机构

当线圈有电流流过时，产生磁场，动铁芯会被吸引，如果吸引力足够大，动铁芯将会朝着静铁芯运动。

2. 触头系统

触头系统如图 6-2 所示。触头系统中固定不能动的触头称为静触头，在力的作用下可以移动的触头称为动触头。静触头固定在底座上，动触头一般固定在能运动的与动铁芯相连的连杆机构上，当动铁芯运动带动连杆机构运动时，动触头随即移动。

在线圈未得电时，触头已经接触在一起，线圈得电后触头分开，这样的触头称为常闭触头；相反，若线圈未得电时触头未接触，而线圈得电后触头接触在一起，这样的触头称为常开触头。

触头接触面积不同，允许流过的电流大小也不同。接触面常见的有点接触和面接触两种结构，如图 6-2(a)和(b)所示。图 6-2 的(a)、(b)所示触头为单触头，与之不同的是复合触头，如图 6-2(c)所示。

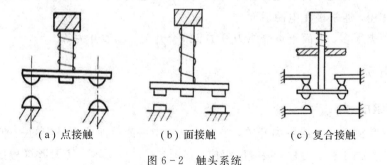

（a）点接触   （b）面接触   （c）复合接触

图 6-2 触头系统

3. 灭弧装置

在触头动作复位时，会产生感应电动势，亦会产生放电现象，产生高温并发出强光，也就是电弧。电弧不仅会烧坏触头，延长电路分断时间，严重时还会造成相间短路。若电弧不能自动熄灭，或者为了使电弧快速被熄灭，需要安装灭弧装置。灭弧的方法很多，有磁吹灭弧、电动力灭弧、栅片灭弧、双断口灭弧、陶土灭弧罩灭弧、纵缝灭弧和固体产气灭弧等。如图 6-3 所示为四种灭弧方法。

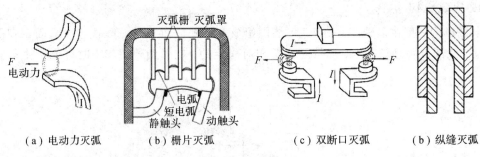

（a）电动力灭弧	（b）栅片灭弧	（c）双断口灭弧	（b）纵缝灭弧

图 6-3　四种灭弧方法

6.1.3　常用低压电器的文字符号

电器的文字符号有统一的标准，下面列出常用低压电器的文字符号，如表 6-1 所示。

表 6-1　常用低压电器符号的文字

电器名称	文字符号	电器名称	文字符号
开关	QS	速度继电器	KS
熔断器	FU	时间继电器	KT
交流接触器	KM	中间继电器	KA
热继电器	FR	行程开关	SQ
按钮	SB		

6.2　开　　关

开关是电路中接通电源与电路的电气元件，非常重要。在电路中，开关起着接通电源、保护电路的作用，通常接在电源后面。

开关的种类很多，下面重点介绍刀开关、组合开关、倒顺开关等。

6.2.1　刀开关

1. 结构组成

刀开关又称闸刀开关或隔离开关，是手控电器中最简单而使用最广的一种低压电器。

刀开关主要由手柄、刀片、接线座组成，如图 6-4（a）所示，其图形符号如图 6-4（b）所示，文字符号为 QS。

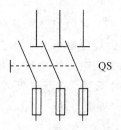

QS

（a）刀开关外形图	（b）刀开关符号图

图 6-4　刀开关

2. 用途

刀开关适用于交流额定电压至 380 V、直流额定电压至 440 V、额定电流至 1500 A 的成套配电装置中，用于不频繁地手动接通和分断交、直流电路或作隔离开关用。

以 HK2 - □/□ 为例，刀开关型号的含义如下：

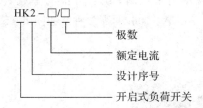

3. 注意事项

安装和使用刀开关的注意事项如下：

(1) 电源进线应接静触头一端，进线端应接在上方，用电设备应接在动触头一端，接线端接在下方。这样，当开关断开时，闸刀和熔体均不带电，以保证更换熔体时的安全。

(2) 安装时，刀开关应该在刀片向上推起时为合闸状态，不能倒装和平装，以防止闸刀松动落下时误合闸。

4. 技术数据

表 6 - 2 是 HK 系列负荷开关的主要技术数据。

表 6 - 2　HK 系列负荷开关的主要技术数据

型号	额定电流/A	极数	额定电压/V	可控制电动机最大容量/kW	配用熔体线径/mm
HK1	15	2	220	1.5	1.45~1.59
	30	2	220	3.0	2.30~2.52
	60	2	220	4.5	3.36~4.00
	15	3	380	2.2	1.45~1.59
	30	3	380	4.0	2.30~2.52
	60	3	380	5.5	3.36~4.00
HK2	10	2	250	1.1	0.25
	15	2	250	1.5	0.41
	30	2	250	3.0	0.56
	10	3	380	2.2	0.45
	15	3	380	4.0	0.71
	30	3	380	5.5	1.12

6.2.2 组合开关

组合开关又称为转换开关，它的不同之处是用动触片的旋转代替闸刀的推动和拉开。在电气控制线路中，组合开关常被作为电源引入的开关，可以用它来直接启动或停止小功率电动机，局部照明电路也常用它来控制。组合开关有单极、双极、三极、四极、多级等，额定持续电流有 10 A、25 A、60 A、100 A 等多种。如图 6-5 所示为组合开关外形图和图形符号，文字符号为 SA。

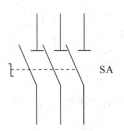

（a）组合开关外形图　　　　　（b）组合开关符号图

图 6-5　组合开关

电气控制线路中常用的组合开关系列规格有 HZ5、HZ10、HZ15、3LB 等。下面以 HZ5B-10/2D005 组合开关为例介绍其性能。

HZ5B-10/2D005 组合开关适于在交流 50 Hz、电压小于等于 380 V 的电路中作电动机停止、换向、调速之用，安装地点海拔高度不超过 2000 m，周围空气温度不高于+40℃，不低于-5℃，24 小时内的平均温度不超过+35℃，空气清洁。技术参数主要有：额定电流为 10 A，额定工作电压为 440 V，额定控制功率为 1.7 kW。

组合开关用作隔离开关时，其额定电流应低于被隔离电路中各负载电流的总和；用于控制电动机时，其额定电流一般取电动机额定电流的 1.5～2.5 倍。

应根据电气控制线路的实际需要，确定组合开关的接线方式，正确选择符合接线要求的组合开关规格。

6.2.3 倒顺开关

倒顺开关是组合开关的一种，它不但能接通和分断电路，而且还能改变电源的相序，用于直接实现小功率电动机的正、反控制。如图 6-6(a) 所示为倒顺开关的外形图，图(b)为倒顺开关的侧面手柄示意图，图(c)为应用倒顺开关控制电动机正反转的电路图。

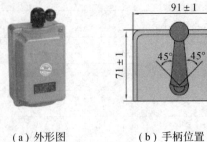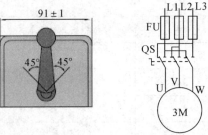

（a）外形图　　　　（b）手柄位置　　　（c）倒顺开关控制正反转

图 6-6　QS-60 倒顺开关

QS - 60 型倒顺开关适用于交流 50 Hz、额定工作电压 380 V、最大容量至 10 kW 的电路中，能够直接接通、分断单台异步电动机，使其启动、运转、停止及反向运行。

倒顺开关的主要特点是：体积小，操作灵活，防尘、防水性能强。主要技术参数如表 6 - 3 所示。

表 6 - 3　QS 系列开关技术参数

型号规格		QS - 15	QS - 30	QS - 60
额定发热电流 I_{th}/A		15	30	60
额定工作电流 I_N/A		7	12	20
额定工作功率/kW	U_N = 380 V	3	5.5	10
	U_N = 220 V	1.7	3.4	5.5

倒顺开关的手柄只能从"停"位置左转 45°或右转 45°，如图 6 - 6(b)所示。当电动机处于正转状态时，要使它反转，应先把手柄扳到"停"的位置，使电动机先停转，然后再把手柄扳到"倒"的位置，使它反转。若直接把手柄由"顺"扳到"倒"的位置，电动机的定子绕组会因为电源突然反接而产生很大的反接电流，进而因过热而损坏。

6.3　主令电器

主令电器是用来发送命令，以控制其他电器动作的电器。主令电器有很多，下面重点介绍控制电路中经常使用的按钮和行程开关。

6.3.1　按钮

按钮是一种常用的控制电器，常用来接通或断开"控制电路"，从而达到控制电动机或其他电气设备运行的目的。

按钮的用途很广，例如，车床的启动与停机、正转与反转等，塔式吊车的启动、停止、上升、下降、向前、向后、向左、向右、慢速或快速运行等，都需要按钮控制。

1. 结构和符号

按钮由按钮帽、复位弹簧、桥式触头、外壳等组成。图 6 - 7 所示为按钮的外形，图6 - 8 所示为按钮的内部结构，图 6 - 9 所示为按钮的符号。

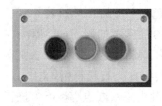

图 6 - 7　按钮的外形图

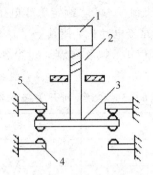

1—按钮帽；2—复位弹簧；3—动触头；4—常开静触头；5—常闭静触头

图 6-8　按钮的结构图

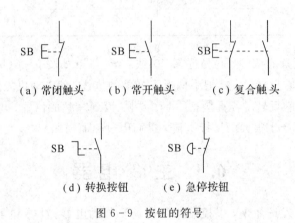

（a）常闭触头　　（b）常开触头　　（c）复合触头

（d）转换按钮　　（e）急停按钮

图 6-9　按钮的符号

2. 工作原理

当按钮帽被压向下运动时，按钮帽连着的连杆以及下方的动触头随之向下运动，在这个过程中，常闭触头先断开，常开触头后闭合；当松开按钮帽之后，由于复位弹簧的作用，恢复原来的状态，常开触头先恢复断开，常闭触头后恢复闭合。

3. LAY39 系列按钮开关

LAY39 系列按钮开关适用于交流 50 Hz(60 Hz)、电压至 660 V 及直流电压至 440 V 的数控机床、船舶、纺织、印刷、电力等设备的控制电路中，可作启动、停止、联锁等控制。

按钮开关为积木式结构，触头为双断点瞬动型，螺母安装，由操动器、基座、触头系统构成。

LAY39 系列按钮的型号表示为 LAY39①②③/④⑤⑥⑦⑧⑨⑩，其中各位置上的数字含义为：①是常开触头数目；②是常闭触头数目；③表示派生代号，其字母的含义如表6-4所示；④代表钮面颜色，字母的含义如表 6-5 所示；⑤表示旋钮、钥匙钮动作位置及钥匙拔出位置，数字及字母的含义如表 6-6 所示；⑥表示带灯钮、指示灯规格，字母含义如表6-7所示；⑦表示电压规格及光源颜色，含义如表 6-7 所示；⑧TH 表示湿热带型；⑨表示塑料帽、金属帽，其中S代表塑料帽，J代表金属帽，如表6-8所示；⑩表示按钮的 A 型和 B 型，A 型按钮是触头为双断点、触板为挠板式、动作形式为瞬动型；B 型按钮是触头为双断点、触板为直板式、动作形式为直动型，承载电流比 A 型按钮大。

表 6 - 4　派生代号字母的含义

字　母	含　　义	字　母	含　　义
无	一般按钮	MJL	拔拉式按钮
※	带符号钮	X	旋钮
D	带灯钮	XB	旋柄钮
P	平钮	XF	自复位旋钮
Z	自锁钮	XBF	自复位旋柄钮
ZP	自锁式平钮	Y	钥匙钮
ZM	自锁式蘑菇钮	XDB	信号灯
M	蘑菇钮	MJ	蘑菇急停钮

表 6 - 5　钮面颜色字母代号的含义

R	G	Y	B	W	K
红	绿	黄	蓝	白	黑

表 6 - 6　旋钮、钥匙钮动作位置及钥匙拔出位置数字及字母代号的含义

2	3	f	fu	ffu	zffu	ffuz	o	a	ao	au
二位置	三位置	左边自复	右边自复	左右自复	左锁定右自复	右锁定左自复	所有位拨	左边可拔出	中间可拔出	右边可拔出

表 6 - 7　带灯钮、指示灯规格、电压规格及光源颜色代号

光源	L(LED 发光二极管)高亮度							
代码	1	2	3	4	5	6	7	8
电源	AC、DC							AC
电压/V	6	12	24	36	48	110	220	380
颜色	红绿黄蓝白							

表 6 - 8　按钮帽代号

代号	S	J
含义	塑料帽	金属帽

6.3.2 行程开关

行程开关是一种在控制系统拖动机构运动时，遇到阻碍或者碰撞等情况时能够自动动作，从而改变电路运行状态的一种电器，通常用来进行行程控制或者限位控制。行程开关按其结构可分为直动式、滚轮式、微动式和组合式。

1. 结构

图 6-10(a)、(b)所示为行程开关的外形图，图 6-10(c)所示为某些型号行程开关内部微动开关的外形图，图 6-10(d)所示为行程开关的符号。图 6-11 所示为 LX19 系列行程开关内部结构图。

（a）LX19系列

（b）LX5 系列　　　　　　（c）LXW8系列　　　　　　（d）符号

图 6-10　行程开关的外形图及符号

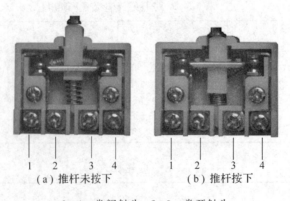

（a）推杆未按下　　　　　　（b）推杆按下

1、4—常闭触头；2、3—常开触头

图 6-11　LX19 系列行程开关的内部结构图

2. 工作原理

以 LX19 系列行程开关为例介绍其工作原理。

当行程开关尚未动作时，如图6-11(a)所示，1、4为常闭触头，2、3为常开触头。当运动机械压到行程开关的滚轮上时，推动微动开关快速动作。如图6-11(b)所示，1、4之间断开，2、3之间闭合。若是单轮行程开关，压到滚轮上的运动机械移开后，复位弹簧会使行程开关复位，这种称为自动恢复式行程开关。而双轮旋转式行程开关不能自动复原，它是依靠运动机械反向移动时压到另一滚轮而将其复原的。

3. 接近开关

在各类元件中，有一种元件对接近它的物体有"感知"能力，这种元件称为位移传感器。利用位移传感器对接近物体的敏感特性以达到控制开关通或断的目的，这就是接近开关的原理。

当有物体移向接近开关，并接近到一定距离时，位移传感器才有"感知"，开关才会动作。通常把这个距离叫"检出距离"，但不同的接近开关的检出距离不同。

有时被检测物体是按一定的时间间隔，一个接一个地移向接近开关，又一个接一个地离开，这样不断地重复。不同的接近开关，对检测对象的响应能力是不同的，这种响应特性被称为"响应频率"。

1）接近开关的外形以及符号

图6-12所示为接近开关的外形图，图6-13所示为接近开关的符号。

图6-12　接近开关的外形图

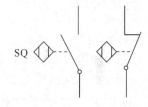

图6-13　接近开关的符号

2）接近开关的功能

接近开关的用途非常广，主要有以下功能：

（1）检验距离：检测电梯、升降设备的停止、启动、通过位置；检测车辆的位置，防止两物体相撞；检测工作机械的设定位置，移动机器或部件的极限位置；检测回转体的停止位置，阀门的开或关位置。

（2）尺寸控制：金属板冲剪的尺寸控制；自动选择、鉴别金属件的长度；检测自动装卸时堆物的高度；检测物品的长、宽、高和体积。

（3）检测物体存在与否：检测生产包装线上有无产品包装箱；检测有无产品零件。

（4）转速与速度控制：控制传送带的速度；控制旋转机械的转速；与各种脉冲发生器一起控制转速和转数。

（5）计数及控制：检测生产线上流过的产品数；高速旋转轴或盘的转数计量；零部件的计数。

（6）检测异常：检测瓶盖有无；判断产品合格与不合格；检测包装盒内的金属制品缺乏与否；区分金属与非金属零件；检测产品有无标牌；起重机危险区报警；安全扶梯自动

启停。

（7）计量控制：产品或零件的自动计量；检测计量器、仪表的指针范围以控制数量或流量；检测浮标控制液面高度、流量；检测不锈钢桶中的铁浮标；仪表量程上限或下限的控制；流量控制，水平面控制。

（8）识别对象：根据载体上的码识别是与非。

6.4 保护电器

电路在工作时，可能出现短路、断路等意外情况，此时如果没有保护电器对电路进行保护，可能出现烧坏电源和负载等非常严重的情况，也有可能发生火灾引起灾难，所以保护电器是非常重要的。常用的保护电器有熔断器、热继电器、低压断路器等。

6.4.1 熔断器

熔断器是最简单的保护电器，它用来保护电气设备免受过载和短路电流的损害。应按照安装条件及用途选择不同类型的熔断器。对于一些专用设备，其高压熔断器应选专用系列。我们常说的保险是指熔断器，保险丝是指熔断器内部的熔体。

1. 熔断器的工作原理

熔断器主要由熔丝以及安装熔丝的熔管或底座组成。熔丝由易熔的铅锡合金制作而成，形状可以是丝状或者片状。熔管由陶瓷、绝缘钢或者玻璃纤维制成，在熔断器熔断时可以熄灭电弧。

熔断器经常接在电源之后，在电路过载或者短路时熔断熔丝，切断电路，从而起到保护的作用，使用时只能串联在被保护电路中。

常用的低压熔断器有 RT18 系列圆筒形帽熔断器、瓷插式熔断器、螺旋式熔断器等，如图 6-14 所示。瓷插式熔断器灭弧能力差，只适合在故障电流较小的线路末端使用。其他几种类型的熔断器均有灭弧措施，分断电流能力比较强。密闭管式熔断器结构简单，螺旋式熔断器更换熔管时比较安全，填充料式熔断器的断流能力更强。

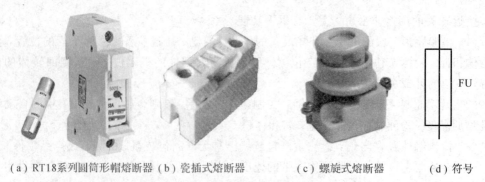

（a）RT18系列圆筒形帽熔断器 （b）瓷插式熔断器　　　　（c）螺旋式熔断器　　　（d）符号

图 6-14 熔断器的外形图及符号

2. 熔断器的选择

1）熔断器型号的选择原则

（1）熔断器的额定电压应大于或等于被保护电路的工作电压。

（2）熔断器的额定电流应大于或等于所装熔体的额定电流。

2）熔体的选择原则

熔体主要是根据额定电流来选择的。

（1）如果电路是纯电阻性负载，则选择熔体的额定电流为 $1\sim1.05I_N$。

（2）如果电路中只有一台电动机负载，则选择熔体的额定电流为 $1.5\sim2.5I_N$。

（3）如果电路是多台电机的负载，则选择熔体的额定电流为 $1.5\sim2.5I_{Nmax}+\sum I_N$。

6.4.2　热继电器

热继电器是一种利用热效应使双金属片变形从而使热继电器动作以切断电路，对电路起到保护作用的低压电器。

电路在长时间过载的情况下，电路电流大于额定电流，电流增大后产生大量的热量，使串联在电路中的热继电器里的双金属片吸收热量，温度升高，发生形变，两种金属片的形变系数不一样，就会朝着形变系数小的一方弯曲，推动机构动作，使动触头移动，使得常开触头闭合、常闭触头断开，电路断开，从而起到了保护作用。

1. 热继电器的外形以及符号

图 6-15 所示是 T 系列和 JR16 系列热继电器的外形图。热继电器的热元件以及热继电器符号如图 6-16 所示，文字代号为 FR。

（a）T系列　　　（b）JR16系列

图 6-15　热继电器外形图

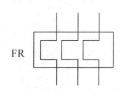

（a）热继电器的热元件　　　（b）热继电器的辅助常闭触头

图 6-16　热继电器的热元件及符号

热继电器的型号为 JR①-②/③D，其中：JR 表示热继电器；①表示设计序号；②表示额定电流；③表示级数；D 表示带断相保护装置。

2. 热继电器的工作原理

热继电器的内部结构如图 6-17 所示，双金属片 5 由两种膨胀系数的金属贴压而成，上面绕有电阻丝，电阻丝接在电动机电路中。触头由动触头 9 和常闭静触头 8 组成常闭触头。动作机构由外导板 6、内导板 7、杠杆 10 及拉簧 15 等组成。热继电器动作后，待温度降低，用复位按钮 3 使各部件复位。整定电流装置通过偏心轮 1 来调节整定电流。

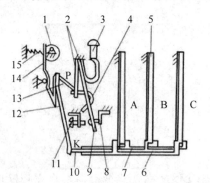

1—电流调节偏心轮；2—簧片；

3—复位按钮；4—弓簧；

5—双金属片；6—外导板；

7—内导板；8—常闭静触头；

9—动触头；10—杠杆；

11—复位调节螺钉；

12—温度补偿双金属片；

13—连杆；14—推杆；15—拉簧

图 6-17 热继电器的内部结构图

工作原理：当负载正常时，双金属片 5 发热正常，导板 6、7 推动左移，但未达到动作程度，常闭触头 8、9 仍然闭合；当电流超过额定值时，双金属片弯曲较大，导板 6、7 向左移动较多，经杠杆 10 推动，连杆 13 使动触头 9 移动，常闭触头分离，电动机控制电路断电，电动机停转。

3. 热继电器型号的选择

热继电器电流的整定范围 $I=0.95I_N \sim 1.05I_N$。严禁将整定电流选择得过大，如果电流过大，将失去保护作用。

6.4.3 低压断路器

低压断路器又称空气开关或自动开关。它相当于开关、熔断器、热继电器、过流继电器和欠电压继电器的组合，是一种既有手动开关作用又能自动进行欠电压、失电压、过载和短路保护的电器。

1. 工作原理

低压断路器的内部结构如图 6-18 所示，开关的三个触头 1 串联在被保护的三相电路中，电磁脱扣器 3 和热脱扣器 5 的热元件电阻丝与电路串联；欠电压脱扣器 6 和分励脱扣器 4 的线圈与电路并联。

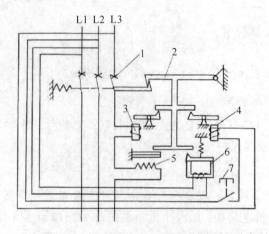

1—触头；

2—自由脱扣器的搭钩；

3—电磁脱扣器；

4—分励脱扣器；

5—热脱扣器；

6—欠电压脱扣器；

7—按钮

图 6-18 低压断路器的内部结构图

当按下"合"时，三个触头被自由脱扣器 2 的搭钩钩住，保持闭合状态。当按下"分"时，搭钩松开，触头分断；或者按下按钮 7，分励脱扣器线圈通电，衔铁被吸合，撞击自由脱扣器杠杆，把搭钩顶上去，触头分离。

电路正常工作时，电磁脱扣器 3 的线圈产生的磁力不能吸引衔铁，也就不能使其右端向上顶而使触头分离。而当电路发生短路或有较大电流流过时，线圈的磁场增强，吸引衔铁，撞击杠杆，搭钩松开，触头分离。当电路发生过载时，热脱扣器 5 的双金属片向上弯曲，撞击杠杆，搭钩松开，触头分离。

如图 6-19 所示，断路器种类很多，有 DZ5 系列、DZ47 系列、DZ108 系列等。下面介绍典型的 NM 系列的塑料外壳式断路器。

   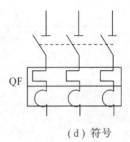

(a) DZ5 系列　　　(b) DZ47 系列　　　(c) DZ108 系列　　　(d) 符号

图 6-19　断路器的外形图及符号

NM10 系列塑料外壳式断路器(简称断路器)，主要用于不频繁操作的 50 Hz、额定电压至 380 V、额定电流至 600 A 的配电网络中，用来分配电能和保护线路及电源设备免受过载、短路、欠电压等故障的损坏。250 A 及以下断路器同时也为电动机的不频繁启动及过载、短路、欠电压提供保护。

2. 型号及其含义

NM10 系列断路器的型号表示为 NM10-①②③/④⑤⑥⑦，其中，N 是企业特征代号，M 是塑料外壳式断路器，10 是设计序号。其他数字的含义如下：

①表示壳架等级额定电流数。②表示短路分断能力特征代号：标准型无代号；H 表示较高型。③表示操作方式：手柄直接操作无代号；电动操作用 P 表示。④表示级数。⑤表示脱扣器类别及附件代号，如表 6-9 所示。⑥表示保护种类：配电保护无代号；电动机保护用 2 表示。⑦表示派生代号：常用产品无代号；透明盖用 T 表示。

表 6-9　脱扣器类别及附件代号

脱扣器类别	不带附件	分励脱扣器	辅助触头	欠电压脱扣器	辅助触头分励脱扣器	分励脱扣器欠电压脱扣器	二级辅助触头	辅助触头欠电压脱扣器
电磁脱扣器	20	21	22	23	24	25	26	27
复式脱扣器	30	31	32	33	34	35	36	37

3. 技术参数

1) 过电流脱扣器在过载情况下(反时限动作)断开时的技术参数

断路器在周围空气温度为 +40℃ 时，电动机保护用断路器的反时限特性如表 6-10

所示。

表 6-10　电动机保护用断路器过载情况下的反时限断开特性

序号	实验电流名称	整定电流(I/I_N)	约定时间	起始状态
1	约定不脱扣电流	1.0	2 h	冷态
2	约定脱扣电流	1.2	2 h	紧接着序号1实验后开始

2) 过电流脱扣器在短路情况下断开时的技术参数

电动机保护用断路器在表 6-11 规定整定电流值下应瞬时动作。

表 6-11　短路情况下瞬时动作的整定电流

型　号	电动机保护用断路器瞬时动作电流整定值	整定允许误差
NM10-100	$12I_N$	
NM10-100H	$12I_N$	$\pm20\%$
NM10-250	$12I_N$	
NM10-600	—	

3) 断路器的基本参数

断路器的基本参数如表 6-12 所示。

表 6-12　NM 系列断路器基本参数

型号	壳架等级额定电流 I_N/mA	额定绝缘电压 U_i/V	额定工作电压 U_N/V	额定频率 Hz	额定极限短路分断能力 I_{Cu}/kA 380 V	额定运行短路分断能力 I_{cs}/kA 380 V	飞弧距离 /mm	额定电流 I_N/A
NM-100	100				15	7.5	150	20, 30, 40, 50, 60, 80, 100
NM-100H	100	380	380	50	15	10	150	
NM-250	250				20	12.5	200	120, 150, 170, 200, 250
NM-600	600				30	15	200	300, 400, 500, 600

4. 操作条件

(1) 电动操作机构闭合。断路器用电动机构操作时，在额定控制电源电压 85% 和 110% 之间的任一电压下，应能保证断路器可靠闭合。

(2) 断开。若脱扣器操作期间的控制电压在额定控制电源电压的 70% 和 110% 之间，则在断路器的所有操作条件下，应导致分励脱扣器脱扣。但如果电压规格选用 DC24 V 时，额定电流应在 (5 ± 0.5)A 范围内。当额定工作电压下降到额定值的 70% 和 35% 之间时，欠电压脱扣器应动作；当电源电压低于脱扣器额定工作电压的 35% 时，欠电压脱扣器应能防止断路器闭合；当电源电压等于或者大于脱扣器额定工作电压的85％时，欠电压脱扣器应能保证断路器闭合。

6.5　交流接触器

接触器是一种自动控制的电器，可实现中远距离频繁地接通与断开交直流主电路与大容量控制电路，具有欠电压和失电压保护功能，寿命长，设备简单经济。接触器在电力拖动自动控制系统中应用非常广泛。

接触器可以按其主回路电流种类的不同，分为直流接触器和交流接触器。直流接触器用于直流电路中，主要用于精密机床上的直流电机控制。交流接触器用于交流电路中，其应用范围非常广泛，工程实践中大部分都是用交流接触器。本节主要介绍交流接触器。如图 6-20 所示为常见的交流接触器外形图。

（a）CJK系列　　　　　　　　　（b）CJ10系列

图 6-20　常见的交流接触器外形图

6.5.1　交流接触器的结构

交流接触器主要由电磁系统、触头系统、灭弧装置、弹簧系统、支架以及底座，还有短路环等部分构成，如图 6-21 所示。

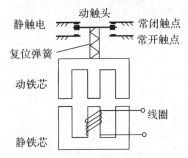

（a）外形图　　　　　（b）电磁系统以及触头系统

图 6-21　交流接触器

交流接触器的电磁系统由线圈、静铁芯、动铁芯三部分构成。静铁芯固定不能动，线圈绕在静铁芯上，动铁芯在受到足够大的力的作用时可以移动。

交流接触器的触头系统有主触头和辅助触头两组触头。主触头有三对，均是常开触头，能承载比较大的电流，用于主电路；辅助触头有两对，是两对复合触头，动作时常闭触头断开后常开触头才闭合，流过电流较小，用于控制电路。

交流接触器灭弧装置的作用是熄灭电弧。一般容量较大的交流接触器都设有灭弧装置，以便迅速切断电弧，以免烧坏主触头。一般采用半封式纵缝陶土灭弧罩，并配有强磁吹弧回路。

交流接触器的弹簧系统非常重要，有触头压力弹簧、复位弹簧、缓冲弹簧等。触头压力弹簧的作用是利用弹力增大动、静触头接触时的接触面积，减小接触电阻；复位弹簧的作用是当线圈失电时使动触头恢复原位，为下次动作做好准备；缓冲弹簧是安装在底座和静铁芯之间的刚性弹簧，当动铁芯运动时会对底座产生冲击力，此时缓冲弹簧会对底座起到保护作用。

6.5.2 交流接触器的工作原理

交流接触器的线圈得电时产生磁场，吸引动铁芯，动铁芯运动带动动触头一起移动，在移动过程中，常闭触头先断开，常开触头后闭合。当线圈失电或者电压较低时，磁场吸引动铁芯的力不足，则动铁芯复位，常开触头先断开，常闭触头后闭合，即触头恢复初始状态。

6.5.3 交流接触器的型号及主要参数

1. 交流接触器的型号

图 6-22 所示为交流接触器的符号。CJX2 系列交流接触器是较常用的接触器，一般型号为 CJX2-①②③④。含义为：CJ 是指交流接触器；X 代表小型；2 代表设计序号；①②为基本规格代号，用 400(380)V、AC-3 的额定工作电流数值表示；③④表示触头数目，用数字表示：

10 表示 3 常开主触头，1 常开辅助触头(32 A 及以下)；

01 表示 3 常开主触头，1 常闭辅助触头(32 A 及以下)；

11 表示 3 常开主触头，1 常开 1 常闭辅助触头(40 A 及以上)；

04 表示 4 常开主触头(除 18 A、32 A 以外)；

08 表示 2 常开 2 常闭主触头(除 18 A、32 A 以外)。

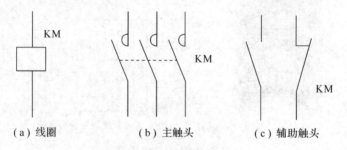

(a) 线圈 (b) 主触头 (c) 辅助触头

图 6-22 交流接触器的符号

2. 交流接触器的主要参数

交流接触器的主要参数如表 6-13 所示，线圈额定控制电源电压 U_s 为交流：(50 Hz) 24 V、36 V、110 V、127 V、220 V、380 V、660 V 等。

表 6 - 13　交流接触器的主要参数(CJX2 -)

型　　号			09	12	18	25	32	40	50	65	80	95
额定工作电流	380/400 /V	AC - 3	9	12	18	25	32	40	50	65	80	95
		AC - 4	3.5	5	7.7	8.5	12	18.5	24	28	37	44
	660/690 /V	AC - 3	6.6	8.9	12	18	21	34	39	42	49	49
		AC - 4	1.5	2	3.8	4.4	7.5	9	12	14	17.3	21.3
约定自由空气发热电流/A			20	20	32	40	50	60	80	80	95	95
额定绝缘电压/V			690									
额定冲击耐受电压/kV			6									
额定限制短路电流/kA			50									
可控三相鼠笼电动机功率(AC - 3)/kW	220/230 /V		2.2	3	4	5.5	7.5	11	15	18.5	22	25
	380/400 /V		4	5.5	7.5	11	15	18.5	22	30	37	45
	660/690 /V		5.5	7.5	10	15	18.5	30	37	37	45	45
操作频率 次/h	电寿命	AC - 3	1200					600				
		AC - 4	300									
	机械寿命		3600									
电寿命 /万次	AC - 3		100				80		60			
	AC - 4		20					15		10		

6.5.4　交流接触器的选用

必须根据电路工作时的参数,选择适合电路的交流接触器。可以从以下几个方面考虑:

(1) 选择适合的类型。根据所控制的电路电流选择直流接触器或交流接触器;根据控制要求选择触头数目。

(2) 选择触头的额定电压。根据接触器主触头接通与分断主电路电压等级来选择接触器的额定电压。

(3) 选择主触头的额定电流。主触头的额定电流应该大于或等于负载的电流。

(4) 选择线圈电压。线圈电压可以根据实际情况选择。低电压是相对安全的,但为了获得低电压却要增加成本,就要权衡之后做出选择;尽可能选择相对低的电压等级。

<h1 style="text-align:center">6.6　继　电　器</h1>

继电器是根据某种信号的变化而接通或者断开所控制的电路,从而实现自动控制或者保护电路的电器。

根据控制信号的不同,继电器可以分为电压继电器、电流继电器、中间继电器、时间继电器、速度继电器、新型固态继电器等。下面介绍几种常用的继电器。

6.6.1　电压继电器

电压继电器的控制信号是电压,根据电压的变化,继电器或动作或复位,从而对电路起到保护和控制的作用。使用时线圈并联在电路中。电压继电器的线圈匝数多、导线细、阻抗大。电压继电器的符号如图 6-23 所示。

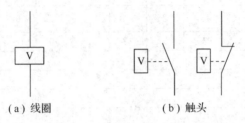

（a）线圈　　　　　　　　　（b）触头

图 6-23　电压继电器

根据动作时电压与额定电压的关系,电压继电器可以分为欠电压继电器和过电压继电器。

1. 欠电压继电器

欠电压继电器是在电压正常时继电器动作吸合,当电压降低到一定值需要对电路进行保护时,继电器线圈由于低电压产生的磁场不足以维持吸合状态从而断开电路,对电路起到保护作用。一般使用常开触头来保护电路。欠电压继电器的吸合电压一般为额定电压的 0.6~0.8,释放电压为额定电压的 0.1~0.35。

2. 过电压继电器

过电压继电器是在电压正常时继电器不动作(此时电压不足以使其动作),当电压增大到一定值时,过电压继电器动作,常闭触头断开,切断电路,从而起到保护电路的作用。一般使用常闭触头串联到电路进行保护,电压范围是额定电压的 1.05~1.2 倍。

6.6.2　电流继电器

电流继电器的控制信号是电流,根据电流的变化,继电器或动作或复位,从而对电路起到保护和控制的作用。使用时线圈串联在电路中。电流继电器的线圈为电流线圈,匝数少、导线粗、阻抗小。电流继电器的符号如图 6-24 所示。

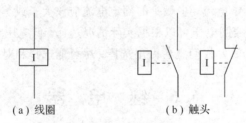

（a）线圈　　　　　　　　　（b）触头

图 6-24　电流继电器

根据动作时电流与额定电流的关系,电流继电器可以分为欠电流继电器和过电流继电器。

1. 欠电流继电器

欠电流继电器是在电流正常时继电器动作吸合，当电流降低到一定值时(电路需要保护时)，继电器线圈由于低电流产生的磁场不足以维持吸合状态从而断开电路，对电路起到保护作用。一般使用常开触头来保护电路。欠电流继电器的吸合电流一般为额定电流的0.3～0.65，释放电流为额定电流的0.1～0.2。

2. 过电流继电器

过电流继电器是在电流正常时继电器不动作(此时电流不足以使其动作)，当电流增大到一定值时，过电流继电器动作，常闭触头断开，切断电路，从而起到保护电路的作用。一般使用常闭触头串联到电路进行保护，电流范围是额定电流的1.1～3.5倍。

6.6.3 中间继电器

中间继电器的可控制信号是电压，根据电压的变化，继电器或动作或复位，从而对电路起到保护和控制的作用。使用时线圈并联在电路中。中间继电器的作用是增加触头和中间放大作用。图6-25所示为常用的中间继电器的外形图。

（a）JZ7系列　　　　　　　（b）ZC1系列

图 6-25　中间继电器的外形图

中间继电器的触头数目多，都是一种规格，没有主副触头之分。但一般允许流过的电流不是很大，基本上都是5 A，也有做成10 A的，所以一般用于控制电路，或者功率不大的主电路。触头总数目为8，为了更高效地使用，常开常闭数目之和为8即可。中间继电器的符号如图6-26所示。线圈电压同交流接触器一样，有24 V、36 V、110 V、127 V、220 V、380 V、660 V等。根据实际电路情况选择。

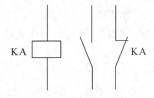

图 6-26　中间继电器的符号

6.6.4 时间继电器

时间继电器是在输入信号之后过一段时间才动作(即接通或者切断电路)，从而起到保护或者控制电路作用的继电器。时间继电器最重要的是延时动作,可以做成通电时延迟一段时间动作,称为通电延时时间继电器;也可以做成断电时延迟一段时间动作,称为断电延时时间继电器。

时间继电器的种类很多,有空气阻尼式时间继电器、电磁阻尼式时间继电器、电动式时间继电器、电子式时间继电器等。

空气阻尼式时间继电器又称为气囊式时间继电器,它是根据空气压缩产生的阻力来进行延时的,其结构简单,价格便宜,延时范围较大(0.4~180 s),但延时精确度低。

电磁阻尼式时间继电器延时时间短(0.3~1.6 s),但它的结构比较简单,通常在断电延时场合和直流电路中应用广泛。

电动式时间继电器的原理与钟表类似,它是由内部电动机带动减速齿轮转动而获得延时的。这种继电器延时精度高,延时范围宽(0.4~72 h),但结构比较复杂,价格很贵。

电子式时间继电器又称为晶体管式时间继电器,它是利用延时电路来进行延时的。这种继电器精度高,体积小。

下面介绍空气阻尼式时间继电器。

1. 空气阻尼式时间继电器的结构

空气阻尼式时间继电器是利用空气压力差来进行延时的。它由电磁系统、演示系统、触头系统构成。

空气阻尼式时间继电器结构简单,延时范围较大,价格便宜,没有调节指示,所以适用于要求不高的场合。

JS7 系列有通电延时和断电延时两种继电器。如图 6-27 所示为断电延时时间继电器。图(b)中左半部分是延时机构,若将其卸下,旋转 180℃ 再安装回去则变为通电延时时间继电器。

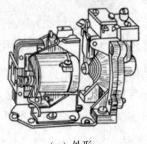
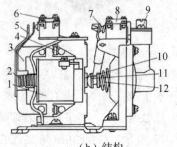

(a) 外形　　　　　　　　　(b) 结构

1—线圈;2—反力弹簧;3—衔铁;4—静铁芯;5—弹簧片;6—微动开关;
7—杠杆;8—微动开关;9—调节螺钉;10—推杆;11—活塞杆;12—宝塔弹簧
图 6-27　JS7 型时间继电器

2. 空气阻尼式时间继电器的工作原理

图 6-28(a)所示是通电延时时间继电器。当线圈 1 通电时,产生磁场,吸引衔铁 3,衔铁 3 和推板 5 以及反力弹簧 4 的下端是一个整体,此时,反力弹簧被压缩,产生弹力,宝塔弹簧 8 的弹力将活塞杆 6 向上推起,此时活塞 12 和橡皮膜 10 也被向上推动,橡皮膜 10 上方的空气密封,体积变小,密度增大,下方的空气变得稀薄,形成负压,活塞只能缓慢移动,其移动的速度由进气孔的气隙决定(调节螺钉可以调节气隙大小),经过一段时间延时,

活塞杆 6 压动微动开关 16，使其动作。

微动开关 16 在衔铁被吸引向上时，由推板 5 压动已经动作，所以是瞬时触头，没有延时。

当线圈断电时，释放衔铁，在反力弹簧 4 向下的反力作用下，活塞杆 6 被向下推动，宝塔弹簧被压缩，活塞 12 和橡皮膜 10 被向下推动，由于有气孔的存在，没有延时，微动开关均迅速复位。

这款时间继电器最大的特点是把电磁系统旋转 180°，即可成为断电延时时间继电器。在通电时瞬时动作，而在断电时具有延时功能。

如图 6-28(b)所示是断电延时时间继电器。铁芯 2 在下方，衔铁 3、反力弹簧 4、推板 5 在上方。此时当线圈 1 通电时，产生磁场，吸引衔铁 3，此时，反力弹簧被压缩，产生弹力。推杆推动微动开关 16 使其动作，同时推杆也向下推动活塞杆 6，活塞杆 6 向下时由于排气孔的存在，向下动作很迅速，没有延时，杠杆 7 压动微动开关 16，使其动作。活塞杆 6 向下的过程压缩原本自由状态的宝塔弹簧 8。

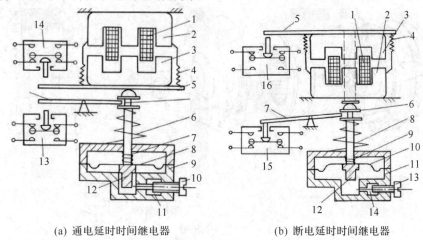

(a) 通电延时时间继电器　　　　(b) 断电延时时间继电器

1—线圈；2—铁芯；3—衔铁；4—反力弹簧；5—推板；6—活塞杆；7—杠杆；
8—宝塔弹簧；9—弹簧；10—橡皮膜；11—气室；12—活塞；13—调节螺钉；14—进气孔；
15—延时微动开关；16—微动开关

图 6-28　时间继电器内部结构图

断电时线圈 1 失电，衔铁 3 被释放向上，微动开关 16 瞬间复位，宝塔弹簧 8 原来被压缩，一旦压力不存在，即要复位向上推起活塞杆 6，此时活塞 12 和橡皮膜 10 也被向上推动，橡皮膜 10 上方的空气密封，体积变小，密度增大，下方的空气变得稀薄，形成负压，活塞只能缓慢移动，其移动的速度由进气孔的气隙决定（调节螺钉可以调节气隙大小），经过一段时间延时，活塞杆 6 压动微动开关 15，使其动作。

这款时间继电器具有一对延时常开和常闭触头，还具有一对瞬时常开和常闭触头。线圈工作电压有 24 V、36 V、110 V、127 V、220 V、380 V 等多种。

3. 空气阻尼式时间继电器的图形符号和文字符号

如图 6-29(a)所示是通电延时时间继电器，图 6-29(b)所示是断电延时时间继电器。时间继电器用 KT 表示。

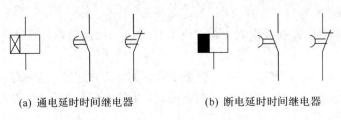

(a) 通电延时时间继电器　　　　(b) 断电延时时间继电器

图 6-29　时间继电器的符号

6.6.5　速度继电器

速度继电器是由速度的大小来控制其动作或复位的继电器。它的主要结构是由转子、定子及触点三部分组成的，如图 6-30(a)所示。速度继电器在正反转时都可以制动，有两组触头，分别在正、反转时动作。

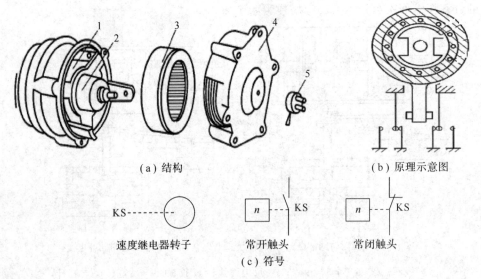

(a) 结构　　　　　　　　　　　(b) 原理示意图

KS————○
速度继电器转子

n———KS
常开触头

n———KS
常闭触头

(c) 符号

1—可动支架；2—转子；3—定子；4—端盖；5—连接头

图 6-30　速度继电器

1. 速度继电器的工作原理

如图 6-30(b)所示，速度继电器的转子是一个永久磁铁，与电动机或机械轴连接，随着电动机旋转而旋转。转子与鼠笼转子相似，内有短路条，也能围绕着转轴转动。当转子随电动机转动时，它的磁场与定子短路条相切割，产生感应电动势及感应电流，这与电动机的工作原理相同，故定子随着转子转动而转动起来。定子转动时带动杠杆，杠杆推动触点，使之闭合与分断。当电动机旋转方向改变时，继电器的转子与定子的转向也改变，这时定子就可以触动另外一组触点，使之分断与闭合。当电动机停止时，继电器的触点即恢复原来的静止状态。

速度继电器主要用于三相异步电动机反接制动的控制电路中，它的任务是当三相电源的相序改变以后，产生与实际转子转动方向相反的旋转磁场，从而产生制动力矩，使电动机在制动状态下迅速降低速度。在电机转速接近零时立即发出信号，切断电源使之停车（否则电动机开始反方向启动)。

通常速度继电器的动作转速为 120 r/min，复位转速在 100 r/min 以下。常用的速度继电器有 JY1 型和 JFZ0 型两种。其中 JY1 型可在 700～3600 r/min 范围工作，JFZ0-1 型适用于 300～1000 r/min，JFZ0-2 型适用于 1000～3000 r/min。

2. 速度继电器的符号

速度继电器的符号如图 6-30(c)所示。在实际中，速度继电器经常应用常开触头来进行制动。由于继电器工作时是与电动机同轴的，不论电动机正转还是反转，电器的两个常开触点，总有一个闭合，准备实行电动机的制动。一旦开始制动，由控制系统的联锁触点和速度继电器的备用闭合触点，形成一个电动机相序反接(俗称倒相)电路，使电动机在反接制动下停车。而当电动机的转速接近零时，速度继电器的制动常开触点分断，从而切断电源，使电动机制动状态结束。

6.6.6 新型固态继电器

固态继电器(Solid State Relay, SSR)是由微电子电路、分立电子器件、电力电子功率器件组成的无触点开关。固态继电器用晶体管或者晶闸管来代替常规的继电器开关，在前级中与光电隔离器融为一体，所以固态继电器实际上是带光电隔离的无触点开关。固态继电器的输入端用微小的控制信号可以直接驱动大电流负载。固态继电器用隔离器件实现了控制端与负载端的隔离。

固态继电器按输出端电源可以分为直流型和交流型，直流型是以晶体管的集电极和发射极作为输出端负载电路的开关控制；交流型是以双向三端晶闸管的两个电极作为输出端负载电路的开关控制。如图图 6-31 所示。

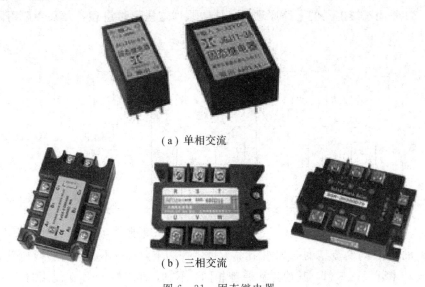

(a) 单相交流

(b) 三相交流

图 6-31 固态继电器

1. 固态继电器的结构

图 6-32 中，部件①～④构成交流 SSR 的主体。SSR 只有两个输入端(A 和 B)及两个输出端(C 和 D)，是一种四端器件。工作时只要在 A、B 两端加上一定的控制信号，就可以

控制 C、D 两端之间的"通"和"断",实现"开关"的功能。

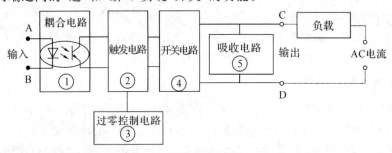

图 6-32　交流型固态继电器

其中耦合电路的功能是为 A、B 端输入的控制信号提供一个输入/输出端之间的通道,但又在电气上断开 SSR 中输入端和输出端之间的(电)联系,以防止输出端对输入端的影响。耦合电路用的元件是"光耦合器",它动作灵敏,响应速度高,输入/输出端间的绝缘(耐压)等级高。由于输入端的负载是发光二极管,因此 SSR 的输入端很容易做到与输入信号电平相匹配,在使用时可直接与计算机输出接口相接,即受"1"与"0"的逻辑电平控制。

触发电路的功能是产生合乎要求的触发信号,驱动开关电路④工作,但由于开关电路在不加特殊控制电路时,将产生射频干扰并以高次谐波或尖峰等污染电网,为此特设"过零控制电路"。所谓"过零",是指当加入控制信号,交流电压过零时,SSR 即为通态;而当断开控制信号后,SSR 要等到交流电的正半周与负半周的交界点(零电位)时,SSR 才为断态。这种设计能防止高次谐波的干扰和对电网的污染。

吸收电路是为防止从电源中传来的尖峰、浪涌(电压)对开关器件双向可控硅管的冲击和干扰(甚至误动作)而设计的,一般采用"RC"串联吸收电路或非线性电阻(压敏电阻器)。

图 6-33 是固态继电器的电路原理图。具体原理这里不再讲述,大家会选用固态继电器就可以了。

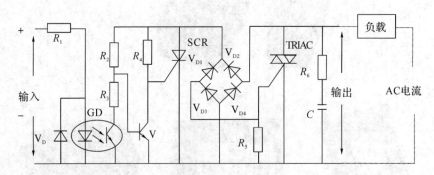

图 6-33　交流型固态继电器电路原理图

直流型的 SSR 与交流型的 SSR 相比,无过零控制电路,也不必设置吸收电路,开关器件一般为大功率开关三极管,其他工作原理相同。不过,直流型 SSR 在使用时应注意:

(1) 负载为感性负载时,如直流电磁阀或电磁铁,应在负载两端并联一只二极管,二极管的电流应等于工作电流,电压应大于工作电压的 4 倍。

(2) SSR 工作时应尽量把它靠近负载,其输出引线应满足负荷电流的需要。

(3) 使用的电源属经交流降压整流所得的,其滤波电解电容应足够大。

2. 固态继电器的符号

SSR 是表示固态继电器的字母符号，它是一种无机械触点的电子开关器件。它的图形符号如图 6 - 34 所示。

（a）交流固态继电器　　　　　　　　（b）直流固态继电器

图 6 - 34　固态继电器符号

3. 固态继电器触点的基本形式

（1）动合型（H 型）：线圈不通电时两触点是断开的，通电后两个触点就闭合。以合字的拼音字头"H"表示。

（2）动断型（D 型）：线圈不通电时两触点是闭合的，通电后两个触点就断开。用断字的拼音字头"D"表示。

（3）转换型（Z 型）：包含触点组，这种触点组共有三个触点，即中间是动触点，上下各一个静触点。线圈不通电时，动触点和其中一个静触点断开，和另一个静触点闭合，线圈通电后，动触点就移动，使原来断开的成闭合，原来闭合的成断开，达到转换的目的。这样的触点组称为转换触点。用"转"字的拼音字头"Z"表示。

4. 固态继电器的特点

固态继电器因为没有机械触点以及其他机械部件，所以它的可靠性非常好，寿命长，在通与断瞬间不产生电火花，没有噪音，开关速度快，工作效率相当高；由于输入、输出之间采用光电耦合，因此抗干扰能力良好；驱动电压、电流很小，可以由 TTL、COMS 数字电路直接驱动，所以被广泛应用于数字程控装置、数据处理系统终端装置以及其他各种自动控制系统中。

6.7　电　磁　铁

电磁铁是利用通电的铁芯线圈（铁芯上绕有导线）所产生的电磁力吸引动铁芯（衔铁）的一种电器。动铁芯的运动带动其他装置的运动。当电源撤销后，电磁铁的磁性也会消失，动铁芯或其他装置也会被释放。

根据线圈中电流不同，电磁铁可以分为直流电磁铁和交流电磁铁。

6.7.1　直流电磁铁

1. 直流电磁铁的工作原理

直流电磁铁是整块的铁芯，一般由整块的铸钢或者软钢制作。

直流电磁铁线圈中的电流为直流电，大小和方向都不会发生变化，因此产生的磁场也是不会变化的，而通电后产生的磁场对动铁芯的吸引力与铁芯之间的距离有关系。如图

6-35(a)所示,当开始作用时,距离比较大,此时产生的吸引力 F 最小;当吸合之后,吸引力最大。直流电磁铁的工作特性如图6-35(b)所示。

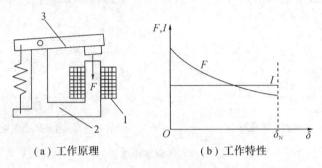

（a）工作原理　　　　　　（b）工作特性

1—线圈；2—铁芯；3—衔铁

图 6-35　直流电磁铁

电磁铁的主要技术参数有:刚启动时铁芯之间的距离 δ_N;刚启动时产生的吸引力的大小 F_N;线圈上应该加的电压值 U_N。

2. 直流电磁铁的应用

直流电磁铁可应用于电铃中,如图6-36所示,其工作原理为:闭合开关,电流通过电磁铁,由磁铁产生磁性吸引弹性片,使铁锤打击铁铃而发出声音,同时电路断开,电磁铁失去磁性,由于弹性片的弹性,使电路又重新闭合。上述过程循环重复,电铃持续发出声音。

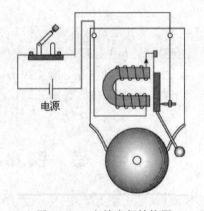

图 6-36　电铃内部结构图

6.7.2　交流电磁铁

1. 交流电磁铁的工作原理

交流电磁铁的励磁电流是随着时间而改变其大小和方向的交变电流,因此它产生的磁场是交变的磁场。交变的磁场在铁芯中产生能量的损耗,使铁芯发热。因此与直流电磁铁不同的是,交流电磁铁的铁芯是由绝缘的硅钢片铆合而成的,不是整块的。

交流电磁铁的工作特性如图6-37所示。由于交流电源是周期性变化的,产生的磁场也是交变的,因此铁芯之间的吸引力会以二倍的频率变化。当铁芯之间的间隙最大时,铁芯处于初始位置，需要的电流很大，产生的吸引力最小；当铁芯吸合时，间隙最小，需要的电流最小，吸引力最大。所以交流铁芯一定要确保铁芯的吸合，如果吸合不好，则会产生很大的电流，使线圈发热，甚至被烧坏。

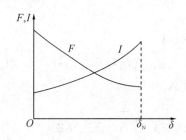

图 6 - 37　交流电磁铁的工作特性

2. 交流电磁铁的应用

磁悬浮列车上的应用就是交流电磁铁的应用。

磁悬浮列车是利用磁极吸引力和排斥力的高科技交通工具。排斥力使列车悬起来，吸引力让列车开动。磁悬浮列车车厢上装有超导磁铁，铁路底部安装线圈。通电后，地面线圈产生的磁场极性与车厢的电磁体极性总保持相同，两者"同名磁极相斥"，排斥力使列车悬浮起来。

与常规的动力来自于机车头的火车不同，磁悬浮列车的动力来自轨道。轨道两侧装有电磁体，它与列车上的磁铁相互作用。列车行驶时，车头的磁极（N 极）被轨道上靠前一点的电磁极（S 极）所吸引。同时被轨道上稍后一点的电磁体（N 极）所排斥——结果是前面"拉"，后面"推"，使列车前进。

本 章 小 结

（1）本章主要介绍了常用低压电器（元件），如开关、按钮、行程开关、熔断器、低压断路器、交流接触器、各种继电器、电磁铁等的结构、工作原理、参数、使用注意事项等。

（2）所有的电器（元件）都需要选择合适的参数，确保其安全工作。元件选择不合适或者不正确将可能使电路无法正常工作，甚至发生意外事故。所以务必要根据电路的实际情况选择元件的类型以及参数。

（3）保护电器是对电路起到保护作用的电器，是不可缺少的。设计电路时，如果只考虑完成电路的功能，就有可能忽略了保护元件的选用。必要的短路、过载等保护是必需的，必须足够重视。

（4）本章介绍的低压电器的图形符号以及文字符号是必须掌握的内容。在电路图中同一元件的多个部分是用一个名字表示的。无论它在控制电路还是在主电路，无论它们是画在一起，还是分开，都要标注相同的名称。

（5）低压电器（元件）通常有常态（未动作、或不得电）和动作（动作、得电）两种状态。对于这两种状态，一定要了解清楚。触头是电器的执行部分，在常态下闭合的触头称为常闭触头，常用于切断电路；在常态下分开的触头称为常开触头，常用于启动电路。

习 题 6

一、选择题

6-1 按下复合按钮时( )。

A. 常开触头先闭合　　　B. 常闭触头先断开　　　C. 常开、常闭触头同时动作

6-2 停止按钮应优先选用( )。

A. 黑色　　　　　　　　B. 绿色　　　　　　　　C. 红色

6-3 按钮是一种用来接通和分断小电流电路的( )控制电器。

A. 电动　　　　　　　　B. 自动　　　　　　　　C. 手动

6-4 同一电器的各元件在电路图中和接线图中使用的文字符号要( )。

A. 基本相同　　　　　　B. 可以不同　　　　　　C. 完全相同

6-5 接触器的自锁触头是一对( )。

A. 常开辅助触头　　　　B. 常闭触头　　　　　　C. 常开触头

6-6 热继电器的作用是( )。

A. 欠压保护　　　　　　B. 过压保护　　　　　　C. 过载保护

6-7 通过熔体的电流越大,熔体的熔断时间越( )。

A. 长　　　　　　　　　B. 短　　　　　　　　　C. 不变

6-8 选择交流接触器主要应考虑( )。

A. 主触头的额定电流　　B. 辅助触头的额定电流　C. 额定电流

6-9 行程开关是一种将( )转换为电信号的自动控制电器。

A. 机械信号　　　　　　B. 弱电信号　　　　　　C. 光信号

6-10 若电路中的电流增大到熔丝的额定值,熔丝将( )。

A. 立即熔断　　　　　　B. 不会熔断　　　　　　C. 1小时内熔断

6-11 控制按钮通常用于接通或断开不大于( )A的电路。

A. 3　　　　　　　　　　B. 5　　　　　　　　　C. 10

6-12 熔断器的额定电流应( )所装熔体的额定电流。

A. 大于　　　　　　　　B. 小于　　　　　　　　C. 不大于

6-13 低压断路器的过电流脱扣器的作用是( )。

A. 短路保护　　　　　　B. 过载保护　　　　　　C. 漏电保护

6-14 热继电器的作用是( )保护。

A. 短路　　　　　　　　B. 过载　　　　　　　　C. 欠压

6-15 时间继电器的文字符号是( )。

A. KA　　　　　　　　　B. KT　　　　　　　　　C. KM

二、判断题

6-16 按钮帽做成不同的颜色是为了标明各个按钮的作用。　　　　　　　　( )

6-17 交流接触器在电路中起短路保护作用。　　　　　　　　　　　　　　( )

6-18 一般情况下,热继电器的整定电流整定为接近电动机的额定电流。　　( )

6-19　接触器自锁触头的作用是保证松开启动按钮后，接触器线圈仍能继续通电。
　　　　　　　　　　　　　　　　　　　　　　　　　　　　　　　　　（　　）

6-20　热继电器既可作过载保护，又可作短路保护。　　　　　　　　　　（　　）

6-21　交流接触器用字母 FU 表示。　　　　　　　　　　　　　　　　　（　　）

6-22　行程开关在电路图中用 SQ 表示。　　　　　　　　　　　　　　　（　　）

6-23　常用的低压断路器有塑壳式和框架式两类。　　　　　　　　　　　（　　）

6-24　熔断器在电路中起短路保护作用。　　　　　　　　　　　　　　　（　　）

6-25　时间继电器分为通电延时型和断电延时型。　　　　　　　　　　　（　　）

三、画图题

6-26　画出刀开关的图形符号，标出文字符号。

6-27　画出熔断器的图形符号，标出文字符号。

6-28　画出组合开关的图形符号，标出文字符号。

6-29　画出低压断路器的图形符号，标出文字符号。

6-30　画出时间继电器的图形符号，标出文字符号。

6-31　画出中间继电器的图形符号，标出文字符号。

6-32　画出行程开关的图形符号，标出文字符号。

6-33　画出热继电器的图形符号，标出文字符号。

6-34　画出速度继电器的图形符号，标出文字符号。

6-35　画出交流接触器的图形符号，标出文字符号。

第7章 电动机基本电气控制电路

在现代化生产中，大多数生产机械都采用电力拖动，如各种风机、水泵与油泵、各种机床、起重机、轧钢机、运输机、化工机械、纺织机械等。其电气控制电路不论简单还是复杂，总是由一些基本控制电路有机组合起来的。由于在生产实践中，绝大部分设备都采用了三相交流电动机作为动力输出，因此，本章主要介绍三相交流电动机的基本控制电路。三相交流电动机典型的控制电路有点动控制电路、正向控制电路、正反转控制电路、位置控制电路、减压启动控制电路、多速（调速）控制电路和制动控制电路等。本章还将介绍有关电动机基本控制电路的安装、设计与电盘布线的基本知识。

7.1 继电器-接触器控制系统电路图

7.1.1 电气识图基础

电气图是一种工程图，是用来描述电气控制设备结构、工作原理和技术要求的图纸。电气图需要用统一的工程语言形式来表达，这个统一的工程语言应根据国家电气制图标准，用标准的图形符号、文字符号及规定的画法绘制。电气图包括电气原理图、电气布置图和电气接线图。图7-1所示是一个电气原理图样图。

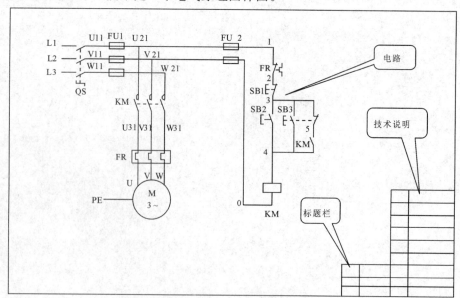

图7-1 电气原理图样图

1. 电气原理图的组成

电气原理图一般由三部分组成：电路、技术说明和标题栏。

1）电路

电路是电气图的主体。电气工程的电路可分为两部分：主电路和辅助电路。

（1）主电路。主电路是电源向负载输送电能的电路，包括电源设备、控制电路和负载等。

（2）辅助电路。辅助电路是对主电路进行控制、保护、监测、指示的电路，通常包括继电器、仪表、指示灯、控制开关等。

电路结构是电气图的主要构成部分。由于电器的外形和结构比较复杂，故在绘制电气图时，要采用国家规定的图形符号和文字符号来表示电器元件的不同种类、规格及安装方式。对于较简单的电路，有的只画电气原理图，有的只画电气安装接线图；对于较复杂的辅助电路，有时还要画其展开接线图。在电气施工图中，有时还要绘制平面布置图等，以供各方面人员使用。

2）技术说明

电气图中的文字说明和元件明细表等总称为技术说明。文字说明用于注明电路的某些要点和安装要求等，通常写在电气图的右上方。若说明较多，通常采用附页来说明。元件明细表用来列出电路中元件的名称、符号、规格和数量，一般位于标题栏的上方。

3）标题栏

标题栏画在图纸的右下方，紧靠图框线。其中标注有设计单位名称、工程名称、图纸名称、图号，还有设计人员、制图人员、审核人员、批准人员的签名和日期等。

2. 读识电气图的基本步骤

（1）阅读设备说明书。阅读设备说明书是为了了解设备的机械结构、电气传动方式，熟悉对电气控制的要求、电动机和电器元件的分布情况及设备的使用操作方法，掌握各种按钮、开关、指示器等的作用，以便对系统有一个较全面的认识。

（2）读图纸说明。电气图纸说明通常包括图纸目录、技术说明、元器件明细表和施工说明书等。识读电气图时，可先读懂图纸说明中的相关内容，了解设计的内容及施工中的要求，这样可以了解图纸的大体情况并抓住识图重点。

（3）读标题栏。在读懂图纸说明的基础上，进一步读懂标题栏。标题栏是电路图的重要组成部分，通过读标题栏可以了解该电气图的名称和图号等有关信息，以便对电气图的类型、性质、作用等有明确的认识，同时，还可以大致了解电路图的内容。

（4）读概略图（框图）。在读懂图纸说明和标题栏后，就要识读概略图，了解整个系统或分系统的概况，即它们的基本组成、相互关系及主要特征。因此，读懂概略图，就可为进一步理解系统或分系统的工作方式、原理打下基础。

（5）识读电路图。电路图是电气图的核心。对于一些大型设备，电路比较复杂，看图难度较大，可先看相关的逻辑图和功能图，以便迅速识读电路原理图。

电气原理图的阅读方法一般有查线读图法、控制过程图示法和逻辑代数法。下面以查线读图法为例说明电气原理图的识读步骤。

① 识读电动机控制原理电路图时，先要分清主电路和辅助电路、交流电路和直流电路，按照先看主电路再看辅助电路的顺序识图。

② 看主电路时，通常是从下往上看，即从设备开始，经控制元件、保护元件顺次往上看电源。

③ 看辅助电路时，则自上而下、从左向右看，即先看电源，再依次看各条回路，分析各条回路元器件的工作情况及其对主电路的控制关系。

通过看主电路，要弄清用电设备是怎样获取电源的，电源是通过哪些元件到达负载的，各电器元件的作用是什么；看辅助电路时，要弄清电路的构成，各元件间的联系（如顺序、互锁等）及控制关系，在什么条件下电路构成通路或断路，以理解辅助电路对主电路是如何控制动作的，进而弄清整个系统的工作原理。

3. 电气接线图的识图方法

接线图是以电路图为依据绘制的，因此，要对照电路图来看接线图。识读接线图时，一般也是先看主电路，再看控制电路。

(1) 看接线图时，根据端子标志、回路标号，从电源端顺次查下去，主要是搞清楚线路的走向和电路的连接方法，即搞清楚每个元器件是如何通过连线构成闭合回路的。

(2) 看主电路时，从电源输入端开始，依次经过控制元器件和线路到用电设备，与看电路图时有所不同。

(3) 看辅助电路时，可从电源的一端到电源的另一端，按元器件的顺序对每个回路进行分析。

(4) 看连接导线时，线号是元件间导线连接的标号，线号相同的导线原则上接在一起。接线图多采用单线表示，因此对导线走向应加以辨别。此外，还要搞清端子板内外电路的连接，内外电路相同标号的导线要接在端子板的同号触头上。

7.1.2 配电板的安装

1. 在配电板上布局元器件的基本方法

(1) 体积大和重量较重的元器件宜安装在配电板的下部，以降低配电板的重心。

(2) 发热元件宜安装在配电板的下部以避免对其他元件的热影响。

(3) 需要经常维护、调节的元器件安装在便于操作的位置上。

(4) 外形和结构类似的元器件宜布置在一起，以便安装、配线及让外观整齐。

(5) 元器件布置不宜过紧密，要留有一定的间距。若采用板前配线槽配线方法，应适当加大各排电器元件的间距，以便于布线和维护。

2. 板前明线布线安装步骤和工艺要求

(1) 配齐电器元件。按线路要求配齐所用电器元件，检验电器元件的质量，电器元件应完好无损，各项技术指标符合规定要求，否则应予以更换。

(2) 安装电器元件。在控制板上按电器布置图所示安装所有电器元件，并贴上醒目的文字符号。元件排列要整齐、匀称、间距合理，且便于元件更换。紧固电器元件时用力要均匀，紧固程度要适当，做到既要使元件安装牢固，又不使元件损坏。

(3) 布线和套编码管。按接线图进行板前明线布线和套编码管，做到布线横平竖直、整齐、分布均匀、紧贴安装面、走线合理，变换走向要垂直，套编码管要正确，严禁损伤线芯和导线绝缘，接点牢靠，不得松动，不得压绝缘层，不反圈及不漏铜过长。

（4）检查布线。根据原理图检查控制板布线的正确性。

（5）安装电动机。安装电动机时做到牢固平稳，以防止在换向时产生滚动而引起事故。

（6）连接保护接地线。可靠连接电动机设备和各电器元件金属外壳的保护接地线。

（7）连接电源、电动机等控制板外部导线。导线要敷设在导线通道内，或采用绝缘良好的橡皮线进行校验。

（8）自检。安装完毕，必须按要求进行认真检查，确保无误后才允许通电试车。

（9）通电试车。校验合格后，通电试车。

3. 板前或电气控制柜行线槽布线安装步骤和工艺要求

（1）配齐电器元件。按线路要求配齐所用电器元件，检验电器元件的质量，电器元件应完好无损，各项技术指标符合规定要求，否则应予以更换。

（2）安装电器元件。按电器布置图所示，在控制板上或电气柜内安装走线槽和所有电器元件，并贴上醒目的文字符号。安装走线槽时，应做到横平竖直、排列整齐匀称、安装牢固和便于走线等。

（3）布线和套编码管。按电器原理图所示，进行板前（控制板前或电气控制柜内线路板前）走线槽配线，并在导线端部套编码管和冷压接线头。板前走线的具体工艺要求如下：

① 所有导线截面积在大于或等于 $0.5~\mathrm{mm}^2$ 时，必须采用软线。考虑机械强度的原因，要求导线的最小面积，在控制箱外为 $1~\mathrm{mm}^2$，在控制箱内为 $0.75~\mathrm{mm}^2$。但对控制箱内很小电流的线路连线，如电子逻辑电路可用 $0.2~\mathrm{mm}^2$，并且可以采用硬线，但只能用于不移动又无振动的场合。

② 布线时，严禁损伤线芯和导线绝缘。

③ 各电器元件接线端子引出导线的走向，以元件的水平中心线为界线，在水平中心线以上接线端子引出的导线必须进入元件上面的走线槽；在水平中心线以下接线端子引出的导线必须进入元件下面的走线槽；任何导线不允许从元件水平方向进入走线槽内。

④ 各电器元件接线端子上引出或引入的导线，除间距很小和元件机械强度很差时允许直接敷设外，其他导线必须经过走线槽进行连接。

⑤ 进入走线槽内的导线要完全置于走线槽内，并应尽可能避免交叉，装线不要超过其容量的 70%，以便能盖上槽盖，方便以后的装配及维修。

⑥ 各电器元件与走线槽之间的外露导线应走线合理，并尽可能做到横平竖直，变换走向要垂直。同一个元件上位置一致的端子和同型号电器元件中位置一致的端子上引出或引入的导线，要敷设在同一平面上，并应做到高低一致或前后一致，不得交叉。

⑦ 所有接线端子、导线头上都应套有与电路图上相应接点线号一致的编码管，并按线号进行连接，连接必须牢靠不得松动。

⑧ 在任何情况下，接线端子必须与导线截面积和材料性质相匹配。当接线端子不适合连接软线或较小截面积的软线时，可以在导线端头穿上针形或叉形轧头并压紧。

⑨ 一般一个接线端子只能连接一根导线，如采用专门设计端子，可以连接两根或多根导线，但导线的连接方式必须是公认的、在工艺上成熟的方式，如夹紧、压接、焊接、绕接等，并严格按照连接工艺的工序要求进行。

（4）检查布线。根据电路图检查控制板上或电气柜内布线的正确性。

（5）安装电动机。做到电动机牢固平稳，以防止在换向时产生滚动而引起事故。

（6）连接保护接地线。可靠连接电动机设备和各电器元件的金属外壳的保护接地线。

（7）连接电源、电动机等控制板外部导线。导线要敷设在导线通道内，或采用绝缘良好的橡皮线进行校验。

（8）自检。安装完毕，必须按要求进行认真检查，确保无误后才允许通电试车。

（9）通电试车。校验合格后，通电试车。

7.2 三相交流异步电动机全压启动控制电路

电动机的全压启动又称为直接启动，是将额定电压直接加在定子绕组上使电动机启动的方法。这种方法的优点是启动设备简单，操作方便，启动过程短；缺点是启动电流大，因此只适用于小容量电动机。

7.2.1 点动控制电路

1. 电路组成

三相交流电动机的点动控制电气原理图如图 7-2 所示，由 FU1、KM、M 组成主电路，由 FU2、SB 和 KM 组成控制电路。

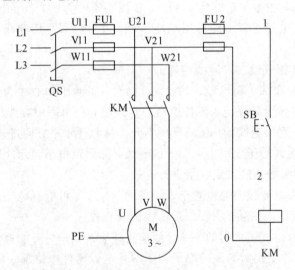

图 7-2 三相交流电动机点动控制电气原理图

2. 工作原理

合上 QS，按下点动按钮 SB，接触器 KM 线圈得电，接触器 KM 主触头闭合，电动机 M 运转。当松开按钮 SB 时，接触器 KM 线圈失电，电动机 M 停转，从而实现点动控制。

3. 保护环节

要确保生产安全，必须在电动机的主电路和控制电路中设置保护装置。一般中小型电动机常用的保护装置有：

（1）短路保护。由熔断器来实现短路保护。应能确保在电路发生短路故障时，可靠切断电源，使被保护设备免受短路电流的影响，如图 7 - 2 中 FU1 和 FU2。

（2）过载保护。由热继电器来实现过载保护。它应能保护电动机绕组不因超过额定电流而烧坏。

（3）欠压保护和失压保护。利用接触器实现欠压和失压保护，可避免意外的人身和设备事故，如图 7 - 2 中 KM。

7.2.2 单向连续运行控制电路

1. 电路组成

三相交流电动机的单向连续运行控制电气原理图如图 7 - 3 所示。由 FU1、KM、FR、M 组成主电路，由 FU2、FR、SB1、SB2 和 KM 组成控制电路。其中 SB1 为停止按钮，SB2 为连续控制的启动按钮。

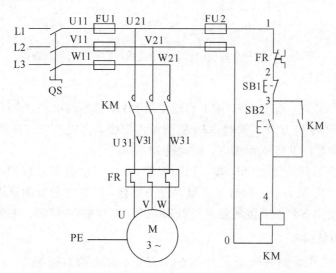

图 7 - 3 三相交流电动机单向连续运行控制电气原理图

2. 工作原理

合上 QS，按下启动按钮 SB2，接触器 KM 线圈得电，接触器 KM 主触头闭合，电动机 M 运转，同时 KM 辅助触头闭合实现自锁。若要停车，只需按下 SB1 停止按钮，接触器 KM 线圈失电，电动机 M 停转。

3. 电路结构特点

KM 的辅助常开触头（自锁触头）与启动按钮并联。

7.2.3 点动与连续运行控制电路

1. 电路组成

三相交流电动机的点动与连续运行控制电气原理图如图 7 - 4 所示。由 FU1、KM、FR、M 组成主电路，由 FU2、FR、SB1、SB2、SB3 和 KM 组成控制电路。其中 SB1 为停止按钮，SB2 为连续控制的启动按钮，SB3 复合按钮为点动控制按钮。

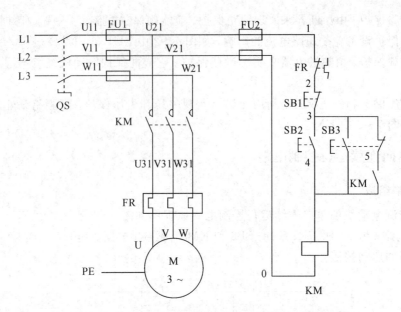

图 7 - 4　三相交流电动机点动与连续运行控制电气原理图

2. 工作原理

连续控制工作原理：合上 QS，按下启动按钮 SB2，接触器 KM 线圈得电，接触器 KM 主触头闭合，电动机 M 运转，同时 KM 辅助触头闭合，实现自锁。若要停车，只需按下 SB1 停止按钮，接触器 KM 线圈失电，电动机 M 停转。

点动控制工作原理：合上 QS，按下点动按钮 SB3，接触器 KM 线圈得电，接触器 KM 主触头闭合，电动机 M 运转，同时 KM 辅助触头闭合，但 SB3 的常闭触头断开，故不能实现自锁。当松开按钮 SB3 时，接触器 KM 线圈失电，电动机 M 停转，从而实现点动控制。

3. 电路结构特点

点动启动按钮 SB3 与长动启动按钮 SB2 并联，KM 的自锁触头与 SB2 的常闭触头串联。

7.2.4　接触器联锁的正反转控制电路

1. 电路组成

三相交流电动机接触器联锁的正反转控制电气原理图如图 7 - 5 所示。电路中采用了两个接触器，即正转用的接触器 KM1 和反转用的接触器 KM2，它们分别由 SB2 和 SB3 控制，SB1 是停止按钮。

2. 工作原理

合上电源开关 QS。

电动机正转工作原理：按下正转启动按钮 SB2，使接触器 KM1 线圈得电，其主触头闭合，使电动机正向运行，并通过接触器 KM1 的辅助常开触头自锁运行。接触器 KM1 的辅助常闭触头断开，使 KM2 不能得电，实现互锁。

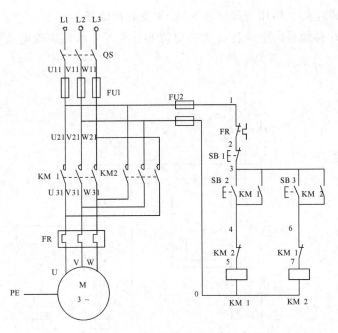

图 7-5　三相交流电动机接触器联锁的正反转控制电路

电动机反转工作原理：按下反转启动按钮 SB3，使接触器 KM2 线圈得电，其主触头闭合，使电动机反向运行，并通过接触器 KM2 的辅助常开触头自锁运行。接触器 KM1 的辅助常闭触头断开，使 KM2 不能得电，实现互锁。

KM1 和 KM2 两个接触器分别向电动机提供相序相反的三相交流电流，从而实现电动机的正反向运行。

当需要停车时，按下停止按钮 SB1，可使接触器 KM2 线圈断电，其常开触头复位，电动机停转。

3. 互锁原理

接触器 KM1 和 KM2 的主触头决不允许同时闭合，否则会造成两相电源短路事故。为了保证一个接触器得电动作而另一个接触器不能得电动作，以避免电源相间短路，当电动机正向运行或启动时，KM1 的辅助常闭触头切断了反转的控制电路，保证在 KM1 主触头闭合时，KM2 主触头不能闭合。同样，当电动机反向运行或启动时，KM2 的辅助常闭触头切断了正转的控制电路，保证在 KM2 主触头闭合时，KM1 主触头不能闭合。

4. 电路结构特点

在正转控制电路中串接了反转接触器 KM2 的辅助常闭触头(互锁触头)，而在反转控制电路中串接了正转接触器 KM1 的辅助常闭触头(互锁触头)。

这种电路的不便之处是：若电动机正在正转，要改变其方向，需先按下停止按钮，再按反向启动按钮，才能使电动机反转。这种电路称为"正—停—反"控制电路。

7.2.5　接触器按钮双重联锁的正反转控制电路

1. 电路组成

三相交流电动机接触器按钮双重联锁的正反转控制电气原理图如图 7-6 所示。电路中采用了两个接触器，即正转用的接触器 KM1 和反转用的接触器 KM2，它们分别由 SB2 和 SB3 控制。这两个接触器向电动机提供的电源相序相反，从而实现电动机的正反向运行。SB1 是停止按钮。

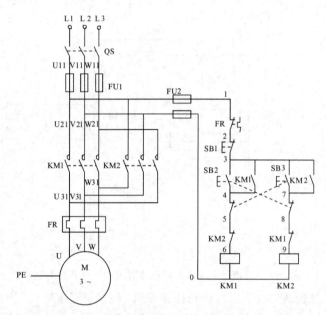

图 7 - 6 三相交流电动机接触器按钮双重联锁的正反转控制电路

2. 工作原理

合上电源开关 QS。

电动机正转工作原理：按下正转启动按钮 SB2，串联在接触器 KM2 线圈回路中的常闭触头立即断开。电源经 FU2 和 FR 的常闭触头、SB1 的常闭触头、SB2 的常开触头、SB3 的常闭触头、接触器 KM2 的常闭触头，使接触器 KM1 线圈得电，其主触头闭合，使电动机正向运行，并通过接触器 KM1 的辅助常开触头自锁运行。接触器 KM1 的辅助常闭触头断开，使 KM2 不能得电，实现互锁。

若要电动机反转，只要按下反转启动按钮 SB3，按钮 SB3 的常闭触头立即断开接触器 KM1 线圈，接触器 KM1 常闭触头复位，使接触器 KM2 线圈得电，其主触头闭合，使电动机反向运行，并通过接触器 KM2 的辅助常开触头自锁运行。接触器 KM2 的辅助常闭触头断开，使 KM1 不能得电，实现互锁。

停车：按下停止按钮 SB1，可使接触器 KM1 或 KM2 线圈断电，其常开触头复位，电动机停转。

3. 互锁原理

接触器 KM1 和 KM2 的主触头决不允许同时闭合，否则会造成两相电源短路事故。为了保证一个接触器得电动作而另一个接触器不能得电动作，以避免电源相间短路，当电动机正向运行或启动时，KM1 的辅助常闭触头及 SB2 的常闭触头切断了反转的控制电路，保证在 KM1 主触头闭合时，KM2 主触头不能闭合。同样，当电动机反向运行或启动时，KM2 的辅助常闭触头及 SB3 的常闭触头切断了正转的控制电路，保证在 KM2 主触头闭合时，KM1 主触头不能闭合。

4. 电路结构特点

在正转控制电路中串接了反转接触器 KM2 的互锁触头及 SB3 的常闭触头，而在反转控制电路中串接了正转接触器 KM1 的互锁触头及 SB2 的常闭触头。

若电动机正转时要改变其方向，可直接按下反向启动按钮使电动机反转；反之亦然。这种电路称之为"正－反－停"控制电路。

7.2.6　自动往复循环控制电路

1. 电路组成

三相交流电动机自动往复循环控制电气原理图如图 7-7 所示。线路中采用了两个接触器，即正转用的接触器 KM1 和反转用的接触器 KM2，它们分别由 SB2 和 SB3 控制。这两个接触器向电动机提供的电源相序相反，从而实现电动机的正反转运行。SB1 为停止按钮，SQ1 为由左向右换向的限位开关，SQ2 为由右向左换向的限位开关。

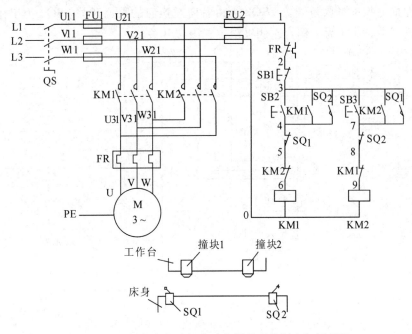

图 7-7　三相交流电动机自动往复循环控制电气原理图

2. 工作原理

合上电源开关 QS。

启动：按下正转启动按钮 SB2，接触器 KM1 线圈得电自保，电动机正转，工作台向左运动。当工作台运动到预定位置时，撞块 1 碰撞限位开关 SQ1 使其动作，使接触器 KM1 线圈失电，切断电动机正转电源，并使接触器 KM2 线圈得电自保，电动机接通反转电源。电动机反接制动后转入反转。

于是电动机带动工作台向右运动，撞块 1 离开 SQ1，使其复位，为接触器 KM1 再次得电做好准备。当工作台向右运动至预定地点时，撞块 2 碰撞限位开关 SQ2 使其动作，使接触器 KM2 线圈失电，切断电动机反转电源，并使接触器 KM1 线圈得电自保，电动机接通正转电源，电动机反接制动后转入正转。如此往返，实现工作台自动往复循环运动。

停车：按下停止按钮 SB1，接触器 KM1 或 KM2 断电，工作台停止运转。

3. 电路结构特点

左限位开关 SQ1 的常开触头与电动机反转（工作台右行）启动按钮并联，SQ1 的常闭触头与正转接触器 KM1 线圈串联；右限位开关 SQ2 的常开触头与电动机正转（工作台左行）启动按钮并联，SQ2 的常闭触头与反转接触器 KM2 线圈串联。

7.2.7 具有极限保护的自动往复循环控制电路

1. 电路组成

具有极限保护的自动往复循环控制电气原理图如图 7-8 所示。线路中采用了两个接触器，即正转用的接触器 KM1 和反转用的接触器 KM2，它们分别由 SB2 和 SB3 控制。这两个接触器向电动机提供的电源相序相反，从而实现电动机的正反转运行。SB1 为停止按钮，SQ1 为由左向右换向的限位开关，SQ2 为由右向左换向的限位开关，SQ3 为工作台右侧极限位置限位开关，SQ4 为工作台左侧极限位置限位开关。

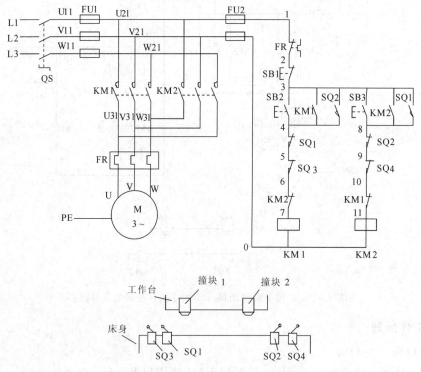

图 7-8　具有极限保护的自动往复循环控制电气原理图

2. 工作原理

工作原理如图 7-8 所示，与 7.26 节不同的是：此控制电路增加了极限保护功能，即：防止由于机械故障撞块碰撞不开 SQ1 时，工作台继续右移碰撞 SQ3，使 SQ3 触头断开，电机停转；或者在撞块碰撞不开 SQ2 时，工作台继续右移碰撞 SQ4，使 SQ4 触头断开，电机停转。

当 SQ1 和 SQ3 正常动作时，电动机拖动工作台实现自动往复循环运动，直至按下停止按钮 SB1，工作台即可停止运转。

3. 电路结构特点

左极限限位开关 SQ3 的常闭触头与正转接触器 KM1 的线圈串联；右极限限位开关 SQ4 的常闭触头与反转接触器 KM2 的线圈串联。

7.2.8　多地控制电路

有些生产机械，特别是大型的机械，为了操作方便，往往在多个地点进行启停控制。

1. 电路组成

图 7-9 所示电路为电动机两地控制电路，由 QS、FU1、KM、FR、M 组成主电路，由 FR、SB1、SB2、SB3、SB4、KM 组成控制电路。其中 SB1、SB3 为两地停止按钮，SB2、SB4 为两地启动按钮。

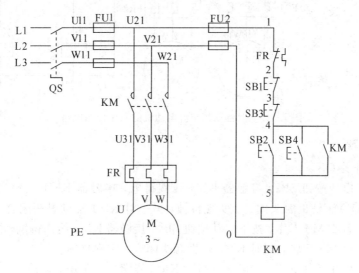

图 7-9　电动机的两地控制电路

2. 工作原理

合上电源开关 QS。

启动：按下启动按钮 SB2 或 SB4，接触器 KM 线圈得电，接触器 KM 主触头闭合，电动机 M 运转，同时 KM 辅助触头闭合实现自锁。

停车：按下 SB1 或 SB3 停止按钮，接触器 KM 线圈失电，电动机 M 停转。

3. 电路结构特点

多个启动按钮并联连接，多个停止按钮串联连接。

7.2.9　顺序控制电路

在某些生产机械中，各部件必须按一定的顺序工作。例如铣床中，只有主轴旋转后，工作台才可移动。

1. 电路组成

图 7 - 10 是两台三相交流电动机的顺序控制电路。

此电路由 QS、FU1、KM1、FR1、M1、KM2、FR2、M2 组成主电路,由 FR1、FR2、SB1、SB2、SB3、SB4、KM1、KM2 组成控制电路。其中 SB1、SB2 分别为 M1 的停止按钮、启动按钮,SB3、SB4 分别为 M2 的停止按钮、启动按钮。

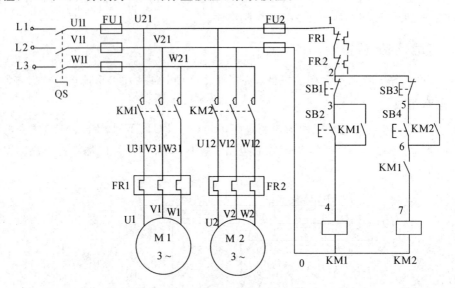

图 7 - 10 两台三相交流电动机的顺序控制电路

2. 工作原理

合上电源开关 QS。

启动:按下启动按钮 SB2,接触器 KM1 线圈得电,接触器 KM1 主触头闭合,电动机 M1 运转,同时 KM1 辅助触头闭合,实现自锁,另一对 KM1 辅助触头闭合,为 KM2 线圈得电做好准备。若要 M2 工作,按下启动按钮 SB4,接触器 KM2 线圈得电,接触器 KM2 主触头闭合,电动机 M2 运转,同时 KM2 辅助触头闭合,实现自锁。

停车:按下停止按钮 SB1,接触器 KM1、KM2 线圈先后失电,电动机 M1 和 M2 停转。

3. 电路结构特点

KM1(控制先启动的电动机)的辅助常开触头串联在 KM2(控制后启动的电动机)的线圈支路。

7.3 电动机减压启动控制电路

对于较大容量的电动机,不能采用直接启动,需要采用减压启动的方法。三相交流电动机常见减压启动方法有:在定子电路中串电阻、Y/△转换、自耦变压器、延边三角形等。

7.3.1 定子电路串电阻启动控制电路

1. 电路组成

三相交流电动机定子电路串电阻启动控制电路如图 7 - 11 所示。线路中采用了两个接触器，接触器 KM1 用来串电阻并接通电源实现减压启动，接触器 KM2 将电动机直接接通电源实现全压运行，时间继电器用来实现自动从减压状态变换成全压运行，SB1 为停止按钮，SB2 为启动按钮。

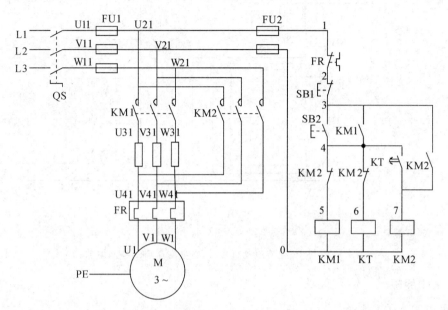

图 7 - 11　三相交流电动机定子电路串电阻减压启动控制电路

2. 工作原理

合上电源开关 QS。

启动：按下启动按钮 SB2 后，接触器 KM1、时间继电器 KT 的线圈通电吸合，KM1 常开触头自锁，接触器 KM1 主触头串入电阻减压启动。经过一定时间，电动机转速上升到一定数值后，电动机电流下降，时间继电器 KT 延时到达整定值，其延时闭合触头接通接触器 KM2 的线圈回路，接触器 KM2 常开触头自锁，接触器 KM2 的常闭触头切断接触器 KM1、时间继电器 KT 的线圈回路电源，接触器 KM1 主触头分断，切除减压电阻，接触器 KM2 主触头闭合，电动机在全压下运行。

停车：停车时，按下停止按钮 SB1，接触器 KM2 的线圈断电释放，电动机停转。

3. 电路结构特点

时间继电器 KT 的延时常开触头串联 KM2 线圈，KM2 的辅助常闭触头串联 KM1 和 KT 的线圈。

7.3.2　Y/△转换减压启动控制电路

1. 电路组成

三相交流电动机 Y/△转换减压启动控制电路如图 7 - 12 所示。线路中采用了三个接触器，即接触器 KM1 用来接通电源，接触器 KM3 将电动机接成 Y 形连接，接触器 KM2 将电动机接成△形连接。时间继电器用来实现自动从 Y 形连接转换成△形连接，SB1 为停止按钮，SB2 为启动按钮。

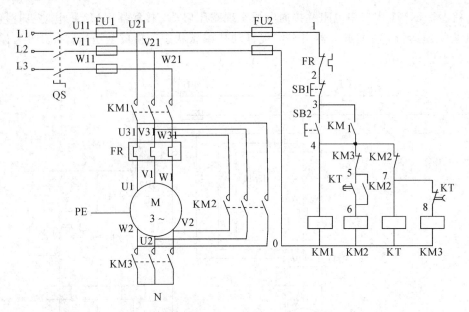

图 7 - 12　三相交流电动机 Y/△转换减压启动控制电路

2. 工作原理

合上电源开关 QS。

启动：按下启动按钮 SB2 后，接触器 KM1、时间继电器 KT、接触器 KM3 的线圈通电吸合。并通过 KM1 常开触头自锁，接触器 KM1、KM3 主触头将电动机接成 Y 形降压启动。同时接触器 KM3 的常闭触头切断接触器 KM2 的线圈回路电源，使得在接触器 KM3 吸合时，接触器 KM2 不能吸合。经过一定时间，电动机转速上升到一定数值后，电动机电流下降，时间继电器 KT 延时到达整定值，其延时断开触头切断接触器 KM3 的线圈回路电源，接触器 KM3 失电释放，同时时间继电器 KT 的延时闭合触头接通接触器 KM2 线圈回路，实现从 Y 形连接换接成△连接。同时接触器 KM2 的常闭触头切断接触器 KM3、时间继电器 KT 的线圈回路电源，使得在接触器 KM2 吸合时，接触器 KM3、时间继电器 KT 不能吸合。利用接触器 KM2 的常闭触头切断时间继电器 KT 的线圈回路电源，使 KT 退出运行，可延长时间继电器的寿命并可节约电能。

停车：按下停止按钮 SB1，接触器 KM1、KM2 的线圈断电释放，电动机停转。

3. 电路结构特点

时间继电器 KT 的延时断开触头串联 KM3 的线圈，KT 的延时闭合触头串联 KM2 的线圈。

7.3.3　自耦变压器减压启动控制电路

1. 电路组成

三相交流电动机自耦变压器减压启动控制电路如图 7 - 13 所示。线路中采用了两个接触器，即接触器 KM1 和 KM2，KM1 用来接通自耦变压器进行减压启动，KM2 将电动机接成全压运行。时间继电器 KT 用来实现自动从减压连接转换成全压连接，SB1 为停止按钮，

SB2 为启动按钮。

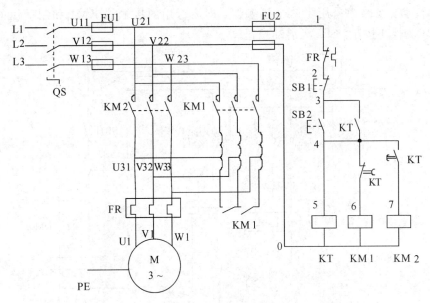

图 7 - 13　三相交流电动机自耦变压器减压启动控制电路

2. 工作原理

合上电源开关 QS。

启动：按下启动按钮 SB2 后，接触器 KM1、时间继电器 KT 的线圈通电吸合，并由 KT 常开触头自锁，接触器 KM1 主触头接入自耦变压器降压启动。经过一定时间，电动机转速上升到一定数值后，电动机电流下降，时间继电器 KT 延时到达整定值，其延时断开触头切断接触器 KM1 的线圈回路电源，接触器 KM1 失电释放，同时时间继电器 KT 的延时闭合触头接通接触器 KM2 的线圈回路，实现从自耦变压器减压启动换接成全压运行。

停车：按下停止按钮 SB1，接触器 KM2 的线圈断电释放，电动机停转。

3. 电路结构特点

时间继电器 KT 的延时断开触头串联 KM1 的线圈，KT 的延时闭合触头串联 KM2 的线圈。

7.4　三相交流异步电动机制动控制电路

三相交流异步电动机从电源切除到完全停止旋转，由于惯性原因，总要经过一定的时间，这往往不能满足生产需要，如万能铣床、卧式镗床等机械，无论是从生产效率，还是从安全及准确的停位等方面考虑，都要求电动机能迅速停车，这就要对电动机进行制动。三相交流异步电动机常用的制动方法可分为两类：机械制动和电气制动。机械制动方法有电磁抱闸制动、电磁离合器制动等。电气制动方法有反接制动、能耗制动、发电回馈制动等。

7.4.1　断电电磁抱闸制动控制电路

1. 电路组成

断电电磁抱闸制动控制电路如图 7 - 14 所示。图中 1 是电磁铁，2 是制动闸，3 是制动轮，4是弹簧。制动轮通过联轴器直接或间接与电动机主轴相连，电动机转动时，制动轮也跟着同轴转动。线路中采用了两个接触器，即运行用的接触器 KM1 和制动用的接触器 KM2。SB1 为停止按钮，SB2 为启动按钮。

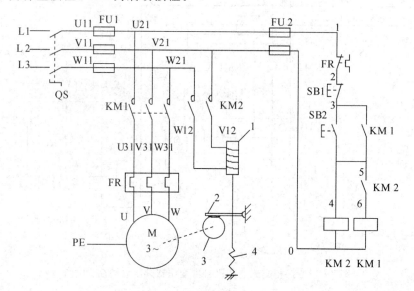

图 7-14　断电电磁抱闸制动控制电路

2. 工作原理

合上电源开关 QS。

启动：按下启动按钮 SB2，接触器 KM2 得电吸合，电磁铁绕组得电，电磁铁向上移动，抬起制动闸，松开制动轮。接触器 KM2 得电后，KM1 顺序得电吸合，电动机运行。

停车：按下停止按钮 SB1，其常闭触头断开，接触器 KM1、KM2 失电，电动机和电磁铁断电，抱闸进行制动，快速停车。

3. 电路结构特点

KM2（制动电磁铁）的辅助常开触头串联 KM1（电动机）的线圈。

7.4.2　通电电磁抱闸制动控制电路

1. 电路组成

通电电磁抱闸制动控制电路如图 7-15 所示。线路中采用了两个接触器，即运行用的接触器 KM1 和制动用的接触器 KM2。SB1 为停止按钮，SB2 为启动按钮。

2. 工作原理

合上电源开关 QS。

启动：按下启动按钮 SB2，接触器 KM1 得电吸合，电动机运行。

停车：按下停止按钮 SB1，接触器 KM1 线圈首先失电，KM1 主触头断开，电动机脱离电源但仍沿原有方向高速旋转。接着接触器 KM2 线圈得电，KM2 主触头吸合，使得电磁铁线圈得电，电磁铁的衔铁（动铁芯）被吸引而向上移动，拉动杠杆右端上移，由于杠杆的支点在中间部位，杠杆的左端就下移而使抱闸抱紧电动机轴，对电动机实现制动。同时时间继电器 KT 与接触器 KM2 同时得电延时，当电动机的转速接近为零时，时间继电器 KT 的常闭触头断开，接触器 KM2、时间继电器 KT 失电，电动机停车在自由状态(无抱闸)。

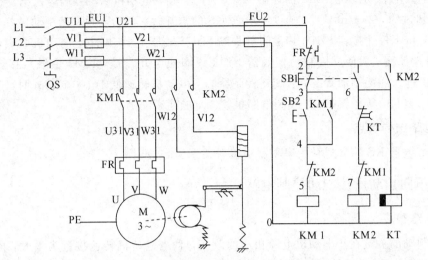

图 7-15　通电电磁抱闸制动控制电路

3. 电路结构特点

KM2(制动电磁铁)与 KM1(电动机)联锁，断电延时时间继电器 KT 的延时分断触头串联 KM2 的线圈。

7.4.3　单向能耗制动控制电路

1. 电路组成

三相交流电动机单向能耗制动控制电路如图 7-16 所示。线路中采用了两个接触器，即运行用的接触器 KM1 和制动用的接触器 KM2。SB1 为停止按钮，SB2 为启动按钮。KS 为速度继电器，其转轴与电动机同轴连接。

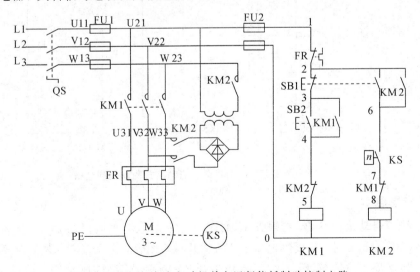

图 7-16　三相交流电动机单向运行能耗制动控制电路

2. 工作原理

启动：按下启动按钮 SB2，接触器 KM1 通电自锁，电动机启动运行，在电动机运行速度达到并超过约 300 r/min 时，速度继电器 KS 的常开触头闭合，为反接制动做好准备。

停车：按下停止按钮 SB1，其常闭触头断开，接触器 KM1 断电，电动机脱离电源，而 KM2 常开触头闭合，使反接制动接触器 KM2 线圈通电并自锁，KM2 主触头接入直流电源，电动机进入能耗制动状态，转速迅速下降，当电动机转速低于 100 r/min 时，速度继电器常开触头复位，接触器 KM2 线圈电路被切断，能耗制动结束。

3. 电路结构特点

速度继电器 KS 的常开触头串联制动接触器 KM2 的线圈。

7.4.4 单向启动反接制动控制电路

1. 电路组成

反接制动的关键在于电动机电源相序的改变，且当电动机转速接近为零时，能自动将电源切除。为此采用速度继电器来检测电动机的速度变化。在 120～3000 r/min 范围内速度继电器触头动作，当转速低于 100 r/min 时，其触头恢复原位。

单向启动反接制动控制电路如图 7 - 17 所示。线路中采用了两个接触器，即正转用接触器 KM1 和制动用接触器 KM2。SB1 为停止按钮，SB2 为启动按钮。KS 为速度继电器，其转轴与电动机同轴连接。

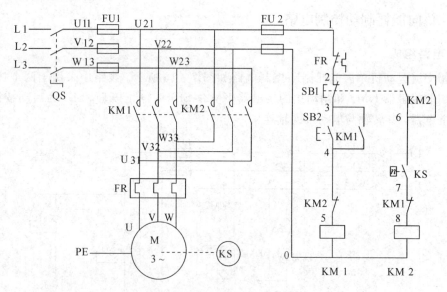

图 7 - 17　三相交流电动机单向启动反接制动控制电路

2. 工作原理

启动：按下启动按钮 SB2，接触器 KM1 通电自锁，电动机运行，在电动机运行速度达到并超过约 300 r/min 时，速度继电器 KS 的常开触头闭合，为反接制动做好准备。

停车：按下停止按钮 SB1，SB1 常闭触头断开，接触器 KM1 断电，电动机脱离电源，而 KM2 的常开触头闭合，使反接制动接触器 KM2 线圈通电并自锁，其主触头使电动机得到与正常运行相反相序的电源，电动机进入反接制动状态，转速迅速下降，当电动机转速接近为零时，速度继电器常开触头复位，接触器 KM2 线圈电路被切断，反接制动结束。

3. 电路结构特点

速度继电器 KS 的常开触头串联制动接触器 KM2 的线圈。

7.4.5　按时间原则控制的可逆运行能耗制动电路

1. 电路组成

按时间原则控制的三相交流电动机可逆运行能耗制动电路如图 7 – 18 所示。线路中采用了三个接触器，即正转用接触器 KM1、反转用接触器 KM2 和制动用接触器 KM3。SB1 为停止按钮，SB2 为正转启动按钮，SB3 为反转启动按钮。时间继电器 KT 用于控制制动时间，速度继电器 KS 与电动机同轴连接。

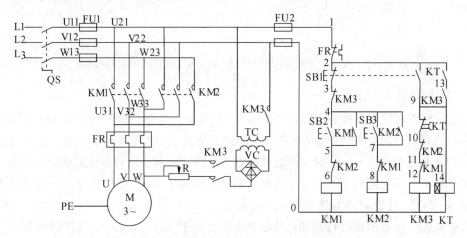

图 7 – 18　按时间原则控制的三相交流电动机可逆运行能耗制动电路

2. 工作原理

正向启动：按下正转启动按钮 SB2，接触器 KM1 通电自锁，KM1 主触头闭合，电动机正转，同时 KM1 的常闭触头分断，使得 KM2 和 KM3 的线圈不能得电。

停车：按下停止按钮 SB1，KM1 线圈失电，KM1 主触头分断，切除三相交流电源，KM3 线圈得电，KM3 主触头闭合，接入直流电源进行能耗制动，同时时间继电器 KT 线圈得电，经过延时后 KT 延时常闭触头分断，KM3 线圈失电，KM3 主触头断开，制动过程结束，KT 线圈也随之失电。

反向启动及其制动的过程请读者自行分析。

3. 电路结构特点

制动用接触器 KM3 与正反转用接触器 KM1、KM2 互锁，时间继电器 KT 的延时常闭触头串联 KM3 的线圈。

7.4.6　按速度原则控制的可逆运行能耗制动电路

1. 电路组成

按速度原则控制的三相交流电动机可逆运行能耗制动电路如图 7 – 19 所示。线路中采用了三个接触器，即正转用接触器 KM1、反转用接触器 KM2 和制动用接触器 KM3。SB1 为停止按钮，SB2 为正转启动按钮，SB3 为反转启动按钮，速度继电器 KS 与电动机同轴连接，用于控制制动时间。

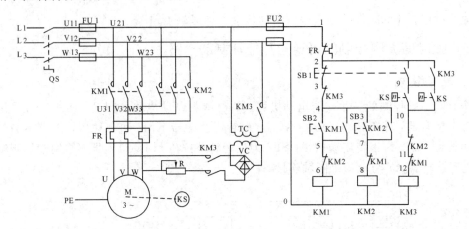

图 7-19   按速度原则控制的三相交流电动机可逆运行能耗制动电路

2. 工作原理

启动：按下正转启动按钮 SB2，接触器 KM1 线圈得电并自锁，KM1 主触头闭合，电动机正向启动运行，同时 KM1 辅助常闭触头断开，使得 KM3 线圈不能得电，在电动机运行速度达到并超过约 300 r/min 时，速度继电器 KS 的常开触头闭合，为制动做好准备。

停车：按下停止按钮 SB1，其常闭触头断开，接触器 KM1 线圈失电，电动机脱离三相交流电源，KM1 辅助常闭触头恢复闭合，接触器 KM3 线圈得电并自锁，KM3 主触头闭合，电动机接入直流电流进行制动，当电动机转速低于 100 r/min 时，速度继电器常开触头复位（断开），KM3 线圈电路被切断，KM3 主触头断开，电动机能耗制动结束，电动机很快停转。

反向启动及其制动的过程请读者自行分析。

3. 电路结构特点

制动用接触器 KM3 与正反转用接触器 KM1、KM2 互锁，速度继电器 KT 的正向和反向常开触头串联 KM3 的线圈。

7.5   多速电动机的控制电路

在机床加工过程中，常常需要对机床进行变速。一般普通机床采用机械变速箱取得相应的转速。但是对于调速要求高的机床，需要采用多速电动机拖动，以提高它的调速范围。多速电动机采用改变电动机定子绕组磁极对数的方法调速，这种方法只适用于笼型异步电动机。

7.5.1   变极调速原理

通常采用改变电动机定子绕组的接法来改变磁极对数。若绕组改变一次磁极对数，可获得两个转速，称为双速电动机；若改变两次磁极对数，可获得三个转速，称为三速电动机。同理有四速电动机、五速电动机等。在此主要介绍双速电动机的控制电路。

双速电动机的变极调速原理如图 7-20 所示。这是 4/2 极双速电动机的 U 相绕组，在制造时即分为两个半相绕组 U1-U1′、U2-U2′。

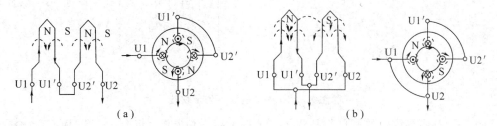

图 7-20 双速电动机变极原理

在图 7-20(a)中两个半相绕组串联，电流由 U1 流入，经 U1′、U2′，由 U2 流出，这时绕组产生的磁极为四极，磁极对数 $p=2$。

如果将两个半相绕组并联起来，如图 7-20(b)所示。电流由 U1、U2 流入，由 U1′、U2′流出，则产生的磁极为两极，磁极对数 $p=1$。

由此可见，两个半相绕组串联时绕组的磁极对数是并联时的一倍，而电动机的转速是并联时的一半，即串联时转速低，并联时转速高。

7.5.2 双速电动机的接线方式

双速电动机的接线方式有△/YY 和 Y/YY 两种。

1. △/YY 连接

电动机的△/YY 接线如图 7-21 所示。

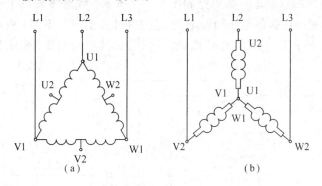

图 7-21 电动机的△/YY 接线

图 7-21(a)将绕组的 U1、V1、W1 三个端子接三相电源，将 U2、V2、W2 三个端子悬空，三相定子绕组接成三角形。这时每相的两个半相绕组串联，电动机以四极运行为低速。

图 7-21(b)将绕组的 U2、V2、W2 三个端子接三相电源，将 U1、V1、W1 三个端子连成一点，三相定子绕组接成双星形。这时每相的两个半相绕组并联，电动机以两极运行为高速。

2. Y/YY 连接

电动机的 Y/YY 接线如图 7-22 所示。

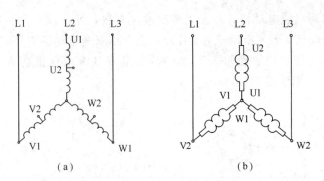

图 7-22　电动机的 Y/YY 接线

图 7-22(a)将绕组的 U1、V1、W1 三个端子接三相电源,将 U2、V2、W2 三个端子悬空,三相定子绕组接成星形。这时每相的两个半相绕组串联,电动机以四极运行为低速。

图 7-22(b)将绕组的 U2、V2、W2 三个端子接三相电源,将 U1、V1、W1 三个端子连成一点,三相定子绕组接成双星形。这时每相的两个半相绕组并联,电动机以两极运行为高速。

△/YY 连接属于恒功率调速,适用于金属切削机床。Y/YY 连接属于恒转矩调速,适用于起重机、电梯等设备。

需要说明的是:双速电动机的定子绕组从一种接法改变为另一种接法时,必须把电源相序反接,以保证电动机的旋转方向不变。

7.5.3　△/YY 连接的双速电动机控制电路

1. 电路组成

按时间原则控制的双速电动机电路如图 7-23 所示。线路中采用了三个接触器和一个时间继电器,即低速用的接触器 KM1、高速用的接触器 KM2、KM3 和自动实现低速向高速转换的时间继电器 KT。SB1 为停止按钮,SB2 为低速启动按钮,SB3 为高速启动按钮。

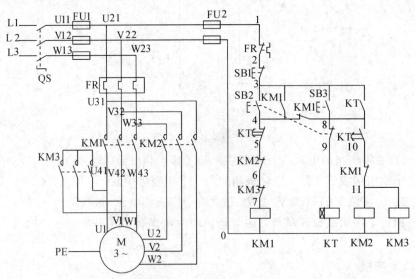

图 7-23　按时间原则控制的双速电动机电路

2. 工作原理

低速运行：合上电源开关 QS，按下低速启动按钮 SB2，接触器 KM1 通电自锁，电动机按△形接法运行，而 KM1 的辅助常闭触头断开，实现与 KM2、KM3 及 KT 的联锁。

高速运行：合上电源开关 QS，按下高速启动按钮 SB3，接触器 KM1 及时间继电器 KT 通电吸合，并由 KT 实现自锁，电动机按△形接法低速启动，当时间继电器 KT 延时到位后，KT 延时断开触头切断接触器 KM1，同时接通接触器 KM2、KM3，使电动机接成 YY 形高速运行。

停车：按下停止按钮 SB1，即可使电动机脱离电源，实现停车。

3. 电路结构特点

时间继电器 KT 的延时分断触头串联 KM1（低速）的线圈，KT 的延时闭合触头串联 KM2、KM3（高速）的线圈。

本 章 小 结

(1) 本章主要讲述了继电器–接触器控制系统电路图的相关知识及电气控制系统的基本电路。

(2) 继电器–接触器控制系统电气图包括电气原理图、电气布置图和电气接线图。电气原理图包括电路、技术说明和标题栏三部分。电气工程的电路可分为两部分：主电路和辅助电路。配电板的安装要按照相关工艺要求进行。

(3) 三相异步电动机的基本控制电路有：点动控制、长动控制、点动与长动控制、多地控制、顺序控制、正反转控制、自动往复控制、定子串电阻减压启动控制、Y/△转换减压启动控制、自耦变压器减压启动控制、电磁抱闸制动控制、能耗制动控制、反接制动控制和变极调速等控制电路。

(4) 对于电动机启动、变速、反向、制动的状态，按不同的参数变化来实现自动控制，称为电动机的控制原则。常用的控制原则有：速度原则、时间原则、电流原则、行程原则等。

习　题　7

一、填空题

7-1　电气原理图是用来说明控制电路的_____及各种电器元件之间的相互_____。

7-2　电气原理图一般由_____电路、_____电路、_____电路和_____电路四部分组成。

7-3　电气图的阅读方法一般有：_____读图法、_____过程图示法和_____法。

7-4　按生产工艺要求规定的顺序进行控制，称为_____控制或_____控制。

7-5　异步电动机采用 Y/△减压启动，启动时定子应是_____连接，当其正常运行时其定子绕组就是_____连接。

7-6　对电动机进行反接制动，当转子转速接近于零时，应_____三相电源。

7-7 三相异步电动机变极调速只适用于_____电动机。

二、单项选择题

7-8 能够充分表达电气设备和电器用途以及电路工作原理的是（　　）。

A. 接线图 　　　B. 布置图 　　　C. 安装图 　　　D. 原理图

7-9 同一电器的元件在电路图中和接线图中的标准文字符号要（　　）。

A. 基本相同 　　　B. 基本不同 　　　C. 完全相同 　　　D. 没有要求

7-10 接触器的自锁触点是一对（　　）。

A. 辅助常开触点 　　　B. 辅助常闭触点 　　　C. 主触点

7-11 采用多地控制时，多地控制的启动按钮应（　　）。

A. 串联 　　　B. 并联 　　　C. 串联及并联

7-12 三相异步电动机正反转控制的关键是改变（　　）。

A. 电源电压 　　　　　　B. 电源相序

C. 电源电流 　　　　　　D. 负载大小

7-13 在接触器联锁的电动机正反转控制电路中，其联锁触点应是对方接触器的（　　）。

A. 主触点 　　　B. 常开辅助触点 　　　C. 常闭辅助触点

7-14 自动往复控制电路属于（　　）电路。

A. 正反转电路 　　　　　　B. 顺序控制电路

C. 点动控制电路 　　　　　　D. 自锁电路

7-15 工作台自动往复控制电路中起限位保护作用的电器元件是（　　）。

A. 接触器 　　　B. 停止按钮 　　　C. 热继电器 　　　D. 行程开关

7-16 顺序控制可通过（　　）来实现。

A. 主电路 　　　　　　B. 控制电路

C. 辅助电路 　　　　　　D. 主电路和控制电路

7-17 在反接制动时，旋转磁场反方向，与电动机的旋转方向（　　）。

A. 相同 　　　B. 相反 　　　C. 平行 　　　D. 垂直

7-18 三相异步电动机在能耗制动时，向电动机的定子绕组中通入（　　）电。

A. 单相交流 　　　B. 直流 　　　C. 三相交流 　　　D. 反序三相交流

7-19 在双速电动机的控制过程中，为保证低速向高速切换时电动机的旋转方向一致，必须改变（　　）。

A. 电源相序 　　　B. 电源电压 　　　C. 电源电流 　　　D. 负载大小

7-20 定子绕组用△形连接的 4 极双速电动机，接成 YY 形连接后，磁极数为（　　）。

A. 1 　　　B. 2 　　　C. 4 　　　D. 8

7-21 变极调速一般只适用于（　　）。

A. 笼型异步电动机 　　　　　　B. 绕线式异步电动机

C. 同步电动机 　　　　　　D. 直线电动机

三、线路设计与分析

7-22 某单位的大门采用自动伸缩门，根据下列要求设计三相交流异步电动机的控制电路。

(1) 能实现开门、关门、停止；

(2) 门开到位和关到位时应有限位保护；

(3) 有必要的短路、过载、失压和欠压保护。

7-23　请设计一台三相交流异步拖动的运料小车的控制电路，其控制要求如下：

(1) 小车由原位开始前进，到终端自动停止；

(2) 终端停 2 min 后，自动返回原位停止；

(3) 要求在前进或后退过程中任意位置都能启动和停止。

7-24　设计一个电路，使两台三相交流异步电动机 M1 和 M2 满足：M1 启动 5 s 后，M2 自动启动；运行 10 s 后，两台电动机同时自动停止。

7-25　设计一个电路，使两台三相交流异步电动机 M1 和 M2 满足：启动时，M1 启动后 M2 才可启动；停止时，M2 停车后，M1 才可停车。

第8章 典型机床的电气控制

电气控制系统是机械设备的重要组成部分，可以完成机械设备运动部件的启动、反向、调速和制动等控制，保证运动部件准确和协调地动作，以满足生产工艺的要求。本章以机床系统中的应用为例，进一步阐明电气控制系统的分析方法与步骤，提高阅读电路的能力，掌握典型机床电气控制电路的工作原理，了解电气控制系统中机械、液压与电气控制的配合，为电气控制系统的安装、调试、使用、维护和设计奠定基础。

本章主要对普通车床、平面磨床、铣床及镗床等典型机床的电气控制进行分析和讨论。

8.1 CA6140 型普通车床的电气控制

普通车床是一种应用极为广泛的金属切削机床，主要用来车削外圆、内圆、端面、螺纹、螺杆以及车削定型表面，并可用钻头、铰刀、镗刀进行加工。本节对应用较多的 CA6140 型普通车床进行分析。

8.1.1 CA6140 型普通车床的主要结构及运动形式

1. CA6140 型普通车床的实物图

CA6140 型普通车床的实物图如图 8-1 所示。

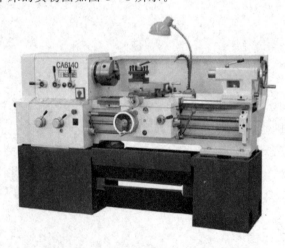

图 8-1 CA6140 型普通车床的实物图

2. CA6140 型普通车床的型号

CA6140 型普通车床型号的意义：C—车床，A—改进，6—普通型，1—基本型，40—最大加工直径 Φ400 mm。

3. CA6140 型普通车床的主要结构

CA6140 型普通车床主要由床身、主轴箱、进给箱、溜板箱、刀架、卡盘、尾架、丝杠和光杠等部分组成，如图 8-2 所示。

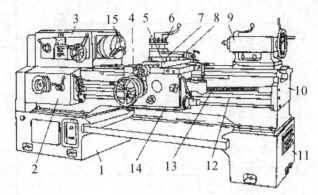

1、11—床腿；2—进给箱；3—主轴箱；4—床鞍；5—中滑板；6—刀架；7—回转盘
8—小滑板；9—尾架；10—床身；12—光杠；13—丝杠；14—溜板箱；15—卡盘

图 8-2　CA6140 型普通车床的结构示意图

4. CA6140 型普通车床的运动形式

CA6140 型普通车床有三种运动形式：

（1）主运动：卡盘或顶尖带动工件的旋转运动。

（2）进给运动：溜板带动刀架的直线运动。

（3）辅助运动：溜板箱的快速移动、尾架的移动及工件的夹紧和放松等。

8.1.2　CA6140 型普通车床电力拖动和控制的特点

CA6140 型普通车床电力拖动和控制的特点如下：

（1）主拖动一般选用三相笼型异步电动机，不进行电气调速。

（2）采用齿轮箱进行机械有级调速。为减小振动，主拖动电动机通过 V 带将动力传递到主轴箱。

（3）在车削螺纹时，要求主轴有正、反转，可采用机械方法来实现。

（4）主拖动电动机的启动、停止采用按钮操作。

（5）刀架移动和主轴旋转有固定的比例关系，以满足对螺纹的加工需要。

（6）车削加工时，由于刀具及工件温度过高，有时需要冷却，因而应该配有冷却泵电动机，且要求在主拖动电动机启动后，方可决定冷却泵开动与否，而当主拖动电动机停止时，冷却泵应立即停止。

（7）具备必要的过载、短路、欠压、失压保护。

（8）具有安全的局部照明装置和信号电路。

8.1.3　CA6140 型普通车床的控制线路分析

CA6140 型普通车床的电气原理图如图 8-3 所示。

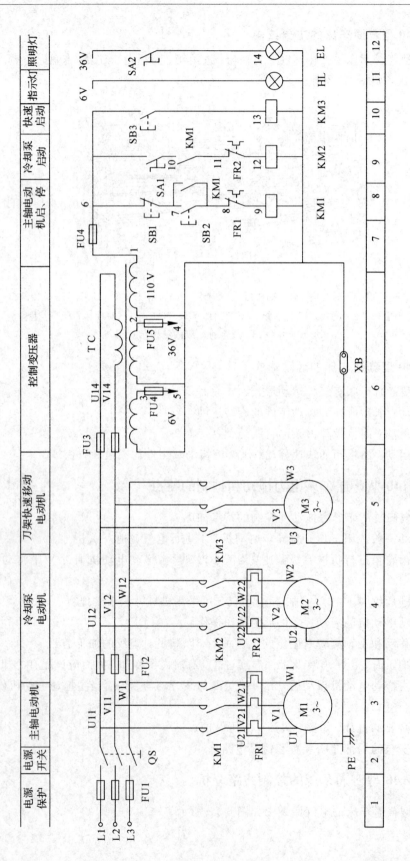

图8-3 CA6140型普通车床的电气原理图

1. 主电路

主电路共有三台电动机：M1 为主轴电动机，带动主轴旋转和刀架进给；M2 为冷却泵电动机，用来输送冷却液；M3 为刀架快速移动电动机。KM1 控制 M1 运行，KM2 控制 M2 运行，KM3 控制 M3 运行，FU1、FU2 作短路保护，FR1、FR2 作过载保护。

2. 控制电路

合上电源开关 QS，为电路工作做好准备。

1）主轴电动机 M1 的控制

按下 SB2，KM1 得电，KM1 主触头闭合，KM1(7 - 8)闭合自锁，主轴电动机 M1 启动。按下 SB1，KM1 失电，KM1 主触头断开，主轴电动机 M1 停止。

2）冷却泵电动机 M2 的控制

在主轴电动机 M1 工作之后，即 KM1(10 - 11)闭合后，转动 SA1，KM2 得电，KM1 主触头闭合，冷却泵电动机 M2 运行。

3）刀架快速移动电动机 M3 的控制

刀架快速移动电动机 M3 由安装在进给操作手柄顶端的 SB3 控制。将操作手柄扳到所需要的方向，按下 SB3，KM3 得电，KM3 主触头闭合，M3 运行，刀架按指定方向快速移动，到达指定位置后，松开 SB3，KM3 失电，M3 停止运行。

4）信号与照明电路

合上电源开关 QS 时，信号灯 HL 亮，表示电源正常。由开关 SA2 控制照明灯 EL。

8.1.4　CA6140 型普通车床常见电气故障分析

CA6140 型普通车床电气控制线路常见故障分析如表 8 - 1 所示。

表 8 - 1　CA6140 型普通车床电气控制线路常见故障分析

故障现象	故障分析
电动机 M1 不能启动	(1) SB2 损坏，应修复或更换； (2) KM1 线圈接线脱落，应修复； (3) FR1 动作，查找原因，应修复或更换
电动机 M1 缺相运行	(1) FU1 一相熔断或 KM1 主触头有一对接触不良，应修复或更换； (2) 接线脱落，应修复
M2 不能启动	(1) KM2 线圈接线脱落，应修复； (2) FR2 动作，查找原因，应修复或更换

8.2　M7120 型平面磨床的电气控制

磨床是用砂轮的周边或端面对工件的表面进行加工的一种精密机床。磨床的种类很多，根据用途不同可分为平面磨床、外圆磨床、内圆磨床、无心磨床及一些专用磨床，如螺纹磨床、齿轮磨床等。平面磨床是用砂轮来磨削工件的表面，它的磨削精度比较高，是一种应用较普遍的机床。

8.2.1　M7120 型平面磨床的主要结构及运动形式

1. M7120 型平面磨床的实物图

M7120 型平面磨床的实物图如图 8－4 所示。

图 8－4　M7120 型平面磨床的实物图

2. M7120 型平面磨床的型号

M7120 型平面磨床型号的意义：M—磨床，7—平面，1—卧轴矩台(即砂轮主轴与地面平行的矩形工作台)，20—工作台面宽 200 mm。

3. M7120 型平面磨床的主要结构

M7120 型平面磨床主要由床身、工作台、砂轮箱、滑座、立柱、撞块等几部分组成，其外形结构如图 8－5 所示。工作台可在床身轨道上纵向往复运动，砂轮可在床身的横向轨道上横向运动，砂轮箱可在立柱导轨上垂直运动。

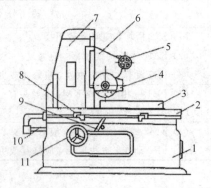

1—床身；2—工作台；3—电磁吸盘；4—砂轮箱横移手轮；5—滑座；7—立柱
8—工作台换向撞块；9—液压换向开关；10—活塞杆；11—砂轮垂直进刀手柄

图 8－5　M7120 型平面磨床的外形结构

4. M7120 型平面磨床的运动形式

M7120 型平面磨床有四种运动形式：

(1) 主运动：砂轮的旋转运动。

(2) 纵向进给运动：工作台的左右往复运动。

(3) 横向进给运动：砂轮在床身导轨上的前后运动。

(4) 垂直进给运动：砂轮箱在立柱导轨上的上下运动。

工作台每完成一次纵向进给，砂轮自动做一次横向进给。当加工完整个平面后，砂轮由于动作垂直，进给由手动完成。

8.2.2　M7120 型平面磨床的电力拖动形式和控制要求

1. 电力拖动形式

M7120 型平面磨床采用四台电动机拖动。

液压泵电动机 M1 带动液压泵，产生的液压使工作台往复运动，使砂轮横向进给。砂轮电动机 M2 带动砂轮旋转。冷却泵电动机 M3 带动冷却泵供给砂轮和工件冷却液。砂轮升降电动机 M4 带动砂轮箱升降，用以调整砂轮与工件的相对位置。

2. 控制要求

(1) 只有当电磁吸盘的吸力足够大时，才能启动液压泵电动机 M1 和砂轮电动机 M2。

(2) 液压泵电动机 M1、砂轮电动机 M2、冷却泵电动机 M3 只单向旋转，全压启动。

(3) 砂轮升降电动机 M4 要求能正反转，也采用全压启动。

(4) M2 和 M3 应同时启动，保证砂轮磨削时能及时供给冷却液。

(5) 电磁吸盘有去磁的控制环节。

8.2.3　M7120 型平面磨床的控制线路分析

M7120 型平面磨床的电气原理图如图 8-6 所示。

1. 主电路

M1 为液压泵电动机，M2 为砂轮电动机，M3 为冷却泵电动机，M4 为砂轮升降电动机。KM1 控制 M1 电动机运行，KM2 控制 M2、M3 电动机运行，KM3、KM4 控制 M4 电动机运行。另外，电路中还设有短路和过载保护。

2. 电磁吸盘控制电路

1) 电磁吸盘的充磁控制

按下 SB8，KM5 得电并自锁，YH 得电充磁。

2) 电磁吸盘的退磁控制

工件加工完毕后，按下 SB7，KM5 断电，按下 SB9，KM6 得电，YH 反向上磁，进行去磁，去磁时间不宜过长。松开 SB9，去磁结束。

3) 电磁吸盘的保护

电磁吸盘是一个大电感，当线圈断电时，将会产生一个较大的自感电动势，若无放电电路，将烧坏线圈绝缘及其他电器元件，故在线圈两端接有 RC 放电回路，以吸收线圈在断电瞬间释放出的磁场能量。

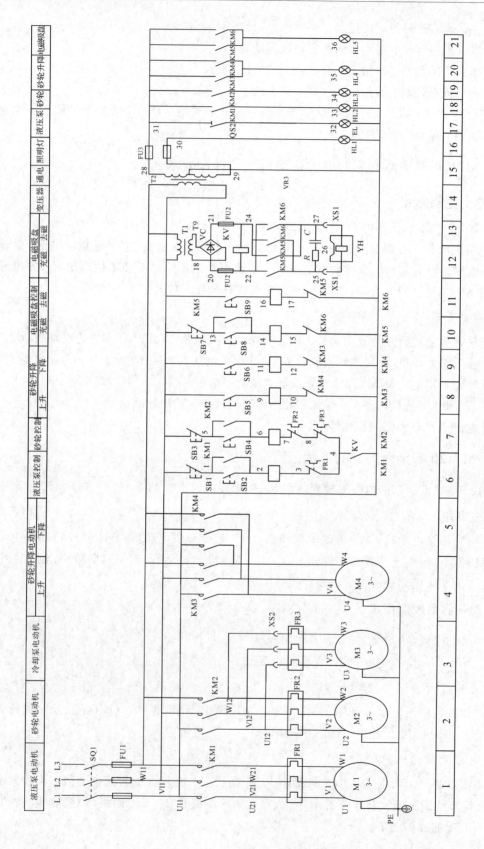

图8-6 M7120型平面磨床的电气原理图

欠电压继电器 KV 的作用是：在加工过程中，若电源电压不足或电路发生故障，则电磁工作台吸力不足，会导致工件被高速旋转的砂轮碰击而高速飞出，造成事故。因此，设置了欠电压继电器，将其线圈并联在电路中，若电源电压不足，则欠电压继电器释放，使串在接触器 KM1 和 KM2 控制电路中的欠电压继电器常开触头分断，KM1 和 KM2 线圈失电，使砂轮电动机 M2、冷却泵电动机 M3 和液压泵电动机 M1 都停转，以保证安全。

3. 控制电路

当电压正常时，合上 QS，KV 吸合，KV(4 - PE)闭合，为加工做好准备。

1）液压泵电动机 M1 的控制

按下 SB2，KM1 得电，M1 启动，拖动液压泵运行；停止时，按下 SB1，KM1 失电，M1 停转。

2）砂轮电动机 M2 的控制

按下 SB4，KM2 得电，M2 启动，拖动液压泵运行；停止时，按下 SB3，KM2 失电，M2 停转。

3）冷却泵电动机 M3 的控制

冷却泵电动机 M3 是与砂轮电动机 M2 联动的，也由 SB3、SB4 控制启动与停止。

4）砂轮升降电动机 M4 的控制

按下 SB5，KM3 得电，M4 正转，砂轮上升到预定位置，松开 SB5，KM3 失电，M4 停转。

按下 SB6，KM4 得电，M4 反转，砂轮上升到预定位置，松开 SB6，KM4 失电，M4 停转。

4. 信号与照明电路

EL 为局部照明灯，由变压器 T2 供电，工作电压为 36 V，由开关 QS2 控制。

各信号指示灯电压为 6.3 V。HL1 为电源指示灯，HL2 为 M1 运转指示灯，HL2 为 M2 运转指示灯，HL3 为 M3 运转指示灯，HL4 为电磁工作台指示灯。

8.2.4　M7120 型平面磨床常见电气故障分析

M7120 型平面磨床电气控制线路常见故障分析如表 8 - 2 所示。

表 8 - 2　M7120 型平面磨床电气控制线路常见故障分析

故障现象	故障分析
电动机 M1、M2 及 M3 不能启动	(1) 电源开关 QS1 损坏，应修复或更换； (2) 总电源熔断器 FU1 熔丝熔断，更换熔丝； (3) 欠电压继电器 KV 线圈断路或机械故障，应修复或更换
砂轮电动机 M2 的热继电器 FR2 经常动作	(1) 进刀量过大，电动机经常过载，选择合适的进刀量； (2) 热继电器的规格不合适，选择合适的热继电器
砂轮能上升，不能下降	KM3 的控制电路有断路故障，应检查断路点，紧固接线，修复触头或更换线圈

续表

故障现象	故　障　分　析
砂轮能下降，不能上升	KM4 的控制电路有断路故障，应检查断路点，紧固接线，修复触头或更换线圈
电磁吸盘没有吸力	(1) 整流器输入电压过低，控制变压器 T 损坏，应修复或更换； (2) 整流器输出电压过低，整流器损坏，应修复或更换； (3) KM5 主触头接触不良，应修复或更换触头、紧固引线； (4) YH 线圈有短路故障或插销接触不良，应修复或更换

8.3　X62W 型万能铣床的电气控制

铣床可用来加工平面、斜面、沟槽，装上分度头可以铣削直齿轮和螺旋面，装上圆工作台还可以铣削凸轮和弧形槽，所以铣床在机械行业的机床设备中占有相当大的比重。铣床的种类很多，按结构可分为立式铣床、卧式铣床、龙门铣床、仿形铣床和专用铣床等，其中以卧式和立式万能铣床应用最为广泛，X62W 型万能铣床是一种中型卧式铣床。

8.3.1　X62W 型万能铣床的主要结构及运动形式

1. X62W 型万能铣床的实物图

X62W 型万能铣床的实物图如图 8-7 所示。

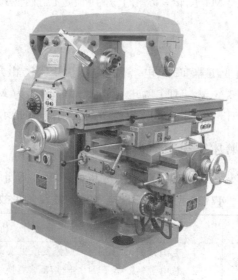

图 8-7　X62W 型万能铣床的实物图

2. X62W 型万能铣床的型号

X62W 型万能铣床的型号意义：X—铣床，6—卧式，2—工作台面宽 320 mm，W—表示万能(即可进行多种铣削加工)。

3. X62W 型万能铣床的主要结构

X62W 型万能铣床的外形结构如图 8-8 所示，它主要由床身、主轴、刀杆、悬梁、工作台、回转台、横溜板、升降台、底座等几部分组成。箱形的床身固定在底座上，床身内装有主轴的传动机构和变速操作机构。在床身的顶部有水平导轨，上面装有带一个或两个刀杆支架的悬梁。刀杆支架用来支撑铣刀心轴的一端，心轴的另一端则固定在主轴上，由主轴带动铣刀铣削。刀杆支架在悬梁上以及悬梁在床身顶部的水平导轨上都可以做水平移动，以便安装不同的心轴。在床身的前面有垂直导轨，升降台可以沿着它上下移动。在升降台上面的水平导轨上，装有可以在平行于主轴轴线方向移动（前后移动）的溜板。溜板上部有可转动的回转台，工作台就在溜板上部回转盘的导轨上做垂直于主轴轴线方向的移动（左右移动）。工作台上有 T 型槽，用来固定工件。这样，安装在工作台上的工件就可以有三个坐标上的六个方向调整位置或进给。

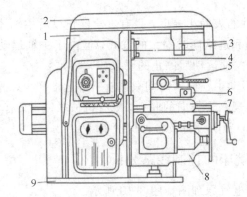

1—床身(立柱)；2—悬梁；3—刀杆支架；4—主轴
5—工作台；6—回转台；7—床鞍；8—升降台；9—底座
图 8-8　X62W 型万能铣床的外形结构

此外，由于回转台相对于溜板可绕中心轴线左右转过一个角度（通常为 ±45°），因此，工作台在水平面上除了能在平行于轴线或垂直于主轴轴线方向进给外，还能在倾斜方向进给，以加工燕尾槽；还可以在工作台上安装圆工作台及其传动机构，用来进行铣切螺旋槽、弧形槽等，所以称为万能铣床。

4. X62W 型万能铣床的运动形式

X62W 型万能铣床有三种运动形式：
（1）主运动：主轴的旋转运动。
（2）进给运动：工作台三个互相垂直方向上的直线运动。
（3）辅助运动：工作台三个互相垂直方向上的快速直线运动。

8.3.2　X62W 型万能铣床电力拖动的特点及控制要求

X62W 型万能铣床共用三台电动机拖动，它们分别是主轴电动机 M1、进给电动机 M2 和冷却泵电动机 M3。

（1）铣削加工有顺铣和逆铣两种加工方式，所以要求主轴电动机 M1 能正反转，但又不能在加工过程中改变铣削方式，须在加工前选好切削方式，故在铣床床身前侧电器箱上设置一个组合开关，用来改变电源相序，实现主轴电动机的正反转。

（2）由于主轴电动机传动系统中装有稳定转速和避免振动的惯性轮，使主轴停车困难，因此主轴电动机 M1 采用反接制动，以实现准确停车。

（3）铣床的工作台要求有前后、左右、上下六个方向的进给运动和快速移动，所以也要求进给电动机 M2 能正反转，并通过操作手柄和机械离合器相配合来实现。进给的快速移动是通过电磁离合器和机械挂挡来完成的。为了扩大其加工能力，在其工作台上可加装圆工作台，圆工作台的回转运动是由进给电动机经过附加传动机构来驱动的。

（4）主轴运动和进给运动采用变速盘进行速度选择，为保证变速时齿轮啮合良好，两种运动都要求有变速冲动功能。

（5）根据加工工艺要求，该铣床应具有以下电气联锁措施：

① 为防止刀具和铣床损坏，要求只有主轴旋转以后才允许进给和进给方向的快速移动。

② 为了减小加工工件的表面粗糙度，只有进给停止以后主轴才能停止或同时停止。该铣床在电气上采用了主轴和进给同时停止的方式，但由于主轴运动的惯性很大，实际上就保证了进给运动先停止，主轴运动后停止的要求。

③ 六个方向的进给运动在同一时间只能有一种运动产生，铣床采用了机械手柄与行程开关相配合的方式来实现六个方向的联锁，既有机械联锁，又有电气联锁。

（6）要求有冷却系统、照明设备及各种保护措施。

8.3.3　X62W 型万能铣床的控制线路分析

X62W 型万能铣床的电气原理图如图 8-9 所示。

1. 主电路

M1 为主轴电动机，M2 为进给电动机，M3 为冷却泵电动机。KM1、KM2 控制主轴电动机 M1 的运行与制动，SA5 控制主轴电动机 M1 的正反转运行，KM3、KM4 控制进给电动机 M2 的运行，KM5 控制电磁离合器。另外，电路中还设有短路和过载保护。

2. 主轴电动机 M1 的控制

1）主轴电动机 M1 的启动控制

启动前，通过主轴变速手柄选择好主轴速度，合上电源开关 QS1，将 SA5 扳至"正向运转"位置。主轴电动机 M1 采用两地控制方式，一组安装在工作台上，另一组安装在床身侧面。

按下启动按钮 SB1 或 SB2，KM1 线圈得电并自锁，KM1 主触头闭合，M1 正向运转。

2）主轴电动机 M1 的制动控制

M1 正转时，KS1(8-9)闭合，为 M1 正转反接制动做好准备，停车时，按下停止按钮 SB3 或 SB4 使 KM1 线圈断电，切断 M1 电源，KM1(9-10)闭合，KM2 得电并自锁，KM2 主触头闭合，M1 经制动电阻通入反相电源，进行反接制动，当速度下降到一定数值时，KS1(8-9)断开，KM2 断电，M1 自由停车。

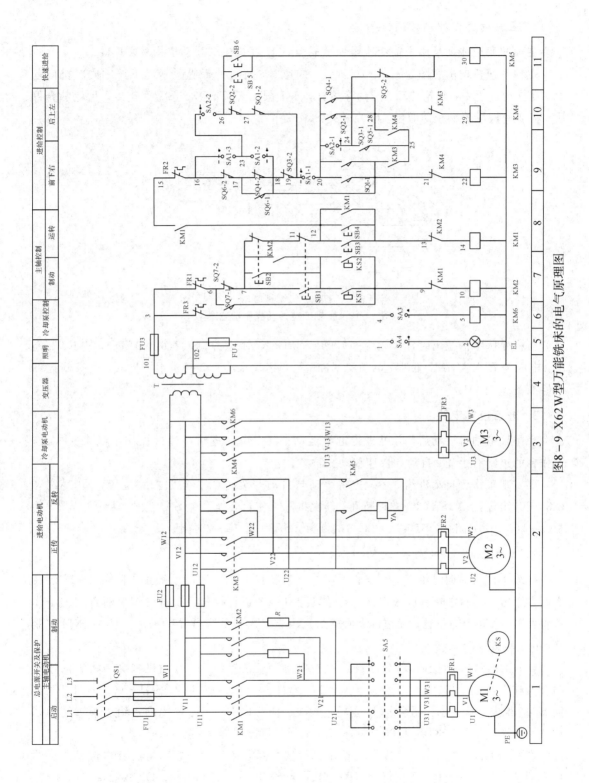

图8-9 X62W型万能铣床的电气原理图

3) 主轴的变速冲动控制

主轴的变速冲动是用主轴变速操纵手柄与 SQ7 通过机械联动机构来实现的。

主轴变速机构示意图如图 8-10 所示。变速时，将变速操纵手柄向下压的同时推向前面，在推动过程中，凸轮转动，压动弹簧杆，压下限位开关 SQ7。选定好速度，齿轮啮合好后，将变速操纵手柄拉回原位，限位开关 SQ7 复位。

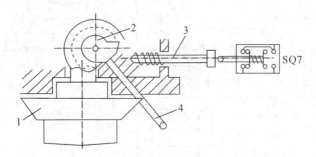

1—变速盘；2—凸轮；3—弹簧杆；4—变速手柄

图 8-10　主轴变速冲动控制示意图

当将变速手柄拉出时，SQ7(6-7) 断开，切断 KM1 电源，SQ7(6-9) 闭合，使 KM2 通电，电源经 R 引入，M1 低速运转，实现冲动，当齿轮啮合后，变速手柄推入，为重新启动做好准备。

3. 进给控制电路

当主轴电动机启动后，方可进行进给运动。工作台的进给是通过操作手柄来完成的，工作台的进给有手动、自动和快速移动三种方式。

要实现工作台自动进给，必须先将手动与自动开关 SA2 扳至"自动"位置，使 SA2-2(23-26) 闭合，SA2-1(20-24) 断开。其次将圆工作台转换开关 SA1 扳至"断开"位置，使 SA1-1(19-20) 闭合，SA1-2(23-18) 断开，SA1-3(16-23) 闭合。

1) 工作台的纵向（左右）进给运动控制

操纵工作台纵向进给有两个操作手柄，一个装在工作台底座顶端正中间，另一个装在底座左下方。它们之间有机械联锁，同时只能对一个进行操作。纵向操作手柄有三个工作位置：左、右和中间位置。工作台纵向进给是用纵向进给手柄与行程开关 SQ1 或 SQ2 控制 M2 的正转或反转来实现。

（1）工作台向右进给。将纵向进给手柄扳向"右"位置时，一方面机械机构将纵向进给离合器挂上，另一方面，压下行程开关 SQ1，SQ1-2(27-19) 断开，SQ1-1(20-21) 闭合，使 KM3 得电，其主触头闭合，M2 正转，拖动工作台向右进给。当纵向进给手柄扳至中间位置时，SQ1 复位，SQ1-1(20-21) 断开，KM3 失电，进给结束。

（2）工作台向左进给。将纵向进给手柄扳向"左"位置时，一方面机械机构将纵向进给离合器挂上，另一方面，压下行程开关 SQ2，SQ2-2(26-27) 断开，SQ2-1(20-28) 闭合，使 KM4 得电，其主触头闭合，M2 反转，拖动工作台向左进给。当纵向进给手柄扳至中间位置时，SQ2 复位，SQ2-1(20-28) 断开，KM4 失电，进给结束。

2) 工作台的横向（前后）和垂直（上下）进给运动控制

工作台的横向进给和垂直进给是通过十字手柄来完成的。十字手柄有两个，分别安装在工作台前方和后方，它们之间有机械联锁，同一时间只能对一个进行操作。十字手柄有五个位置，即上、下、前、后和中间位置。

(1) 工作台向上进给。将十字手柄扳向"上"位置时，一方面机械机构将垂直进给离合器挂上，另一方面压下行程开关 SQ4，SQ4 - 2(17 - 18)断开，SQ4 - 1(20 - 28)闭合，使 KM4 得电，其主触头闭合，M2 反转，拖动工作台向上进给。当十字手柄扳至中间位置时，SQ4 复位，SQ4 - 1(20 - 28)断开，KM4 失电，进给结束。

(2) 工作台向下进给。将十字手柄扳向"下"位置时，一方面机械机构将垂直进给离合器挂上，另一方面压下行程开关 SQ3，SQ3 - 2(18 - 19)断开，SQ3 - 1(20 - 21)闭合，使 KM3 得电，其主触头闭合，M2 正转，拖动工作台向下进给。当十字手柄扳至中间位置时，SQ3 复位，SQ3 - 1(20 - 21)断开，KM3 失电，进给结束。

(3) 工作台向后进给。将十字手柄扳向"后"位置时，一方面机械机构将横向进给离合器挂上，另一方面压下行程开关 SQ4，SQ4 - 2(17 - 18)断开，SQ4 - 1(20 - 28)闭合，使 KM4 得电，其主触头闭合，M2 反转，拖动工作台向后进给。当十字手柄扳至中间位置时，SQ4 复位，SQ4 - 1(20 - 28)断开，KM4 失电，进给结束。

(4) 工作台向前进给。将十字手柄扳向"前"位置时，一方面机械机构将横向进给离合器挂上，另一方面压下行程开关 SQ3，SQ3 - 2(18 - 19)断开，SQ3 - 1(20 - 21)闭合，使 KM3 得电，其主触头闭合，M2 正转，拖动工作台向前进给。当十字手柄扳至中间位置时，SQ3 复位，SQ3 - 1(20 - 21)断开，KM3 失电，进给结束。

3) 工作台的快速移动控制

为了提高工作效率，缩短对刀时间，工作台六个方向都可进行快速移动。在工作台正常运行时，如果按下快速移动按钮 SB5 或 SB6，KM5 得电，其主触头闭合，使快速牵引电磁铁 YA 得电，接通快速行程离合器，则工作台按原方向快速移动。松开快速移动按钮 SB5 或 SB6，KM5 失电，快速移动结束，工作台按原方向继续进给。

4) 圆工作台的控制

圆工作台由纵向传动机构拖动，先将 SA1 扳至"接通"位置，SA1 - 1(19 - 20)断开、SA1 - 2(23 - 18)闭合、SA1 - 3(16 - 23)断开，再将进给操作手柄扳至"中间"位置。

按下启动按钮 SB1 或 SB2，KM1 线圈得电并自锁，KM1 主触头闭合，M1 正向运转。同时 KM1(12 - 15)闭合，经 FR2(15 - 16)、SQ6 - 2(16 - 17)、SQ4 - 2(17 - 18)、SQ3 - 2 (18 - 19)、SQ1 - 2(27 - 19)、SQ2 - 2(26 - 27)、SA1 - 2(23 - 21)及 KM4(21 - 22)使 KM3 通电，M2 正向运转，拖动圆工作台转动。

5) 进给变速冲动控制

进给变速时，为使齿轮进入良好的啮合状态，也要进行变速时的冲动控制。进给变速时，必须先把进给操作手柄放在中间位置，然后将进给变速盘（在升降台前面）向外拉出，选择好速度后，再将变速盘推进去。在推回过程中，压动行程开关 SQ6，SQ6 - 2(16 - 17) 断开，SQ6 - 1(17 - 21)闭合，经 SA1 - 3(16 - 23)、SA2 - 2(23 - 26)、SQ2 - 2(26 - 27)、

SQ1-2(27-19)、SQ3-2(19-18)、SQ4-2(18-17)、SQ6-1(17-21)及 KM4(21-22)，使 KM3 通电，M2 正向运转，实现冲动，当齿轮啮合后，变速手柄推入，SQ6 复位。

4. 工作台自动循环控制

工作台自动循环控制是指工作台左右两个方向上的自动往复运行。

1) 纵向进给控制

纵向进给控制机构示意图如图 8-11 所示。

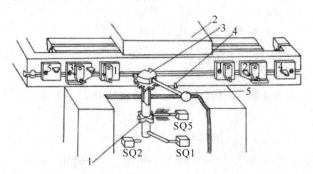

1—星轮；2—工件；3—凸轮；4—销子；5—手柄

图 8-11　纵向进给控制机构示意图

纵向操作手柄由手柄、凸轮和套在同轴上的星轮组成。操作手柄向右扳动压下行程开关 SQ1，向左扳动压下行程开关 SQ2，同时挂上纵向离合器。星轮每转动一齿，行程开关 SQ5 轮换压动和复位一次，凸轮和星轮都可以被固定在工作台侧面的撞块碰动。X62W 铣床六块撞块的作用如表 8-3 所示。

表 8-3　X62W 铣床撞块的作用

撞块编号	作　　用	撞块部位
1	快慢行程转换（两块）	星轮
2	左行回程	先碰凸轮，再压销子，后碰星轮
3	右行回程	
4	左行停止	凸轮
5	右行停止	

2) 向左一次进给往复的单循环控制

(1) 准备。

将圆工作台转换开关 SA1 扳至"断开"位置，SA1-1(19-20)闭合、SA1-2(23-18)断开、SA1-3(16-23)闭合。将自动与手动转换开关 SA2 扳至"自动"位置，SA2-1(20-24)闭合、SA2-2(23-26)断开。将星轮拨至 SQ5 复位，SQ5-1(24-25)断开、SQ5-2(24-30)闭合。

按下启动按钮 SB1 或 SB2，KM1 线圈得电并自锁，KM1 主触头闭合，M1 运转。同时 KM1(12-15)闭合，经 FR2(15-16)、SQ6-2(16-17)、SQ4-2(17-18)、SQ3-2

(18－19)、SA1－1(19－20)、SA2－1(20－24)及 SQ5－2(24－30)，使 KM5 通电，使快速电磁铁 YA 得电动作。

（2）工作台向左快速移动。

将纵向操作手柄扳向"左"位置，接通纵向离合器，行程开关 SQ2 压下，SQ2－2(26－27)断开，SQ2－1(20－28)闭合，使 KM4 得电，其主触头闭合，M2 反转，拖动工作台向左快速移动。

（3）工作台向左进给。

当工作台带动工件接近刀具时，撞块 1 碰动星轮，使星轮转过一齿，行程开关 SQ5 压下，SQ5－2(24－30)断开，KM5 断电，快速电磁铁 YA 断电，快速移动结束。SQ5－1(24－25)闭合，经 FR2(15－16)、SQ6－2(16－17)、SQ4－2(17－18)、SQ3－2(18－19)、SA1－1(19－20)、SQ2－1(20－28)及 KM3(28－29)，使 KM4 通电，M2 反转，工作台向左进给，开始加工。

（4）工作台向左进动与停止。

铣削加工完毕，工件离开刀具时，2 号撞块碰动凸轮，SQ2 复位，SQ2－1(20－28)断开，M2 继续反转，工作台继续向左进，2 号撞块的斜面压下销子，纵向传动仍然接通。2 号撞块的右凸块碰动凸轮，手柄向右，SQ1 压下，SQ1－1(20－21)闭合，因 KM4 仍得电，KM4(21－22)断开，KM3 不得电。工作台继续左进，2 号撞块碰动星轮，SQ5 复位，SQ5－1(24－25)断开，KM4 失电，M2 停转，向左进动停止。

（5）工作台向右快速移动。

因 SQ5 复位，SQ5－1(24－25)断开，KM4 失电，KM4(21－22)闭合，经 FR2(15－16)、SQ6－2(16－17)、SQ4－2(17－18)、SQ3－2(18－19)、SA1－1(19－20)、SQ1－1(20－21)及 KM4(21－22)，使 KM3 通电，M2 正转。SQ5－2(24－30)闭合，同时使 KM5 通电，也使快速电磁铁 YA 得电动作，工作台向右快速移动。

（6）工作台右端停止。

当工作台向右回到原位时，5 号撞块碰动凸轮手柄回到中间位置，SQ1 复位，SQ1－1(20－21)断开，KM3 失电，M2 停转，工作台向右移动结束。

5．冷却泵电动机的控制与照明电路

冷却泵电动机 M3 的控制由转换开关 SA3 控制，当将 SA3 扳至"接通"位置时，SA3(4－5)闭合，KM6 得电，M3 启动，冷却泵提供冷却液，供加工使用。

机床的局部照明由 SA4 控制照明灯 EL。

6．控制电路的联锁与保护

X62W 型万能铣床运动较多，电气控制线路复杂，为保证安全可靠地工作，应具有必要的联锁与保护。

1）进给运动与主运动的顺序控制

进给电气控制接在 KM1(12－15)之后，这样就保证了主轴运行后才能启动进给电动机，主轴停止，则进给立即停止。

2）工作台六个方向间的联锁

铣削加工时，每次只能有一个方向运动，为此六个方向运动之间应有联锁。纵向操作手柄与垂直、横向操作手柄之间的联锁是通过两条并联支路进行供电来实现的，即将 SQ4 - 2(17 - 18)与 SQ3 - 2(18 - 19)串联，SQ1 - 2(27 - 19)与 SQ2 - 2(26 - 27)串联，再将两条支路并联，保证每次只能有一个方向运动。

3) 长工作台与圆工作台间的联锁

一方面由 SA1 来实现，另一方面，将 SQ4 - 2(17 - 18)、SQ3 - 2(18 - 19)、SQ1 - 2 (27 - 19)、SQ2 - 2(26 - 27)串接在圆工作台控制电路中来实现。

4) 完善的电气保护

电路中有短路保护、过载保护、限位保护。

8.3.4 X62W 型万能铣床常见电气故障分析

X62W 型万能铣床电气控制线路常见故障分析如表 8 - 4 所示。

表 8 - 4 X62W 型万能铣床电气控制线路常见故障分析

故障现象	故障分析
主轴电动机不能启动	(1) 主轴转换开关 SA5 在停止位； (2) 总电源熔断器 FU1 熔丝熔断，更换熔丝； (3) 熔断器 FU1、FU2 熔丝熔断，更换熔丝； (4) 热继电器 FR1 动作未复位，进行复位； (5) 主轴变速冲动开关 SQ7 常闭接触不良，修复或更换
按下停止按钮，主轴电动机不停	(1) 主轴停止按钮熔焊，修复或更换； (2) 接触器主触头熔焊，修复或更换
主轴不能变速冲动	主轴变速操纵手柄拉出时，没有压下 SQ7，主要原因是 SQ7 位置变动或松动，重新调整好位置，拧紧螺钉
工作台不能进给	(1) 进给变速冲动开关 SQ6 常闭接触不良，修复或更换； (2) 主轴电动机未启动； (3) KM3、KM4 主触头接触不良，修复或更换； (4) 行程开关 SQ1、SQ2、SQ3、SQ4 常闭触头接触不良，修复或更换； (5) 热继电器 FR1 动作未复位，进行复位
进给不能变速冲动	(1) 进给变速操纵手柄拉出时，没有压下 SQ6，主要原因是 SQ6 位置变动或松动，重新调整好位置，拧紧螺钉； (2) 进给操作手柄不在中间位置

8.4 T68 型卧式镗床的电气控制

镗床是一种精密加工机床，主要用于加工工件上的精密圆柱孔，往往这些孔的轴心线要求严格地平行或垂直，相互间的距离也要求很准确。这些要求都是钻床难以胜任的。而镗床本身刚性好，其可动部分在导轨上的活动间隙很小，且有附加支承，能满足上述加工要求。

镗床除完成镗孔工序外,在万能镗床上还可以进行镗、钻、扩、铰、车与铣等工序。因此镗床的加工范围很广。

按用途不同,镗床可分为卧式镗床、坐标镗床、金刚镗床及专门化镗床等,其中以卧式镗床使用最多,下面仅以 T68 型卧式镗床为例介绍镗床的电气控制线路。

8.4.1 T68 型卧式镗床的主要结构及运动形式

1. T68 型卧式镗床的实物图

T68 型卧式镗床的实物图如图 8-12 所示。

图 8-12 T68 型卧式镗床的实物图

2. T68 型卧式镗床的型号

T68 型卧式镗床的型号意义:T—镗床,6—卧式,8—镗轴直径 Φ85 mm。

3. T68 型卧式镗床的主要结构

T68 型卧式镗床的结构示意图如图 8-13 所示,主要由床身、前立柱、镗头架、工作台、后立柱和尾架等部分组成。

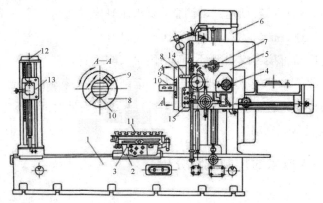

1—床身;2—下溜板;3—上溜板;4—主轴变速机构;5—镗头架;6—前立柱

7—进给变速机构;8—平旋盘;9—刀具溜板;10—镗轴;11—回转工作台

12—后立柱;13—尾架;14—快速操纵手柄;15—按钮盒

图 8-13 T68 型卧式镗床的结构示意图

床身由整体的铸件制成，在它的一端固定有前立柱，前立柱的垂直轨道上装有镗头架，可沿导轨垂直移动。在镗头架上集中了主轴部件、变速箱、进给箱与操纵机构等部件。切削刀具安装在镗轴前端的锥形孔里，或安装在平旋盘的刀具溜板上，在工作过程中镗轴一面旋转，一面沿轴向做进给运动。平旋盘只能旋转，装在它上面的刀具溜板可在垂直主轴轴线方向的径向做进给运动，平旋盘的主轴是空心轴，镗轴穿过其中空部分，通过各自的传动链传动，因此可独立转动。

后立柱上的尾架用来支撑装夹在镗轴上的镗杆的末端，它可以随镗头架同时升降，因而两者的轴心线始终在同一直线上。后立柱可沿导轨在镗轴轴线方向上调整位置。

安装工件的工作台安放在床身中部的导轨上，它由下溜板、上溜板与工作台组成，其下溜板可沿床身导轨做纵向移动，上溜板可沿下溜板的导轨做横向移动，工作台相对上溜板可回转。

4. T68 型卧式镗床的运动形式

T68 型卧式镗床有三种运动形式：

(1) 主运动：镗轴的旋转运动与平旋盘的旋转运动。

(2) 进给运动：镗轴的轴向进给，平旋盘刀具溜板的径向进给，镗头架的垂直进给，工作台的横向进给与纵向进给。

(3) 辅助运动：工作台的回转，后立柱的轴向移动及尾架的垂直移动。

8.4.2　T68 型卧式镗床对电力拖动及控制的要求

T68 型卧式镗床的加工范围广，运动部件多，调速范围广，对电力拖动及控制提出了如下的要求：

(1) 主轴应有较大的调速范围，且要求恒功率调速，往往采用机电联合调速。

(2) 变速时，为使滑移齿轮顺利进入正常啮合位置，往往应有低速或断续变速冲动。

(3) 为使主轴能做正反转低速点动调整，要求主轴电动机可以实现正反转运行。

(4) 为使主轴迅速、准确停车，主轴应有电气制动。

(5) 由于进给运动直接影响切削量，而切削量又与主轴转速、刀具、工件材料、加工精度等因素有关，因此一般 T68 型卧式镗床的主运动与进给运动由一台主轴电动机 M1 拖动，由各自传动链传动。主轴和工作台除进给外，为缩短辅助时间，还应有快速移动，由另一台快速移动电动机 M2 拖动。

8.4.3　T68 型卧式镗床的控制线路分析

T68 型卧式镗床的电气原理图如图 8-14 所示。图中 M1 为主轴电动机，M2 为快速移动电动机。其中 M1 为一台 4/2 极的双速电动机，绕组接法为△/YY。

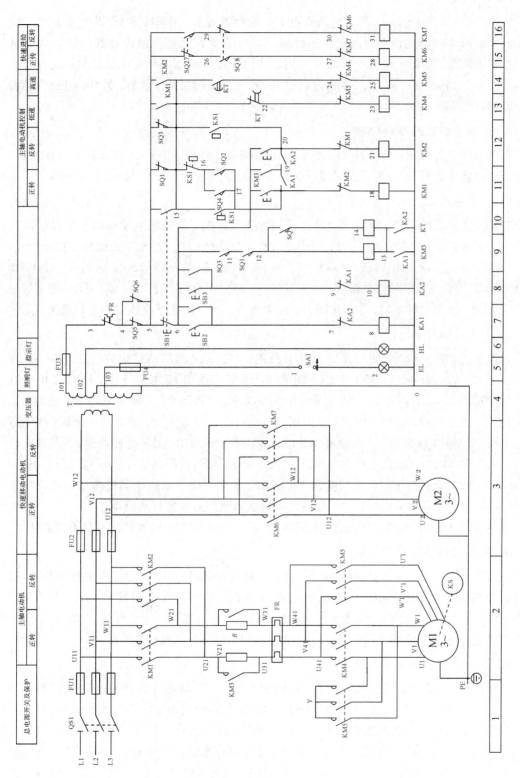

图8-14 T68型卧式镗床电气原理图图如

1. 主电路

主电路中有两台电动机，M1 电动机由 5 个接触器控制，KM1、KM2 为电动机正、反转控制接触器，KM3 为制动电阻短接接触器，KM4 为低速运转控制接触器，KM5 为高速运转控制接触器。主轴电动机正反转停车时，均由速度继电器 KS 实现反接制动。电动机 M2 由 2 个接触器控制，KM6、KM7 为电动机 M2 正、反转控制接触器。另外，电路中还设有短路和过载保护。

2. 主轴电动机的启动控制

合上电源开关 QS1，信号灯 HL 亮表示电源接通。调整好工作台和镗头架的位置后，便可开动主轴电动机 M1，拖动镗轴或平旋盘正反转启动运行。

1）低速启动控制

若要求主轴低速运行，则将速度选择手柄置于低速挡，此时与速度选择手柄联动的行程开关 SQ 不受压，触头 SQ(12-14)断开。若要主轴正转运行，则按下正向启动按钮 SB2，KA1 通电并自锁，触头 KA1(9-10)断开了 KA2 电路，触头 KA1(13-PE)闭合，使 KM3 通电，KM3 主触头短接限流电阻 R，触头 KM3(6-19)闭合、KA1(17-19)闭合，使 KM1、KM4 相继通电，KM1、KM4 主触头闭合，电动机 M1 在△接法下全压启动并以低速运行。

2）高速启动控制

若要求主轴高速运行，则将速度选择手柄置于高速挡，经联动机构将行程开关 SQ 压下，触头 SQ(12-14)闭合。若要主轴正转运行，则按下正向启动按钮 SB2，KA1 通电并自锁，触头 KA1(9-10)断开了 KA2 电路，触头 KA1(13-PE)闭合，使 KM3、KT 通电，主触头短接限流电阻 R，触头 KM3(6-19)闭合、KA1(17-19)闭合，使 KM1、KM4 相继通电，KM1、KM4 主触头闭合，电动机 M1 在△接法下全压启动。经一定时间后，KT 通电延时断开触头 KT(15-22)，使 KM4 断电；触头 KT(15-24)延时闭合，使 KM5 通电，从而使电动机 M1 由低速△接法切换成高速 YY 接法。这就构成了双速电动机高速运转的加速控制环节，即电动机按低速挡启动，再自动切换成高速挡运转的自动控制。

上述为主轴正转的低速和高速启动控制过程，反转控制原理与正转相似，这里不再重复。

3. 主轴电动机的点动控制

主轴电动机由正、反转点动按钮 SB4、SB5，接触器 KM1、KM2 和低速接触器 KM4 构成正反转低速点动控制环节，实现低速度点动调整。按下正向点动按钮 SB4，使 KM1、KM4 相继通电，KM1、KM4 主触头闭合，电动机 M1 在△接法下正向低速转动。

松开正向点动按钮 SB4，KM1、KM4 相继断电，电动机自然停车。

4. 主轴电动机的停车与制动

主轴电动机 M1 在运行中可按下停止按钮 SB1 来实现主轴电动机的停车与反接制动（当将 SB1 按到底时）。由 SB1、KS、KM1 和 KM2 构成主轴电动机正反转反接制动控制环节。

以主轴电动机运行在低速正转情况为例，此时 KA1、KM1、KM3、KM4 均通电吸合，触头 KS(15-20)闭合，为正转反接制动做好准备。当停车时，按下 SB1，触头 SB1(5-6)断开，使 KA1、KM3 断电释放，触头 KA1(17-19)、触头 KM3(6-19)断开，使 KM1 断电，切断了主轴电动机的正向电源，同时触头 KM1(20-21)闭合。而另一触头 SB1(5-15)闭合，经触头 KS(15-20)使 KM2 通电，其触头 KM2(5-15)闭合，使 KM4 通电，于是主轴电动机定子串入限流电阻进行反接制动。当电动机转速降低到 KS 释放值时，触头 KS(5-20)释放，使 KM2、KM4 相继断电，反接制动结束，M1 自由停车。

停车操作时，务必将 SB1 按到底，否则将无反接制动，只是自由停车。

5. 主运动与进给运动的变速冲动

T68 型卧式镗床主运动与进给运动的速度变换，是通过"变速操纵盘"改变传动链的传动比来实现的，它可在主轴与进给电动机未启动前预选速度，也可在运行中进行变速。调速时，使 M1 电动机冲动以便齿轮顺利啮合。下面以主轴变速为例说明其变速过程。

1）变速操作过程

主轴变速时，首先将"变速操纵盘"上的操纵手柄拉出，然后转动变速盘，选好速度后，将变速操纵手柄推回。在拉出或推回变速操纵手柄的同时，与其联动的行程开关 SQ1(主轴变速时自动停车与启动开关)、SQ2(主轴变速齿轮啮合冲动开关)相应动作，在手柄拉出时行程开关 SQ1 不受压，SQ2 受压，推上手柄时压合情况正好相反。

2）主轴运行中的变速冲动

以主轴在高速正向运行中的变速为例进行分析。

(1) 主轴操纵手柄在原位，SQ1 压下，SQ2 不受压，这时 KA1、KM1、KM3、KT 和 KM5 通电吸合，触头 KS(15-20)闭合，电动机 M1 接成 YY 高速正向运行。

(2) 主轴操纵手柄拉出情况是：主轴操纵手柄拉出时，与变速操纵手柄有联动关系的 SQ1 不再受压，触头 SQ1(11-12)断开，KM3、KT 断电，进而使 KM1、KM5 断电，将限流电阻串入 M1 的定子电路；另一触头 SQ1(5-15)闭合，且 KM1 已经断电释放，于是 KM2 经触头 KS(15-20)、KM1(20-21)闭合，KM2 接通而吸合，KM4 经 KM2(5-15)、KT(15-22)、KM5(22-23)接通而吸合，电动机接成 △ 接法并串入电阻 R 进行反接制动。当制动结束，由于 KS(15-16)闭合，SQ2(16-17)闭合，KM2(17-18)闭合，因此 KM1 得电，电动机正向低速运行，以利齿轮啮合。然后转动变速操纵盘，转至所需速度位置，选好速度。

(3) 主轴操纵手柄推回的情况是：选好速度后，若齿轮啮合，才能将主轴操纵手柄推回。SQ1 受压，SQ2 不受压，KM3、KT、KM1 和 KM4 通电吸合，M1 先低速启动，经 KT 延时后，自动变为高速(新转速)运行。

至于在主轴电动机未启动前预选择主轴速度的操作方法及控制过程与上述完全相同，不再复述。

T68 型卧式镗床进给变速控制与主轴变速控制相同。它是由进给变速操纵盘来改变进给传动链的传动比来实现的。其变速操作过程与主轴变速时相似，只是在将进给变速操纵手柄拉出来时，与其联动的行程开关 SQ3、SQ4 相应动作(当变速手柄拉出时，SQ3 不受压，SQ4 将受压，当变速手柄推回时，则情况相反)。

6. 镗头架、工件台、主轴快速移动的控制

为缩短辅助时间，提高生产率，由快速移动电动机 M2 经传动机构拖动镗头架、工作台和主轴做各种快速移动。运行部件及其运动方向的预选由装设在工作台前方的操纵手柄进行，而快速移动则通过快速操纵手柄控制。当扳动快速操纵手柄时，将压合相应的行程开关 SQ7 或 SQ8，接触器 KM6 或 KM7 通电，实现 M2 的正、反转，再通过相应的传动机构使操纵手柄预选的运动部件按选定的方向快速移动。当快速移动操纵手柄复位时，行程开关 SQ7 或 SQ8 不再受压，接触器 KM6 或 KM7 断电释放，M2 停止旋转，快速移动结束。

7. 机床的联锁保护

T68 型卧式镗床具有较完整的机械和电气联锁保护。如当工作台或镗头架自动进给时，不允许主轴或平旋盘刀架进行进给，否则将发生事故，为此设置了两个保护行程开关——SQ5 和 SQ6。其中 SQ5 是与工作台和镗头架自动进给手柄联动的行程开关，SQ6 是与主轴和平旋盘刀架自动控制进给手柄联动的行程开关。将 SQ5、SQ6 常闭触头并联后串接在控制电路中，若扳动两个自动进给手柄，将使触头 SQ5(4-5) 与 SQ6(4-5) 断开，切断控制电路，使主轴电动机停止，快速移动电机也不能启动，实现联锁保护。

8.4.4　T68 型卧式镗床常见电气故障分析

T68 型卧式镗床电气控制线路常见故障分析如表 8-5 所示。

表 8-5　T68 型卧式镗床电气控制线路常见故障分析

故障现象	故障分析
主轴 M1 正反转都不能启动，FU1、FU2、FU3 和 FR 常闭触头均正常，接线良好，快速移动也正常	(1) 接触器 KM3 回路有故障，使 KM3 不能闭合，检查排除； (2) 接触器 KM3 线圈断路或引线脱落，更换线圈或接牢引线； (3) 接触器 KM1、KM2 的控制触头接触不良
主轴电动机低速能启动，但不能高速运转	(1) 手柄在高速位时，没有压下 SQ，主要原因是 SQ 位置变动或松动，重新调整好位置，拧紧螺钉； (2) SQ 触头接触不良，需更换或维修； (3) 时间继电器 KT 触头接触不良，需更换或维修； (4) 时间继电器 KT 失灵，可能是线圈断路或气室已坏，进行更换
主轴变速操纵手柄拉出时，主轴电动机不停转	(1) 主轴变速操纵手柄拉出时，没有压下 SQ1，主要原因是 SQ1 位置变动或松动，重新调整好位置，拧紧螺钉； (2) SQ1 触头熔焊，需更换或维修
主轴和工作台不能进给移动	(1) 主轴和工作台都应扳到自动进给位置； (2) SQ5 和 SQ6 触头不能闭合，需更换或维修
调速手柄置于高速位，主轴启动时没有经过低速启动，经过一定时间后，高速直接启动	(1) 时间继电器 KT 常闭触头接触不良，需更换或维修； (2) 接触器 KM4 线圈断路或引线脱落，更换线圈或接牢引线

8.5　组合机床的电气控制

组合机床是由一些通用部件及少数专用部件组成的高效自动化或半自动化专用机床，可以完成钻孔、扩孔、镗孔、攻丝、车削、铣削及精加工等多道工序，一般采用多轴、多刀、多工序、多面、多工位同时加工，适用于大批量生产，能稳定地保证产品质量。

组合机床的通用部件包括：动力部件有动力头和动力滑台；支承部件有滑座、床身、立柱及中间底座；输送部件有回转分度工作台、回转鼓轮、自动线工作回转台及零件输送装置；控制装置有液压元件、控制板、按钮台及电气挡铁等。

组合机床的控制系统多采用机械、液压、电气或气动相结合的控制方式，而电气控制起着中枢连接作用。组合机床的电气控制系统由通用部件的典型控制线路及基本环节组成。

8.5.1　机械动力滑台控制电路

机械动力滑台由滑台、滑座及双电机传动装置三部分组成，滑台的自动工作循环由机械传动及电气控制完成。在一次循环中要实现速度差别很大的快进和工进。快进、快退由快速电动机实现，工进由工进电动机实现。当快进电动机与工进电动机同时工作时，快进速度加上一个工进速度，快退时原来快退速度减一个工进速度。

具有正反向工作进给的机械动力滑台工作循环图如图 8-15 所示。

图 8-15　有正反向工作进给的机械动力滑台工作循环图

具有正反向工作进给的机械动力滑台控制电路如图 8-16 所示。

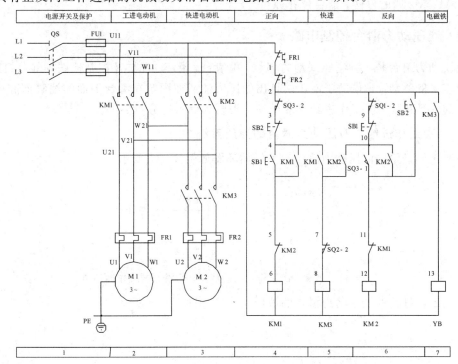

图 8-16　具有正反向工作进给的机械动力滑台控制电路

图中 M1 为工进电动机，M2 为快进电动机，SQ1 为原位行程开关，SQ2 为转换工作进给行程开关，SQ3 为终点行程开关。KM1、KM2 为控制 M1 及 M2 的接触器，同时 M2 还受 KM3 控制。YB 是制动电磁铁。

1. 原位-快进

按下启动按钮 SB1，KM1 线圈得电并自保，KM1 主触头闭合，M1 正转，KM1(4-5) 辅助触头闭合，KM3 线圈得电，KM3 主触头闭合，M2 正转，同时 KM3(2-13)辅助触头闭合，YB 得电放松制动，滑台快进。

2. 快进-正向工进

挡铁压下 SQ2，SQ2-2(7-8)触头断开，KM3 线圈断电，YB 断电，M2 电动机由机械制动器迅速制动，只有工进电动机 M1 拖动滑台正向工进。

3. 正向工进-反向工进

当正向工进到预定终点时，压动 SQ3，SQ3-2(2-3)触头断开，使 KM1 线圈断电，M1 停转，正向工进结束。同时，由于 SQ3-1(10-11)触头闭合，接触器 KM2 通电吸合并自锁，M1 反转，滑台反向工进。

4. 反向工进-快退

当反向工进至挡铁，松开 SQ2 时，SQ2-2(7-8)触头闭合，又使 KM3 和 YA 通电，M2 反向转动，滑台反向快退。

5. 快退-原位停止

当滑台退至原位时，挡铁压下 SQ1，SQ1-2(2-9)触头断开，又使 KM2、KM3 和 YB 断电，M1、M2 同时停转，滑台停在原位。

8.5.2 液压动力滑台控制电路

液压动力滑台是一种它驱式动力部件，由滑台、滑座、油缸及控制挡铁等部分组成。滑台在滑座上的移动，是借助于液压站打出的压力油通往固定在滑台下面的油缸前腔或后腔来实现的。下面以一次工作进给的液压动力滑台为例进行分析。

1. 一次工作进给的液压动力滑台的液压系统

一次工作进给的液压动力滑台的工作循环图如图 8-17 所示。

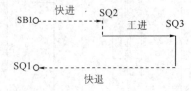

图 8-17 具有一次工作进给的液压动力滑台的工作循环图

一次工作进给的液压动力滑台的液压系统图如图 8-18 所示。

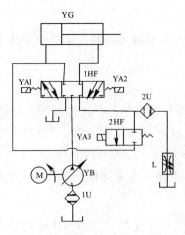

图 8-18　一次工作进给的液压动力滑台的液压系统图

一次工作进给的液压动力滑台元件动作表如表 8-6 所示。

表 8-6　一次工作进给的液压动力滑台元件动作表

滑台 ＼ 电磁铁	YA1	YA2	YA3	转换主令
快进	+	−	+	SB1
工进	+	−	−	SQ2
快退	−	+		SQ3
原位	−	−		SQ1

2. 一次工作进给的液压动力滑台的电气控制

一次工作进给的液压动力滑台的电气控制电路如图 8-19 所示。

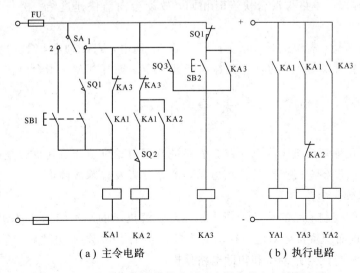

（a）主令电路　　　　　　　（b）执行电路

图 8-19　一次工作进给的液压动力滑台的电气控制电路

1）滑台原位停止

挡铁压下行程开关 SQ1，其常闭触头断开、常开触头闭合。电磁铁 YA1、YA2、YA3 均为断开状态，滑台停在原位。

2）滑台快进

在液压泵电机工作后，油泵压出高压油。转换开关 SA 扳至"1"位置，按下 SB1 按钮，KA1 通电并自锁，YA1、YA3 通电，1HF、2HF 阀芯推向右端，此时进油路为：滤油网 1U →油泵 YB →换向阀 1HF →油缸 YG 左腔；回油路为：油缸 YG 右腔→换向阀 1HF →换向阀 2HF →油缸 YG 左腔。因油路为差动连接，故滑台快速前进。

3）滑台工进

在滑台快进过程中，挡铁压下行程开关 SQ2，其常开触头闭合，使 KA2 通电并自锁，KA2 常闭触头断开，使 KA3 断电，2HF 复位，此时进油路仍为：滤油网 1U →油泵 YB →换向阀 1HF →油缸 YG 左腔；但回油路变为：油缸 YG 右腔→换向阀 1HF →滤油网 2U →调速阀 L →油箱。滑台实现工进。

4）滑台快退

当滑台工进到终点时，挡铁压下行程开关 SQ3，SQ3 常开触头闭合，KA3 通电并自锁，KA3 常闭触头断开，KA1 断电，使 YA1 断电，KA3 常开触头闭合，YA2 通电，1HF 阀芯左移，这时进油路为：滤油网 1U →油泵 YB →换向阀 1HF →油缸 YG 右腔；回油路为：油缸 YG 左腔→换向阀 1HF →油箱。滑台快速退回，当滑台退回至原位时，挡铁压下行程开关 SQ1，SQ1 常闭触头断开，KA3 断电，YA2 断电，1HF 阀芯处于中间位置，滑台停在原位。

5）滑台的点动调整

转换开关 SA 扳至"2"位置，按下 SB1 按钮，KA1 通电，使 YA1、YA2 通电，1HF、2HF 阀芯推向右端，油路与滑台快进时相同，故滑台向前快速进给。松开 SB1 后，滑台停止。

当滑台不在原位，需快退时，可按下 SB2，KA3 通电，YA2 通电，滑台快退，退至原位时，挡铁压下行程开关 SQ1，SQ1 常闭触头断开，KA3 断开 YA2，滑台停在原位。

本 章 小 结

（1）本章对几种常用机床的电气控制线路进行了讨论和分析。其目的是通过这些电路的分析，掌握机械设备电气线路的分析方法，培养分析及排除故障的能力，进而为今后工作打下一定的基础。

（2）机床电气控制电路的一般分析方法是：了解机床的基本结构、运动情况、工艺要求、操作方法，进而理解机床对电力拖动的要求，为阅读电气控制电路做好准备。电路分析包括主电路分析、控制电路分析和辅助电路分析。

（3）对机床进行电气控制故障分析与检查，应根据故障现象分析、判断故障原因，有针对性地检查线路。

（4）对于 CA6140、M7120、X62W、T68 及组合机床的电气控制线路进行分析，要抓住各机床电气控制的特点，才能区别各机床的控制功能。

（5）CA6140 型普通车床为适应恒功率负载而采用机械变速；M7120 型平面磨床采用了电磁吸盘控制；X62W 型万能铣床的主轴控制方式有反接制动，变速冲动，机械操作手柄与行程开关、机械挂挡操作控制及三个运动方向进给的联锁控制；T68 型卧式镗床的双速电动机控制方式为正反转的反接制动，变速冲动时的低速断续自动低速冲动等。

习　题　8

一、填空题

8-1　CA6140 型普通车床主轴电动机与冷却泵电动机的电气控制顺序是_____。

8-2　M7120 型平面磨床设置电压继电器的原因是_____。

8-3　X62W 型万能铣床主轴电动机 M1 有三种控制方式，分别是：_____ 启动、_____ 制动和_____ 冲动。

8-4　X62W 型万能铣床工作台电动机 M2 有三种控制控制方式，分别是：_____ 启动、_____ 移动和_____ 冲动。

8-5　从 T68 型卧式镗床主轴电动机的接线可看出，M1 是一台_____电动机。

二、选择题

8-6　CA6140 型普通车床主轴停机制动采用（　　）方式。

A. 电气制动　　　　B. 能耗制动　　　　C. 机械制动

8-7　CA6140 型普通车床电气图中，照明灯的电源是（　　）。

A. AC 24 V　　　　B. AC 6 V　　　　C. AC 110 V

8-8　X62W 型万能铣床主轴电动机 M1 要求正反转，不用接触器而用组合开关控制，是因为（　　）。

A. 改变转向不频繁　　B. 接触器易损坏　　C. 操作安全方便

三、电路分析

8-9　请分析 X62W 型万能铣床的电气控制电路，说明：

（1）主轴未启动的情况下，工作台能否进给？

（2）工作台六个方向的进给移动都正常，但不能快速移动，试分析原因。

（3）主轴采用什么制动方式，有何特点？

8-10　分析 T68 型卧式镗床的电气控制电路，说明：

（1）行程开关 SQ7 的作用是什么？

（2）试述主轴选择"高速"挡时，电动机的启动过程。

参 考 文 献

[1] 谭维瑜. 电机与电气控制. 北京：机械工业出版社，2015.

[2] 许翏. 电机与电气控制. 北京：机械工业出版社，2011.

[3] 任志锦. 电机与电气控制. 北京：机械工业出版社，2004.

[4] 冉文. 电机与电气控制. 西安：西安电子科技大学出版社，2006.

[5] 赵旭升. 电机与电气控制. 北京：化学工业出版社，2009.

[6] 李益民，刘小春. 电机与电气控制技术. 北京：高等教育出版社，2012.

[7] 应崇实. 电机与拖动基础. 北京：机械工业出版社，2002.

[8] 麦崇瀹，林良养，翁开潮，等. 电机学与拖动基础. 2 版. 广州：华南理工大学出版社，2006.

[9] 许晓峰. 电机与拖动. 2 版. 北京：高等教育出版社，2002.

[10] 刘子林. 电机与电气控制. 北京：电子工业出版社，2003.

[11] 李发海，王岩. 电机与拖动基础. 3 版. 北京：清华大学出版社，2005.

[12] 戴文进，陈瑛. 电机与拖动. 北京：清华大学出版社，2005.